U0382626

松辽盆地含 CO_2 天然气成藏机制与分布规律

Accumulation Mechanisms and Distribution Patterns of CO_2-containing
Natural Gas Reservoirs in the Songliao Basin

柳少波　鲁雪松　洪　峰 等　著
付晓飞　单玄龙　魏立春

科学出版社

北京

内 容 简 介

本书针对松辽盆地含 CO_2 天然气藏，在成藏地质背景研究的基础上，通过地球化学方法判别天然气成因，从典型高含 CO_2 气藏的地质条件和气藏特征解剖出发，明确 CO_2 成因、气藏类型和成藏组合特征，厘定了 CO_2 成藏时间，重点剖析断裂和火山岩与 CO_2 气藏的关系及其控制作用，建立烃类气和 CO_2 耦合差异成藏模式，并对高含 CO_2 天然气的分布进行了预测，揭示松辽盆地深层天然气的分布规律。

本书读者对象为油气地质、油气成藏和油气勘探研究人员和勘探工作者，也可供高校老师和学生参考。

图书在版编目（CIP）数据

松辽盆地含 CO_2 天然气成藏机制与分布规律 =Accumulation Mechanisms and Distribution Patterns of CO_2-containing Natural Gas Reservoirs in the Songliao Basin/ 柳少波等著. —北京：科学出版社，2016

 ISBN 978-7-03-050152-3

 Ⅰ.①松… Ⅱ.①柳… Ⅲ.①松辽盆地 – 天然气 – 油气藏形成 – 研究

Ⅳ.① P618.130.2

 中国版本图书馆 CIP 数据核字（2016）第 236886 号

责任编辑：吴凡洁 冯晓利 / 责任校对：郭瑞芝
责任印制：张 倩 / 封面设计：无极书装

科 学 出 版 社 出版
北京东黄城根北街 16 号
邮政编码：100717
http://www.sciencep.com

中国科学院印刷厂 印刷
科学出版社发行 各地新华书店经销
*
2016 年 9 月第 一 版 开本：787×1092 1/16
2016 年 9 月第一次印刷 印张：16
字数：320 000
定价：256.00 元

前言

松辽盆地在常规天然气勘探方面取得重大突破的同时，也意外地发现了一些 CO_2 气藏或高含 CO_2 气藏（田）。在盆地北部边缘五大连池泉水中广泛发育 CO_2 气苗，盆地多数气藏和钻井 CO_2 含量达 20% 以上，部分气藏 CO_2 含量高达 90% 以上，如长深 2 和德深 7 气藏 CO_2 含量高达 98% 以上。这些高含 CO_2 气藏天然气成因和来源、成藏过程、分布规律与控制因素并不清楚，制约了油气勘探的决策。随着 CO_2 气田（藏）发现得越来越多，对高含 CO_2 气田（藏）的开发及 CO_2 的综合利用日显重要，全面系统深入地开展对 CO_2 成因、成藏机制及分布规律，CO_2 资源规模及有利富集区预测与评价、以及 CO_2 综合开发利用等的科技攻关非常必要且具有重要的现实意义和科学意义。为此，2007年，中国石油天然气股份有限公司设立了重大科技专项"吉林油田含 CO_2 天然气开发和 CO_2 埋存及资源综合利用研究"项目，松辽盆地含 CO_2 天然气分布规律研究是该专项主要研究内容之一，主要通过松辽盆地含 CO_2 气藏的解剖及成藏地质条件分析，总结含 CO_2 气藏分布规律和控制因素，预测含 CO_2 气藏的分布。该项研究的承担单位为中国石油勘探开发研究院，联合研究单位包括东北石油大学和吉林大学。本书内容是对该部分研究成果的总结和提升。

通过国内外含 CO_2 气藏研究现状调研、地球化学试验分析和石油地质综合研究，主要取得了以下六个方面的认识。

（1）通过天然气地球化学特征对比，确定松辽盆地天然气成因类型，指出松辽盆地高含 CO_2 气藏中的 CO_2 皆为无机成因，而低含量 CO_2 气藏中 CO_2 既有有机成因，也有无机成因。松辽盆地烃类气的成因复杂，主要有煤成气、油型气、无机气和混合气，其中，煤成气和混合气主要分布于深层断陷层序中，而油型气主要分布于泉头组及以上的层序中。

（2）根据气藏圈闭特征，将松辽盆地含 CO_2 气藏划分为构造、岩性、地层和构造-岩性气藏四种类型。指出松辽盆地发育两套含 CO_2 天然气成藏组合：一套是下部火山岩类成藏组合，该组合除了徐深气田在营四段砂砾岩中存在 CO_2 气藏外，主要储集于深层的火山岩体中，以登二段为主的泥质岩为区域盖层；另一套是上部碎屑岩类成藏组合，该组合含 CO_2 气藏的储层为登娄库组和泉头组砂岩，以青山口组一段泥岩为区域盖层，泉头组、登娄库组泥岩为局部盖层。

（3）通过流体包裹体观察、期次划分、均一温度测定及流体包裹体激光拉曼气体组成研究，指出松辽盆地深层营城组主要发育富含 CH_4 的气体包裹体和盐水包裹体，虽然气藏中高含 CO_2，但富含 CO_2 的气体包裹体不发育，说明 CO_2 成藏晚。结合生烃史、沉积史和热史，以及松辽盆地火山岩喷发期次和我国东部幔源无机气成藏期研究成果，确定含 CO_2 气藏具有多期充注，建立松辽盆地含 CO_2 气藏的"三阶段"成藏模式：火石岭期—营城期，主要为酸性岩浆喷发，形成广泛分布的火山岩体储层；泉头期—嫩江期，主要为烃类气的生成和聚集，烃类气成藏特征为连续充注基础上的多期成藏，包裹体均一温度分布范围较宽，但主要具有三个峰值区；喜马拉雅期，盆地挤压反转，沿深大断裂薄弱处发育基性岩浆房或热流底辟体，幔源岩浆脱气产生大量的 CO_2 沿基底断裂或古火山通道上运，为 CO_2 的主要充注期，往往伴随有高热流的流体活动，使得均一温度值偏离正常地温值。

（4）将松辽盆地断裂划分为岩石圈断裂、地壳断裂、基底断裂和盖层断裂四种类型。岩石圈断裂与地壳断裂统称为深大断裂，基底断裂与深大断裂存在衔接和不衔接两种模式，相衔接的模式有利于 CO_2 向盆地内排运。归纳出三种不同活动规律的基底断裂：断陷期活动的基底断裂，断陷期和坳陷期均活动的基底断裂，断陷期、坳陷期和反转期均活动的基底断裂。指出控制 CO_2 气藏的断裂多为规模较大的、控陷的、为火山岩上涌通道的、向下收敛于拆离带并与深大断裂（岩浆通道）相连的基底断裂。断裂对 CO_2 气藏成藏的控制主要表现在基底大断裂在深部对幔源岩浆气源体的沟通及作为幔源 CO_2 上运的通道。

（5）将松辽盆地火山活动划分为中生代和新生代两大旋回、七个期次。通过火山岩地球化学特征研究，揭示中生代早白垩世三期火山岩具壳源特征，是由非均质地幔引起岩石圈地壳部分熔融而形成的；晚白垩世和新生代玄武岩来自软流圈或软流圈与岩石圈地幔的相互作用，岩浆起源深度为 $54\sim108km$。壳源火山岩在松辽盆地分布广泛，呈面状分布特征；幔源火山岩分布范围局限，主要呈串珠状分布于孙吴-双辽深大断裂附近。壳源火山岩为 CO_2 成藏提供储集体，青山口期和新生代的幔源岩浆活动为 CO_2 气藏提供气源。

（6）总结含 CO_2 天然气含量、层系和平面分布特征及 CO_2 与常规烃类气的伴生组合关系。CO_2 含量具有两端元（小于 15% 和大于 85% 占优势）分布特征，沿气源基底大断裂运移的不同成因 CO_2 和 CH_4 混合比例，控制了天然气组分变化；层系上主要受登娄库组和泉头组一、二段，青山口组和嫩江组区域盖层或局部盖层的控制，CO_2 主要分布于营城组和泉头组储层中；平面上 CO_2 呈多个点状或狭长带状局限分布，展布方向与区域构造和断裂走向一致，明显受基底大断裂的控制。在对烃类气和 CO_2 成藏主控因素和成藏模式深入认识的基础上，对松辽盆地深层和中浅层含 CO_2 天然气的富集区带进行了预测。

本书前言由柳少波编写，第一章由鲁雪松编写，第二章由鲁雪松、付晓飞、洪峰编写，第三章由鲁雪松、魏立春编写，第四章由柳少波、洪峰、鲁雪松、魏立春编写，第五章由付晓飞、付广、王磊、刘小波编写，第六章由单玄龙、葛文春编写，第七章由鲁雪松编写。全书由柳少波统稿。

　　油气勘探和基础研究是一个递进的过程，本书主要成果完成于七年前，虽然在出版前进行了相关资料的补充和完善，但书中还存在很多不足之处，敬请广大读者批评指正。

作　者

2016 年 5 月

目录

第一章

含CO₂天然气藏研究现状

CO₂ 是天然气中最常见的非烃气体组分之一，几乎所有的天然气中都或多或少地含有 CO₂。一旦 CO₂ 富集到一定的程度（含量达 60% 以上），则可成为珍贵的非烃气资源，可被广泛地应用于石油开采、工业、化工、农业、气象、环保、医疗及食品饮料等方面。本章对 CO₂ 气藏类型、CO₂ 成因类型及其判识依据、CO₂ 气藏成藏机制、CO₂ 气藏分布规律及主控因素等作了系统的调研总结，并对 CO₂ 成因、成藏研究的前沿问题进行了分析。

第一节　CO₂ 产出形式及气藏分类

天然气中 CO₂ 的分布具有普遍性和极大的不均匀性，CO₂ 含量从 0～99% 皆有。其普遍性是由于自然界中能形成 CO₂ 的源很多，其不均匀性是因为不同源及成因机理生成 CO₂ 的潜力及其对天然气贡献的大小不同。

一、CO₂ 产出形式

在含油气盆地中，CO₂ 可以以纯气相、油藏气顶相、原油溶解相的形式在储层圈闭中聚集，其中以纯气相存在的 CO₂ 气藏中，根据 CO₂ 含量的高低，可分为 CO₂ 气藏、高含 CO₂ 气藏和含 CO₂ 气藏；在一些活动构造区，CO₂ 常以气苗、火山气、温泉气的形式产出。综观 CO₂ 的产出形式，我国学者唐忠驭（1983）认为可以大致分为以下五种。

（一）CO₂ 气藏

这类气藏 CO₂ 含量为 80%～100%，完全以纯气藏的形式产出，具有很大利用价值。典型气藏实例有：墨西哥的坦皮哥 CO₂ 气藏，该气藏产于侏罗系和白垩系灰岩孔洞和裂缝中，CO₂ 蕴藏量极为丰富，6 口高产 CO₂ 气井已稳产近 30 年，压力无降低迹象，是目前世界上发现的最大 CO₂ 气藏；中国广东三水沙关圩 CO₂ 气藏，该气藏产于古近系灰岩溶洞、砂岩孔隙或火山岩裂隙之中，天然气中 CO₂ 浓度高达 99.55%，是我国发现的 CO₂ 含量最高的气藏，日产气量达 $5×10^6m^3$。另外，美国沿落基山东麓地区分布的50多个 CO_2 气藏（CO_2 含量达99%）和中国东部发现的万金塔气藏、昌德东气藏、黄桥气田（藏）等均属此类气藏。

（二）油藏中气顶 CO_2 气藏

这类 CO_2 气藏 CO_2 含量也很高，一般超过80%，但以油藏气顶形式产出。典型的气藏实例有：美国科罗拉多州瓦尔丹地区麦卡伦凝析油藏顶部的 CO_2 气藏，CO_2 含量为91.5%；我国济阳拗陷的平方王及平南 CO_2 气顶气藏，CO_2 含量为61.42%～79.17%。

（三）含或高含 CO_2 的天然气藏

这类气藏是指 CO_2 含量为5%～80%的气藏，其他气体为烃类气体、氮气和硫化氢等。如泰国湾的埃拉万和索塘气田（藏），印度尼西亚的纳土纳气田（藏），中国渤海湾盆地的济阳、黄骅和冀中拗陷发现的大部分 CO_2 气藏，台湾西北部贡璜坑和锦水气田（藏）等。松辽盆地深层营城组火山岩中发现的长深1气藏、徐深8、徐深19气藏等也为高含 CO_2 气藏。

（四）石油溶解气中的 CO_2

CO_2 以溶解态产于原油之中。CO_2 在地下原油中的溶解度很大，每立方米原油可溶解几千立方米的 CO_2，在适当的条件下，CO_2 可以从石油中析出。开采原油时，如遇到 CO_2 气喷就是这类 CO_2 析出造成的。如大庆长垣油田伴生气中的 CO_2 含量达3%，并且 CO_2 含量有随着开发时间逐渐增高的趋势（郭占谦等，2006）。

（五）以气苗或温泉气产出的 CO_2

以这类形式产出的 CO_2 遍及世界各地。地下的 CO_2 气通过裂隙、断层破碎带、火山口等随泉水或以气苗的形式冒出地表，CO_2 含量可达90%以上。世界各地富含 CO_2 的热泉群相当多。如夏威夷火山气中的 CO_2 含量达67%，西班牙赫克拉火山岩浆中的 CO_2 含量达100%；我国滇西地区强烈的构造运动和新生代火山活动导致大量的深部 CO_2 向外释放，形成了众多的高含 CO_2 的矿泉，如云南省腾冲县澡唐河温泉气、四川省甘孜县拖坝镇温泉气，另外还有五大连池地区及广东平远县鹧鸪隆 CO_2 气苗等（戴金星等，1995）。

二、CO_2 气藏分类

虽然 CO_2 产出形式多样，但具有工业开采价值的还是以气藏形式存在的 CO_2 为主。根据气藏中 CO_2 含量多少，可对 CO_2 气藏进行分类。唐忠驭（1983）把气藏中 CO_2 含量超过80%的称为 CO_2 气藏；沈平等（1991）将气藏中 CO_2 含量大于85%的称为 CO_2 气藏；朱岳年和吴新年（1994）将 CO_2 含量大于25%的气藏称为高含 CO_2 气藏。戴金星等（1995）认为以气藏中 CO_2 含量多少来进行分类应体现出 CO_2 气的成因类型和气藏工业利用因素，根据目前技术条件及处理 CO_2 所需的费用大小综合考虑，工业上利用天然 CO_2 的浓度不得低于60%，据此将 CO_2 含量在60%以上的称为 CO_2 气藏，CO_2 含量为15%～60%的称为高含 CO_2 气藏，15%以下的称为含 CO_2 气藏。

第二节　CO₂成因类型及判别依据

自然界中产出的CO_2具有多种成因，不同成因类型的CO_2具有不同的含量、地质条件及产出状态。因此，气藏中CO_2成因研究对于区域构造背景、气藏规模及气藏分布规律分析都有着重要的意义。本节介绍了CO_2的两大类五种地质成因及成因类型的判识依据。

一、CO₂成因类型划分

国内外许多学者对含油气盆地CO_2地质成因问题进行了深入研究，取得了一系列的成果（关效如，1990；杜建国，1991；朱岳年和吴新年，1994；戴金星等，1995，2001；李先奇和戴金星，1997；Wycherley，1999；陶士振等，1999；程有义，2000；何家雄等，2005a）。综合前人研究成果，CO_2可划分为无机和有机成因两种类型，其中无机成因又分为幔源-岩浆成因和岩石化学成因两类，其中幔源-岩浆成因CO_2又可进一步分为上地幔岩浆脱气、中下地壳或消减带上地幔楔形体中的岩石熔融脱气。岩石化学成因包括碳酸盐岩热分解成因和岩石中的碳酸盐矿物分解成因两种。有机成因CO_2主要包括有机质经微生物降解、热降解、热裂解或被氧化所产生的CO_2（图1-1）。

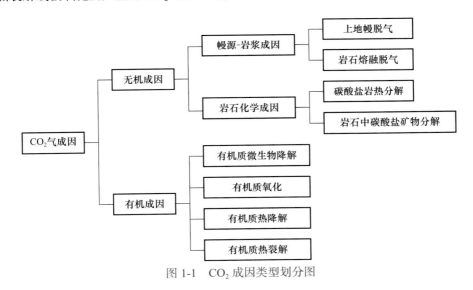

图 1-1　CO₂成因类型划分图

（一）幔源-岩浆成因 CO₂

研究发现，全球已发现的高含CO_2气藏主要属于幔源-岩浆成因。幔源岩浆中富含H_2O、CO_2等挥发组分，已为地球表层各种方式的脱气作用和幔源岩浆包体中赋存的大量含CO_2的流体包裹体所证实，如科拉帕克活火山在喷发期每年释出$10^9 m^3$的CO_2，中国东部中新生代伸展盆地带及现代构造岩浆活动区，如五大连池、广东平远及云南腾冲等，均有幔源 - 岩浆成因 CO_2 产出（戴金星等，1995）。

地幔深部存在大量流体已被下列事实所证实：大量的深源岩石（如金伯利岩、碳酸岩、钾镁煌斑岩、碱性玄武岩、拉斑玄武岩等）中幔源捕虏体（如二辉橄榄石、方辉橄榄石等）中流体包裹体的存在，火山喷气，近代大洋中脊、大陆裂谷、深大断裂区的喷气活动等。关于地幔深部流体性质及成分的研究，是当前国际地学界热烈争论的热点课题。目前，多数学者基本一致地认为地幔流体中含有大量的 CO_2、水蒸气及少量的烃类气体、氮气、氢气和稀有气体等（杜乐天，1996，1998；曹荣龙，1996；杨晓勇等，1999）。原始地球中72% 的 CO_2 和 12% 的 N_2 仍留存在地幔中（Taylor and Mc Lennan, 1995），地幔流体以富含地球内部原始气体和挥发分为特征，当然也或多或少包含通过俯冲作用再循环的组分。但是不同地区、不同深度及火山活动的不同时期，幔源气的组成和含量变化很大，反映了其源区的不均一性和深部流体的多变性。在弱还原的条件下以 $CO_2\text{-}H_2O$ 为主，在强还原环境则主要为 $CH_4\text{-}H_2O\text{-}H_2$（Schneider and Eggler, 1986; Matveev et al., 1997）。因而，地球深部不同圈层可能孕育有不同性质和类型的天然气，由浅至深有 $H_2O\text{-}CO_2\text{-}CH_4\text{-}H_2$ 富集的趋势，其中莫霍面附近可能是 CO_2 的聚集带，岩石圈与软流圈界面附近可能是无机烃气的富集带，而 H_2 可能为更深的来源（赫英等，1996a）。

根据目前对地球内部压力和温度的估算，处在地幔深度的流体均为超临界状态，以易溶于硅酸盐熔体（特别是富碱硅酸盐熔体）为特征，同时对大离子半径的亲石元素（Ca、K、Rb、Sr、Na）、高价阳离子和稀土元素（Ta、Nb、Ti）等微量元素具有高的溶解度（杜乐天，1996）。由于深部流体易溶于硅酸盐岩浆熔体，玄武岩浆中挥发分的总量要比地幔岩高出十几到几十倍（杜乐天，1998），因此各种原生岩浆是深部流体及挥发分大量赋存、渗滤和释出的场所，地球深部存在的大量岩浆囊或岩浆房，既是地球深部岩浆的储集库，也同样是深部流体及各种挥发分气体的储气库。

岩浆活动和火山喷发是幔源 - 岩浆成因 CO_2 的重要来源。由于岩浆的性质、来源、脱气方式的不同，形成 CO_2 的性质也有所差异。

上地幔岩浆是赋含挥发分的高温和高压岩浆流体，它们有时沿地壳薄弱带上升至地壳中，随着压力和温度降低，它们将发生剧烈的脱挥发分作用，其中重要的一个方面就是脱 CO_2 气作用。因其所处的地壳岩层热动力学地质背景不同，以及 CO_2 和 CH_4 热力学稳定性的差异而表现出截然不同的脱气方式，主要有两种脱气方式：其一是沿地壳张性深大断裂或裂谷，在较高温度、较高氧逸度和较小压力的热力学条件下，上地幔岩浆上涌的热脱气作用，这种方式脱出的主要组分是 CO_2；另一种是在地壳板块碰撞带或俯冲消减带，在较低温度、较低氧逸度和较大压力条件下，上地幔岩浆上涌发生的冷脱气作用，以这种方式脱出的气体主要组分是 CH_4 和 H_2。处在氧逸度低状态下以甲烷为主的气体，当通过深断裂、地震、火山 - 岩浆活动等气体向地球浅部运移过程中，由于氧逸度的增加，甲烷及其同系物被氧化

成 CO_2，也成为以 CO_2 为主的气体。所以在地层浅部发现的无机成因的气体都以 CO_2 为主，而无机烃类气占的比例小，这也许是如今世界上尚未发现一个无争议的以无机成因烃类气为主的气藏，但却已发现了许多无机成因 CO_2 气藏（田）的重要原因（戴金星等，1995）。值得注意的是，上地幔岩浆脱气排出的 CO_2 是各种成因 CO_2 中经过了最长距离的垂向运移后聚集在地壳浅层或出露地表，其同位素发生了大的分馏作用，且其气藏附近不一定有岩浆或火山活动的痕迹。如欧洲中部的喀尔巴千盆地地表及沉积层中产有高浓度 CO_2，但并未发现有岩浆或火山活动的痕迹，而 CO_2 的 $\delta^{13}C$ 值域为 $-5.3‰\sim-4.6‰$，且所含氦中幔源氦含量为 $20\%\sim40\%$，认为是上地幔岩浆脱气来源的（Cornides，1993）。

中下地壳岩石和消减带岩石由于断裂、岩石内含水矿物脱水或超变质作用等可引起固相岩石重熔产生岩浆，不同岩浆组合分异产生的 CO_2，因其形成的深度和母源类型不同而表现出可变的地球化学特征。岩浆热液不仅富含 CO_2，还富含 SO_4^{2-}、Cl^-、F^- 等，当热液进入碳酸盐岩地层或含碳酸盐矿物的岩石，就会使碳酸盐分解释放 CO_2。因此，此类岩浆来源的 CO_2 应包括岩浆源区和岩浆侵入过程中同化混入的 CO_2，其主体部分是无机成因，是壳源和幔源 CO_2 的混合物。

（二）岩石化学成因 CO_2

碳酸盐岩在高温作用下变质可形成大量 CO_2 气体，高温可由岩浆侵入、高温埋藏形成，也可由地壳强烈活动摩擦产生。另外，在高温高压情况下，碳酸盐岩与含有大量 SiO_2 的岩浆接触时，可与 SiO_2 反应生成大量的 CO_2。碳酸盐岩变质产生 CO_2 的反应式如下：

$$CaCO_3 \longrightarrow CaO+CO_2 \uparrow$$
$$CaMg(CO_3)_2 \longrightarrow CaO+MgO+2CO_2 \uparrow$$
$$CaCO_3+SiO_2 \longrightarrow CaSiO_3+CO_2 \uparrow$$
$$CaMg(CO_3)_2+SiO_2 \longrightarrow CaMgSiO_4+2CO_2 \uparrow$$

程有义（2000）认为在有地下水参与或岩石中含有 Al、Mg、Fe 等杂质的条件下，海相碳酸盐岩一般在 $70\sim220℃$ 时，就可大量分解生成 CO_2。CO_2 生气模拟试验发现碳酸盐岩受热分解所需要的温度随压力的增高而增高。因此，在高 CO_2 分压的封闭体系中，碳酸盐岩热解生成 CO_2 需要很高的温度，只有在深部高温岩浆与碳酸盐岩直接接触变质带内才有可能有大量无机 CO_2 生成。

另外，碳酸盐矿物与其他有关矿物相互作用也可生成 CO_2，如白云石与高岭石作用，方解石与钾云母作用均可形成 CO_2（宋岩和戴金星，1991）。Hutcheoni 等（1990）认为，硅酸盐（高岭石、蒙脱石和方沸石）的水解作用是碳酸盐矿物 $[CaCO_3, FeCO_3, MgCa(CO_3)_2]$ 分解生成 CO_2 的动力源泉，也是成岩环境温度超过 $100℃$ 时碎屑岩中大量 CO_2 的重要来源，他们认为加拿大东海白垩系砂岩中的 Venture 油气田所含的 CO_2，即是由高岭石和碳酸盐反应生成的。美国加州赛尔顿湖帝国 CO_2 气田及墨西哥、加拿大和马基斯坦的一些高含 CO_2 气藏也属该类成因，我国四川甘孜剪切带的拖坝镇温泉及滇西试验场鹤庆 - 洱源剪切断裂带气苗

中 CO_2 亦属该类成因（朱岳年，1994）。

此外，地下水对石灰岩进行的长期溶蚀也会生成一定量的 CO_2，但一般不会有效保存下来。

（三）有机成因 CO_2

有机成因的 CO_2 是沉积有机质在沉积成岩演化过程中产生的，通常作为烃类气体的次要伴生产物出现。我国尚未发现含量较高的有机成因 CO_2，但这并不能说明有机质在演化过程中生成的 CO_2 量少。CO_2 主要在埋藏较浅的生物化学作用阶段生成，随热解温度增高，CO_2 的生成减少或停止，干酪根热裂解过程中也可形成一定量的 CO_2。通过热模拟试验表明，在有机质的整个演化过程中，都有大量 CO_2 生成，特别是在早期演化阶段，CO_2 的生成量更大。有机质特别是腐殖煤类，含氧官能团丰富，CO_2 的产率相当高，据估算，从褐煤到无烟煤的整个热演化作用过程中，1kg 煤能生成 751L 的 CO_2。因此，有机质，特别是腐殖型干酪根的热降解作用，常常是 CO_2 的重要来源之一（陈荣书，1989）。Hunt（1979）提出，有机质在深成阶段（70~150℃）是热演化中生成 CO_2 量最大的阶段，特别是腐殖型有机质，在 120℃ 左右，是 CO_2 的主成气阶段，所产 CO_2 约占该阶段产气体积的80%。

此外，有机质被氧化也可生成 CO_2，油气和煤由于地壳抬升埋藏较浅或暴露地表时，则发生氧化生成 CO_2；在低温（小于 70℃）条件下，微生物对有机质或油气的降解作用也可生成部分 CO_2，由这种作用生成的 CO_2 在油气藏 CO_2 中也占有相当的比例（Pankina, 1978）。此外，有机物在地下与矿化水溶液作用往往也可生成 CO_2。Farmer（1965）认为地下含烃沉积层如与矿化水接触，则烃被氧化生成 CO_2。Barker 和 Takach（1992）认为地下矿化水中的赤铁矿（Fe_2O_3）可与烃类（CH_4）作用生成 CO_2，其反应方程为

$$6Fe_2O_3+CH_4 === 4Fe_3O_4+CO_2+2H_2$$

他们通过热力学计算发现，随着地层埋深增加，赤铁矿和黄铁矿及甲烷含量减少，而磁铁矿和 CO_2 含量增加。泰国海湾普拉冬气田中央地下 CO_2，部分就是由深部来源的矿化热水溶液氧化储层中烃类生成的。

由于 CO_2 极易溶于水，低温条件下生成的有机成因的 CO_2 大量溶于水中，被水带走而散失或因成岩作用而消耗掉，因而在天然气中虽然普遍含有 CO_2，但其含量一般很低。而煤系地层由于具有很强的吸附性，由煤系氧化和热解作用产生的 CO_2，在合适的条件下可能形成一定规模的高含 CO_2 气体聚集。如辽宁红阳煤田三井区气体成分的分带性是说明煤系氧化产生 CO_2 的极好例子，我国甘肃窑街煤田、吉林营城煤田也曾出现煤层 CO_2 气突出现象。

二、CO_2 成因判别

通过以上分析可以看出，CO_2 的成因多种多样。不同成因类型的 CO_2，其生成机理、形

成的地质背景、所处的物理化学条件不同，其最终产物 CO_2 及其所伴生组分的地球化学特征也不同。CO_2 的成因判识除考虑其产区的地质构造和岩石化学特征外，还应综合 CO_2 的含量和碳同位素组成，天然气中伴生烃类气、稀有气体的同位素组成数据以及利用它们之间的组合关系来综合判定（戴金星等，1995；刘文汇和徐永昌，1996）。

（一）CO_2 碳同位素判别

自然界中，含碳物质的碳同位素组成不尽相同，所衍生出的 CO_2 的碳同位素组成与其母源物质的碳同位素组成密切相关，因此不同成因来源的 CO_2 的碳同位素也不相同，这为利用碳同位素值确定 CO_2 成因提供了理论依据。无机碳的同位素比有机碳的同位素重，这也就决定了无机成因 CO_2 的碳同位素比有机成因 CO_2 的重，这是受各自原始碳同位素组成制约并继承的结果，这一点已被国内外许多学者的研究成果证实。

CO_2 碳同位素 $\delta^{13}C_{CO_2}$ 是一种鉴别有机成因和无机成因 CO_2 的有效方法，国内外学者对此做过较多研究。戴金星等（1992）指出我国 $\delta^{13}C_{CO_2}$ 值区间为 $-39‰\sim7‰$，其中有机成因 $\delta^{13}C_{CO_2}$ 主要为 $-39.14‰\sim-10‰$，主频率段为 $-17‰\sim-12‰$；无机成因的 $\delta^{13}C_{CO_2}$ 主要在 $-8‰\sim7‰$，主频率段为 $-8‰\sim-3‰$（图 1-2）。沈平等（1991）认为无机成因的 $\delta^{13}C_{CO_2}$ 值大于 $-7‰$，而有机质分解和细菌活动形成的有机成因的 $\delta^{13}C_{CO_2}$ 值为 $-20‰\sim-10‰$。上官志冠和张培仁（1990）指出变质成因的 $\delta^{13}C_{CO_2}$ 值应与沉积碳酸盐岩的 $\delta^{13}C$ 值相近，即在 $-3‰\sim1‰$，而幔源的 $\delta^{13}C_{CO_2}$ 值平均为 $-8.5‰\sim-5‰$。Gould 等（1981）认为岩浆来源的 $\delta^{13}C_{CO_2}$ 值虽多变，但一般为 $-9‰\sim-5‰$。Moore 等（1977）指出太平洋中脊玄武岩包裹体中 CO_2 的 $\delta^{13}C_{CO_2}$ 值为 $-6.0\sim-4.5‰$。在岩浆底辟上拱过程中，会引起碳酸盐岩地层热分解，形成 CO_2 的 $\delta^{13}C_{CO_2}$ 为 $-3‰\sim-1‰$。CO_2 的 $\delta^{13}C_{CO_2}$ 值 $-5‰\sim0‰$，被认为是“炉底机理”的碳酸盐岩分解成因的代表。

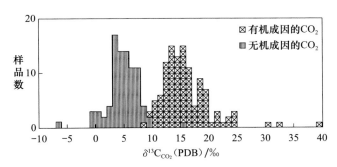

图 1-2　中国有机和无机成因 CO_2 的 $\delta^{13}C_{CO_2}$ 值频率图（据戴金星等，1989）

综合以上各学者的数据，可归总为：有机成因的 $\delta^{13}C_{CO_2}$ 值小于 $-10‰$，主要为 $-30‰\sim-10‰$；无机成因 $\delta^{13}C_{CO_2}$ 值大于 $-8‰$，主要为 $-8‰\sim3‰$。无机成因 CO_2 中，由碳酸盐岩热变质形成的 CO_2 的 $\delta^{13}C_{CO_2}$ 接近于碳酸盐岩的 $\delta^{13}C$ 值，大多为 $-3‰\sim3‰$；幔源-岩浆成因 CO_2 的 $\delta^{13}C_{CO_2}$ 值大多为 $-8‰\sim-4‰$（戴金星等，1995）。

但仅以 CO_2 碳同位素来判断 CO_2 的成因具有一定的局限性，因为 CO_2 的碳同位素除了受成因、来源影响外，还受到其他地质条件的影响。张景廉等（1999）认为不能仅仅依据碳同位素来判别是生物成因或无机成因油气，因为影响碳同位素组成的因素还有：流体中含碳物质间的同位素交换、流体与围岩的同位素、流体在储层中（特别是高温下）的时间、CO_2 的脱气作用、细菌氧化乃至碳源、pH 等。杜建国（1991）认为 CO_2 以水为介质运移、聚集产生的同位素分馏，也可使 CO_2 的同位素变重。模拟试验表明，随水介质的 pH 降低、无机 CO_2 气含量、模拟温度及时间的增加，无机 CO_2 相对富集 ^{13}C，说明 CO_2 的碳同位素存在温度和年代分馏效应，即 CO_2 的碳同位素具有随埋深增加或地质年代变老而增加的趋势（王学军，2003）。图 1-3 汇总的是加拿大艾伯塔地区泥盆系的 CO_2 气藏资料，由该图可以看出，CO_2 的 $\delta^{13}C$ 值有随深度和温度增加而变大的趋势，低温浅埋储集层中的 CO_2 比深部产出的 CO_2 具有更轻的 $\delta^{13}C$ 值（朱岳年，1993）。

以上充分说明了仅根据 CO_2 碳同位素来判别 CO_2 的成因具有一定的局限性，因此，在判别 CO_2 成因类型时，应该结合其他指标进行综合判别。

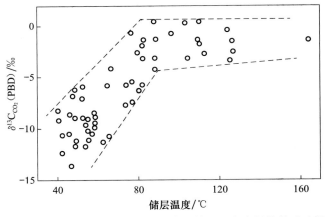

图 1-3　加拿大艾伯塔盆地泥盆系 CO_2 碳同位素值与储层温度之间的关系（据朱岳年，1993）

（二）CO_2 含量及其碳同位素组合判别

不同成因类型 CO_2 的含量及其碳同位素组合特征有明显差异，据此可区分有机成因和无机成因 CO_2。宋岩（1991）根据国内外已知的不同成因 CO_2 的碳同位素组成及其对应的天然气中的 CO_2 组分含量绘制的双因素图（图 1-4），可以很好地区分无机成因和有机成因的 CO_2。戴金星等（1992）根据我国 207 个不同成因的 CO_2 的含量，并利用澳大利亚、泰国、新西兰、菲律宾、加拿大、日本和苏联 100 多个不同成因 CO_2 的 $\delta^{13}C_{CO_2}$ 与对应的 CO_2 含量资料，编绘了 CO_2 成因鉴别图版（图 1-5）。从整体上看，当 CO_2 含量小于 15%，$\delta^{13}C_{CO_2}$ < -10‰是有机成因 CO_2；当 $\delta^{13}C_{CO_2}$ ≥ -8‰，都是无机成因 CO_2；当 CO_2 含量大于 60%，都是无机成因 CO_2。

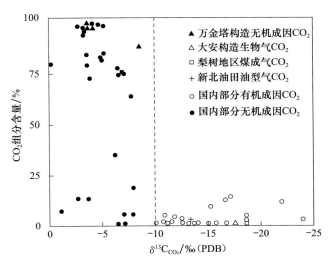

图 1-4　CO₂ 组分含量及其碳同位素双因素图（宋岩，1991）

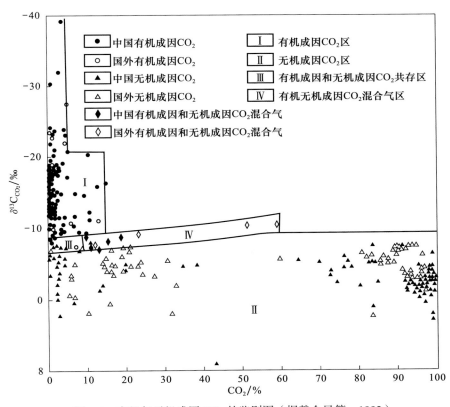

图 1-5　有机与无机成因 CO₂ 的鉴别图（据戴金星等，1992）

（三）氦同位素比值与 CO₂ 碳同位素组合判别幔源与壳源 CO₂

氦是天然气中的微量组分之一，自然界中氦主要有三种来源：大气来源、壳源、幔源。

氦有两个稳定同位素：^{3}He 和 ^{4}He，它们具有不同的成因，^{3}He 主要为元素合成时形成的原始核素，^{4}He 则主要为地球上自然放射元素 U、Th 衰变的产物，因此，^{3}He、^{4}He 成因的差异成为不同来源氦的判识标志。通常以 1.4×10^{-6}、2×10^{-8} 和 1.1×10^{-5} 分别表示大气来源、壳源和幔源氦的 ^{3}He/^{4}He（R 值）的典型值（王先彬等，1989；戴金星等，1995）。一般认为，壳源氦的 R 值为 $10^{-8} \sim 10^{-6}$，幔源与壳源混合氦的 R 值为 $10^{-6} \sim 10^{-5}$，幔源氦的 R 值大于 10^{-5}。通常也采用样品氦（R）和大气氦（R_a）的同位素比值来表示气样的氦同位素特征，即 R/R_a。一般 $R/R_a > 1$，表示有幔源氦的混入。由于天然气藏中大气氦的成分非常少，可以忽略，因此可以采用二元复合模式，计算天然气样品中壳源和幔源氦的比例。研究天然气中氦同位素特征，能判定氦的类型和来源，从而为天然气中其他组分的来源提供一项参考依据。

有机成因和无机成因 CO_2 用 $\delta^{13}C_{CO_2}$ 是容易区分的，但要鉴别无机成因 CO_2 是幔源或是壳源则存在一定难度，这时，与无机成因 CO_2 天然气伴生的稀有气体 He 同位素常被用来判别 CO_2 的成因。戴春森等（1995）研究认为幔源 - 岩浆成因的 CO_2 气藏、气苗有普遍而强烈的幔源 He 混染，而东方 1-1 气藏和甘孜温泉气中的变质成因 CO_2 则伴生典型壳源 He，指出 ^{3}He/^{4}He 比值是区分火山 - 岩浆成因与碳酸盐岩变质成因的重要指标之一。一般幔源 - 火山成因的 CO_2 中 ^{3}He/^{4}He 为 $n \times 10^{-6} \sim n \times 10^{-5}$（$n=1 \sim 9$），$R/R_a > 1$；而变质成因的 CO_2 中 ^{3}He/^{4}He 为 $n \times 10^{-8} \sim n \times 10^{-6}$，$R/R_a < 1$。戴春森等（1995）根据对我国东部伸展盆地中 CO_2 气藏数据统计，发现气藏中的 CO_2 含量与 R/R_a 值具有很好的相关性。此外，$\delta^{13}C_{CO_2}$ 和 ^{3}He/^{4}He 或 R/R_a 的组合图版（图 1-6）可以很好地将各种成因的 CO_2 区别开来（戴金星等，1995；廖永胜，2001；何家雄等，2005a，2005b）。

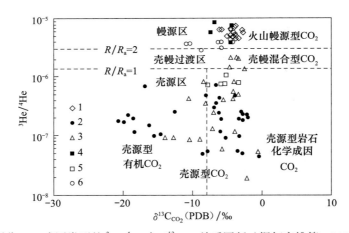

图 1-6　划分 CO_2 成因类型的 ^{3}He/^{4}He 与 $\delta^{13}C_{CO_2}$ 关系图版（据何家雄等，2005a，修改）

1. 松辽、渤海湾、苏北及三水盆地；2. 莺歌海盆地东方区；3. 莺歌海盆地乐东区；4. 琼东南盆地东部 2 号断裂带周缘区；5. 琼东南盆地西部崖 13-1 区；6. 珠江口盆地西部

（四）CO_2/^{3}He 比值判别幔源与壳源 CO_2

地幔去气作用不仅发生于洋中脊体系中，同时在大陆地壳拉张构造环境中，也有相当

规模的脱气作用发生。对于幔源挥发分中的主要成分 CO_2 而言，平均幔源碳的同位素 $\delta^{13}C$ 为 $-8‰\sim-3‰$（Pineau and Javoy, 1983），地壳碳同位素 $\delta^{13}C$ 为 $-7‰\sim-5‰$（Javoy et al., 1986），二者有很大的重叠范围，难以通过碳同位素特征区分其来源。同时，CO_2 又是活性气体，易于在地壳中转化成其他物质而损失，或有壳源 CO_2 或其他气体的加入。因此，一些学者试图寻找幔源稀有气体与幔源挥发分的主要成分 CO_2 之间的联系，来标定幔源碳的通量、判别幔源 CO_2 及其在地壳中发生的一些变化。

Marty 等（1989）注意到全球范围内洋中脊玄武岩（MORB）中气泡的气体成分具有非常显著的特征，其 $CO_2/^3He$ 值在 10^9 数量级上为常数，他们认为此稳定的 $CO_2/^3He$ 反映的是通过洋中脊释放的幔源气体的成分特征，2×10^9 可以代表全球范围内上地幔中生成的原始岩浆所具有的 CO_2 与 ^3He 组分的比例关系。Trull 等（1993）对气泡自岩浆中生成并脱离岩浆的过程中 $CO_2/^3He$ 值可能发生的变化作了分析后认为，虽然岩浆过程可以造成 MORB 气体中 $CO_2/^3He$ 值相对于其初始玄武岩浆产生一定量的变化，但并不会造成二者之间产生很大的偏差，为了检验这一估计，Trull 等（1993）还研究了夏威夷、留尼汪岛和凯尔盖朗洋岛玄武岩中超铁镁包体中的 CO_2 流体包裹体，测试结果表明，这些包裹体的 $CO_2/^3He$ 比值基本处于 10^9 范围内，与 MORB 一致。Porcelli 等（1992）研究了大陆地区的一些超铁镁包体，发现其 $CO_2/^3He$ 比值也与 MORB 处于同一值域内。Bottinga 和 Javoy（1990）对气泡在玄武岩浆中成核与生长的过程做了分析，He 作为一种不相容元素，在岩浆形成 CO_2 气泡的过程中优先富集在 CO_2 气泡中，而不是在硅酸盐熔体中，并且脱气过程所导致的 $CO_2/^3He$ 比值变化在 MORB 的观测值 $1\times10^9\sim7\times10^9$ 范围之内。

板块俯冲作用对幔源气体的 $CO_2/^3He$ 比值具有一定的影响。Marty 和 Jambon（1987）对岛弧地区 70 余个 $^3He/^4He$ 大于 7×10^{-6} 的火山气体资料分析表明，其 $CO_2/^3He$ 为 $3\times10^9\sim130\times10^9$，平均高达 20×10^9，表明俯冲带上的火山气体普遍富集 CO_2。对 Sr、Pb、Nd、Hf、Be 等同位素研究显示，俯冲区的沉积物对火山活动均有不同程度的贡献，因此岛弧地区的火山其富集的 CO_2 有相当数量是来自俯冲沉积物脱碳作用产物的加入。Giggenbach 等（1993）通过对新西兰地区 140 多个火山气和地下泉水中的气体成分和 He 同位素组成的分析，结果表明，在现代岛弧火山活动区，其 $CO_2/^3He$ 高达 40×10^9，但是随着远离岛弧火山活动区及向弧后地壳拉张减薄构造活动区的逐步接近，气体样品的 $CO_2/^3He$ 比值逐步减小，在远离岛弧并完全由地壳拉张减薄作用所控制的构造活动区域，其火山气体的 $CO_2/^3He$ 值一般小于 9×10^9，与 MORB 一致。这一明显随着构造区域的不同而产生的 $CO_2/^3He$ 比率的变化，反映了火山岛弧地区出现的过量 CO_2 来自板块俯冲带入的沉积物，随着远离岛弧，俯冲沉积物脱 CO_2 的影响逐渐减弱，其气体主要由地幔来源气体提供。

综合以上研究，Ballentine 等（2000）认为来源于洋中脊玄武岩浆流体的 $CO_2/^3He$ 值分布范围很窄，为 $1\times10^9\sim7\times10^9$，而典型壳源型气体的 $CO_2/^3He$ 值为 $10^5\sim10^{13}$（Lollar et al., 1997），据此可认为 $CO_2/^3He$ 比值为 $1\times10^9\sim10\times10^9$ 的天然气中的 CO_2 主要为幔源成因，而

$CO_2/^3He > 10^{10}$ 的天然气中的 CO_2 只能为壳源成因；而对于 $CO_2/^3He \leq 1 \times 10^9$ 的 CO_2 的成因则较难确定，因为幔源 CO_2 在地下会因为碳酸盐沉淀而有所损失，对于这种复杂情况应综合使用 $CO_2/^3He$、$^3He/^4He$ 和 $\delta^{13}C_{CO_2}$ 进行综合判别。Craig 等（1975）和 Poreda 等（1986）先后用 $CO_2/^3He$-R/R_a 体系来判识高含 CO_2 气中 CO_2 的成因与来源。在 $CO_2/^3He$-R/R_a 关系图上，地幔来源的 $CO_2/^3He$ 值为 $1 \times 10^9 \sim 10 \times 10^9$，高 $CO_2/^3He$ 值（大于 10^{10}）和低 R 值（小于 R_a）为典型的壳源气体，而高 R/R_a 值与相对低的 $CO_2/^3He$ 值则主要反映了幔源或壳幔混合成因 CO_2 的特征，其实质是在地幔岩浆上升过程中幔源组分与壳源组分的混合，但以幔源为主。

为了便于比较，将 CO_2 的形成类型、地球化学特征及判别标志综合列入下表（表 1-1）。综合以上判别方法和指标，在深入分析地质特征和气藏形成条件的基础上，基本上能够准确判断 CO_2 的成因。

表 1-1　CO₂成因类型判别指标

成因类型		判别指标			
		$\delta^{13}C/‰$	$^3He/^4He$	R/R_a	$CO_2/^3He$
无机成因	上地幔脱气	$-8 \sim -4$	$> 1.3 \times 10^{-5}$	> 2	$10^9 \sim 10^{10}$
	岩石熔融脱气	$-10 \sim -4$	$n \times 10^{-6} \sim n \times 10^{-5}$	$1 \sim 2$	
	碳酸盐岩热分解	$-4 \sim 4$			$10^5 \sim 10^{13}$（多大于 10^{10}）
有机成因	有机质微生物降解	< -20	$n \times 10^{-8} \sim n \times 10^{-6}$	< 1	
	有机质被氧化	$-20 \sim -10$			
	有机质被降解	$-25 \sim -15$			
	有机质热裂解	$-15 \sim -9$			

第三节　CO₂气藏成藏机制

目前，世界上发现的具有工业开采价值的 CO_2 气藏均为幔源 - 岩浆成因。那么幔源 CO_2 如何从地幔岩浆中脱出并进入沉积地层中形成 CO_2 气藏聚集呢？本节从幔源 CO_2 的深部来源及脱气机制出发，介绍 CO_2 气藏的形成地质条件及典型 CO_2 气藏的成藏模式。

一、幔源 CO₂ 脱气模式

关于幔源 CO_2 以何种方式脱气并进入沉积盆地中形成 CO_2 气藏聚集，很多学者进行过探讨。深部地质研究表明，热流底辟体、莫霍面之上的岩浆底垫体、中上地壳拆离带之下的岩浆房为无机成因气的有利气源（高君等，2000；云金表等，2000；迟元林等，2002；侯启军和杨玉峰，2002；汤达祯等，2002；付晓飞等，2005；郭栋等，2006；邱隆伟和王兴谋，2006；史军，2011；王盛鹏等，2011；张铜磊等，2012；王江，2015）。地壳中发育的"网状"结构、拆离断层及拆离带及部分深大断裂的发育则是地球深部流体向上运移的通道（侯启军和杨玉峰，2002；鲁雪松等，2011；董景海，2013）。不同的"气源"由于其赋存的地质条件和演化过程不同，脱气的方式、脱气量、脱出的气体组成也大不相同。总体来看，幔源 CO_2 的深部脱气模式可以概括为以下三种（图 1-7）：一是通过深大岩石圈断裂直接从上地幔取气；二是通过热流底辟体直接供气；三是通过地壳中的岩浆房（岩浆底垫体、低速体）与基底断裂组合供气。

（一）地幔物质沿超岩石圈断裂直接脱气模式

深大岩石圈断裂常常发育在盆地的边缘部位或露头区，含大量还原性气体的地幔深部岩浆可沿这些岩石圈断裂侵入（图 1-7 中的①）。由于断裂输导天然气的速度较高，大部分甲烷来不及被氧化消耗，该种模式脱出的气体仍含有大量的无机甲烷，这对于地球深部来源的无机烃类气藏的形成应该是十分重要的条件（张景廉等，1999；侯启军和杨玉峰，2002）。在徐家围子地区发现的大量无机烃类气与中央深大断裂沟通地幔物质有关（张晓东，2003）。深切上地幔的郯庐深大断裂不仅为火山岩浆活动及深部原始 CO_2 及其他流体提供了向浅部运移的通道，而且严格控制了幔源 - 岩浆型 CO_2 气藏及其他流体的分布富集（侯贵廷等，1996；郭栋等，2006）。

（二）热流底辟体脱气模式

对松辽盆地 6 条大剖面解释成果表明（高君等，2000；迟元林等，2002），热流底辟体分布广泛，是无机成因 CO_2 气的重要气源之一。由于上地幔发生了部分熔融作用，从上地幔中分离出的"流体相"在压力作用下上升，岩浆底辟穿过莫霍面后，在下地壳或上地壳的下部聚集，形成初期的岩浆体，在上运和聚集过程中，由于温度和压力降低而发生脱气作用，释放的气体进入热流底辟切割的地层或沿底辟体前锋形成的裂缝系统垂向运移至其上方聚集成藏（图 1-7 中的③），该模式以脱出 CO_2 为主（付晓飞和宋岩，2005）。云金表等（2000）认为万金塔 CO_2 气藏形成与深部热流底辟作用直接相关。

（三）壳内岩浆房 - 基底断裂组合脱气模式

在岩石圈上部巨大的压力作用下，呈韧性状态的拆离带是良好的封盖层。由于拆离带的作用，使得沿岩石圈下部裂缝上升的岩浆和气体等在拆离带的下部聚集而形成壳内岩浆房或称低速体（郭栋等，2006）。松辽盆地深反射地震剖面中揭示水平方向的扁豆体或层状体，在下地壳下部及中地壳部位最为发育，它很可能是壳内岩浆房或低速体（迟元林等，2002）。高君等（2000）在莫霍面之上也发现了大量的水平方向的扁豆体，称之为"岩浆底垫体"。在济阳拗陷中上地壳中也发现了多个低速体，并按其发育深度分为上部低速体和下部低速体，上部低速体可以看成是下部低速体的次一级低速体（邱隆伟和王兴谋，2006）。这些低速体和岩浆"底垫体"都是富含 CO_2 等挥发分的岩浆热液，是无机 CO_2 的主要气源（图 1-7 中的②）。邱隆伟和王兴谋（2006）和付晓飞等（2005）据此提出了壳内岩浆房 - 基底断裂脱气模式，认为壳内岩浆房是岩浆和幔源气体的来源，沟通岩浆房的基底大断裂是深部岩浆和气

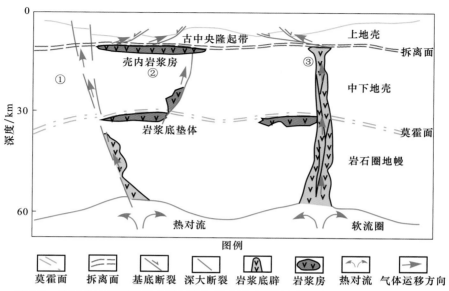

图 1-7　松辽盆地幔源无机成因气脱气模式图（据侯启军和杨玉峰，2002，修改）

体向浅部运聚的通道。

另外，关于幔源流体从壳内岩浆房中向盆地地层中运移机制问题，戴春森等（1996）提出了我国东部伸展盆地区地球多级脱气模型（图 1-8），即幔源 - 岩浆气沿上地幔断裂释入地壳，在中下地壳的运移主要借助于 NW-NWW 向走滑断裂，在上地壳的运移聚集则主要沿 NE-NNE 向伸展断裂运移。在 NW-NWW 向断裂和浅部伸展断裂交汇带构成了浅部幔源 - 岩浆气的释放窗口，而伸展断裂因其浅部的良好开启性和广泛发育的各类圈闭，成为幔源 - 岩浆气良好的运移通道和聚集场所。该模式较好地揭示了幔源 - 岩浆成因气分布于与 NW-NWW 向走滑断裂交汇的伸展断裂带附近。

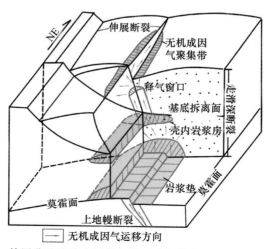

图 1-8　伸展盆地地球多级脱气模型（据戴春森等，1996，修改）

二、CO₂ 气藏形成地质条件

由于无机成因和有机成因天然气在地球中的生成部位及受控因素的不尽相同，使得无机成因天然气的成藏条件表现出自身独有的特色。下面对无机成因 CO_2 气藏形成的构造地质条件、物理化学条件和成藏条件进行总结。

（1）大地构造环境。无机成因气（藏）的发育严格受构造活动带控制，尤其是不同构造体系或构造组合的复合地带是无机成因气形成、排放和成藏的有利区带（陶明信等，1996；陶士振等，2000）。西太平洋构造域与特提斯构造域的复合部位是我国东部无机成因气形成的大地构造环境。Irwin 和 Barnes（1980）对全球 CO_2 分布特点与构造活动性关系的研究表明，变质成因 CO_2 多发育于挤压构造背景，张性构造区则主要形成幔源 - 岩浆成因 CO_2。

（2）深大断裂。深大断裂为 CO_2 气藏的形成提供了运移通道和储集空间，CO_2 气的聚集与深大断裂带的展布关系密切，其分布明显受控于区域性大断裂（陈永见等，1999；杜灵通，2005；杜灵通等，2006）。戴金星等（1995）指出，我国至今发现的 CO_2 气藏，都与断裂有关，但也不是每个断裂都可发现 CO_2 气藏，只有那些作为地球脱气口和岩浆通道的断裂，以及能够产生大量构造热，致使碳酸盐岩或碳酸盐矿物发生变质反应并具有圈闭能力的气源断裂，才有形成 CO_2 气藏的可能。

（3）大地热流条件。相对于有机成因油气的"盆 - 热 - 烃"理论模型，陶士振等（2000）将无机成因天然气的理论模型概括为"构造 - 热 - 流体"。区域地热场特征直接反映了深部构造 - 岩浆活动情况及深部物质（岩浆、流体等）对浅部地壳的入侵状态。因此大地热流条件是衡量无机成因气是否发育的一个重要标志。戴金星等（1995）指出，热流值大于 1.3HFU、地温梯度大于 2.5℃ /100m 的高热 - 热构造区是我国东部无机成因天然气形成的有利场所。

（4）岩浆（火山）活动。岩浆是幔源无机成因气的气源储集体和载体，岩浆活动期即是无机成因 CO_2 等气体的释放期。目前，世界上已发现的 CO_2 气藏大都分布在地史上或现代的火山活动地带。我国的东部中生代—新生代陆相盆地发现的高含 CO_2 气藏区就是岩浆活动区。我国东部发现的 CO_2 气藏、幔源 He 异常和幔源 - 岩浆气苗均分布于 9 条玄武岩带上（刘若新和李继泰，1992）。

（5）物理化学条件。地幔流体包裹体研究结果表明，碱性橄榄玄武岩中流体包裹体的 CO_2 含量高于拉斑玄武岩、石英拉斑玄武岩及橄榄拉斑玄武岩中流体包裹体的 CO_2 含量。赫英等（1996a，1996b）研究也表明，高含量无机成因 CO_2 气藏与富碱、富轻稀土、富大离子亲石元素和挥发分的碱性橄榄玄武岩有密切关系。邓晋福等（1996）对软流圈构造地球化学的研究结果表明，$CO_2/(CO_2+H_2O)$ 与 K_2O/Na_2O 有着密切的关系，两者之间呈明显的正相关，同时，也随着稀土元素富集程度的提高而增大。

（6）圈闭及储层条件。我国 CO_2 气藏产出层位从古近系至奥陶系均有分布，储集岩为砂岩、碳酸盐岩及火山岩，圈闭多与断裂有关，为断层圈闭、受断层切割的背斜圈闭或岩性圈闭。气藏与火山岩或侵入岩和断裂关系密切是这类气藏的共同特征。例如，松辽盆地目前

所发现 CO_2 气藏的圈闭类型主要分为火山岩圈闭（昌德气藏）和后期构造反转控制形成的构造圈闭（万金塔、乾安和孤店 CO_2 气藏等）（付晓飞等，2005）。

三、CO_2 气藏成藏模式

综合前人研究，CO_2 气藏的成藏模式可以总结为两种类型：火山幔源型 CO_2 运聚成藏模式和壳幔混合型 CO_2 运聚成藏模式（何家雄等，2005b）。前者主要存在于我国东部陆相断陷盆地和东海盆地、南海北部琼东南盆地东部及珠江口盆地中（图1-9），后者则以莺歌海盆地泥底辟带浅层 CO_2 气藏为典型代表。

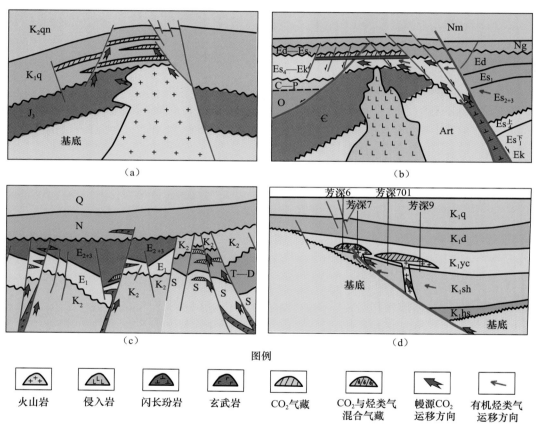

图 1-9　我国东部火山幔源型 CO_2 气藏形成模式及运聚特征（据何家雄等，2005b，修改）

（a）松辽盆地万金塔 CO_2 气藏；（b）济阳拗陷平方王 CO_2 气顶油气藏；（c）苏北盆地 CO_2 气藏；（d）松辽盆地昌德东 CO_2 气藏

通过对各个火山 - 幔源型 CO_2 气藏形成模式的对比分析，可以看出，火山 - 幔源型 CO_2 气藏的形成和富集主要受沟通地壳深部火山幔源气源中心的基底深大断裂发育展布及晚期次生断裂和构造活动的控制与制约，幔源岩浆热液活动及气源断裂体系是其主控因素，而幔源

岩浆脱气所形成的 CO_2 气源充足与否及充注程度，则是其富集成藏的前提条件。根据岩浆气源体与 CO_2 气藏的关系，幔源 CO_2 气藏可分为两种类型，一种是岩浆岩（包括火山岩和侵入岩）与气藏为直接关系，岩浆岩体可以作为气藏的储集体或作为气源与气藏直接接触；二是通过断裂沟通的间接关系，气藏形成于深大断裂附近的常规储层和圈闭之中。

对于与岩浆气源体有关的常规储层中的 CO_2 气藏，郭栋等（2006）总结出三种成藏模式：①侵入体-断裂-储集层转折成藏模式，如高青、花17、平方王、八里泊气藏等，其主要特点是侵入体是 CO_2 的主要气源，侵入体与储集层通过断裂相连，储集层为侵入岩体的上覆地层，断裂在浅层封闭，侵入体结晶过程中脱气形成的 CO_2 通过断裂运移到浅部储集层成藏；②侵入体-储集层直接成藏模式，如平南气藏等，主要特点是岩浆侵入体是主要气源体，侵入体穿透储集层与储集层直接接触，储集层上方往往具有较好的盖层，CO_2 在岩浆结晶过程中脱出而成藏；③埋藏火山通道-储集层直接成藏模式，如阳25气藏，主要特点是岩浆火山通道是 CO_2 的主要气源体，储集层和火山通道直接接触，火山通道被埋藏后发生的岩浆热液过程中脱出的 CO_2 充满，然后 CO_2 向储集层运移聚集成藏。

除了在常规储层中发现了大量 CO_2 气藏外，目前在松辽盆地深层营城组火山岩储层中也发现了多个 CO_2 气藏或高含 CO_2 气藏，如昌德东，徐深10、19、28，长深1、2、4、6、7气藏等。对于松辽盆地火山岩 CO_2 气藏的成藏机制有两种观点，一种观点认为 CO_2 气是从岩浆热液中析出后沿断层、裂隙及火山通道向上运移到火山岩及砂砾岩储集层中聚集成藏，先期喷发的火山岩只是作为优质储层（霍秋立等，1998；杨玉峰等，2000）。而刘德良等（2005）和谈迎等（2005）认为，火山岩中的 CO_2 气藏是"自生自储"，成藏 CO_2 气主要来自火山岩吸附气，火山岩吸附气的后期释放是火山岩 CO_2 气藏形成的原因。但是松辽盆地中生代火山岩主要为中酸性喷发岩，且主要来源于壳源岩浆，壳源岩浆本身就少含 CO_2 等挥发分，关于该套火山岩中吸附气量的大小能不能满足地层水的大量溶解而达到成藏的要求值得怀疑。本书的研究成果支持第一种观点。

第四节　CO_2 气藏分布规律及控制因素

含 CO_2 天然气遍布全球，但高含 CO_2 的天然气主要分布在地幔隆起区、火山岩浆活动区、断裂系十分发育的地壳活动区、地热异常的碳酸盐岩分布区、油气富集区和含煤盆地中。本节对世界范围内 CO_2 气藏分布规律进行了总结，并对 CO_2 气藏形成和分布的主控因素进行了分析。

一、CO_2 气藏分布规律

全球已发现的著名的 CO_2 气田（藏）有：南澳大利亚甘比尔（Gambier）加罗林（Garoline）

穿窿型液态 CO$_2$ 气田（藏），墨西哥的坦皮哥 CO$_2$ 气田（藏），美国西德克萨斯 Permian 盆地中 JM-Brown Basset 气田，美国落基山东麓（由南至北）新墨西哥的布拉沃 CO$_2$ 气田（藏）、科罗拉多的 Mcelmo CO$_2$ 气田（藏）、蒙大拿的凯文森伯斯特 CO$_2$ 气田（藏），泰国海湾的普拉冬（Platong）、埃拉万（Erowan）和索塘 CO$_2$ 气田（藏）群，印度尼西亚的纳土纳 CO$_2$ 气田等。目前已发现的 CO$_2$ 气藏主要分布在环太平洋地区，这是由于自中—新生代以来，环太平洋地区火山、岩浆、断裂活动十分频繁，如中国东部、日本、印度尼西亚、新西兰、菲律宾、越南、泰国、马来西亚、澳大利亚、墨西哥、美国和加拿大等均发现了高含 CO$_2$ 的天然气田（藏）。除环太平洋地区外，西西伯利亚地区、科托帕克地区、高加索地区、耶先士基的鲍尔若米地区、喀尔巴阡盆地也有 CO$_2$ 气田（藏）分布（图 1-10）。

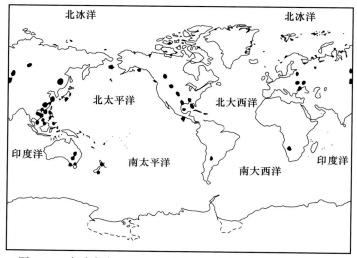

图 1-10　全球高含 CO$_2$ 的气田（藏）分布（据朱岳年，1997）

　　事实上，除高浓度 CO$_2$ 天然气分布具有上述特征外，高浓度 CO$_2$ 的火山气、温泉气、水溶气和岩石气的分布也具有这种特征，主要分布在氧逸度高的环太平洋火山岛弧带，地热异常区及深大断裂区，如日本的众多热液、热泉气，中国东部的温泉气、气苗及云南的温泉气，菲律宾、印尼、新西兰的火山气、温泉气、气苗，智利尼勃湖火山、阿拉斯加的 Ukinrek 火山气等（朱岳年，1997）。

　　我国已在松辽、渤海湾、苏北、三水、东海及南海北部等裂谷盆地内发现了 30 多个 CO$_2$ 气田（藏）。我国东部已发现的无机成因 CO$_2$ 气藏、气苗及幔源氦异常集中分布于松辽、渤海湾、苏北、三水盆地及部分现代构造岩浆活动区，如东北五大连池及长白山天池等，向西部无机成因气的显示明显减弱。CO$_2$ 气的释放强度及幔源氦的分布特征，明显与深部地质背景及构造、岩浆活动存在相关关系。戴金星等（1995）指出，我国东部无机成因气的分布在空间上与古近纪至新近纪 NNE 向玄武岩浆活动带的展布相一致，且主要分布在 NW-NWW 向断裂带与 NE-NNE 向伸展断裂带的交汇带的 NE-NNE 向伸展构造带聚集。

总之，世界上许多中生代、新生代沉积盆地中均发现丰富的 CO_2 气藏，尽管构造背景不同，但都有一个共同的特征，即主要沿着构造、岩浆活动带或板块边缘带、深大断裂带分布。综观 CO_2 气田（藏）在全球的分布情况及其地质-地球化学背景可以发现以下几条规律（杜建国，1991；朱岳年，1994；戴金星等，1995）：① CO_2 富集带与火山岩浆活动带有关。目前世界上已发现的 CO_2 气藏大都分布在地史上或现代的火山活动地带。著名的墨西哥坦皮哥、美国落基山东麓、意大利西西里岛和我国的东部中—新生代陆相盆地发现的高含 CO_2 气藏区，均是岩浆活动的激烈区。② CO_2 气的聚集与深大断裂的展布关系密切。日本亚利桑那黑弥撒盆地的 CO_2 气田中的 CO_2 就是来源于沿 NW 向断层运移来的深部火山岩浆。我国东部的各含油气盆地中发现的 CO_2 气藏，其分布明显地受控于郯庐等大断裂。③ CO_2 气藏往往与地热流值较大和地温梯度较高的裂谷盆地有关。如我国 CO_2 气藏主要分布在我国东部具有高热流背景的中—新生代陆相断陷盆地中。④在壳源岩石化学成因 CO_2 气藏的含气层系中或其下部深层常分布有大量碳酸盐岩。如四川江孜拖坝温泉气和莺歌海盆地泥底辟带 CO_2 气藏。⑤ CO_2 气藏主要产于中、新生界。墨西哥的坦皮哥气藏产于侏罗系和白垩系，我国已发现的 CO_2 气藏主要产层是古近系和白垩系，东南亚地区发现的 CO_2 气藏主要产于中新统。这是由于中、新生代以来的构造岩浆活动比较强烈。⑥ CO_2 的储集岩主要是火山岩和海相灰岩，其次是陆相砂岩。这说明火山岩和海相灰岩储层直接为 CO_2 气源体或与气源体临近，为 CO_2 在上地壳岩层中的初次聚集区。

二、CO₂气藏分布主控因素

不同成因类型 CO_2 的分布具有不同的特点，其控制因素也不尽相同。碳酸盐岩热变质成因的 CO_2 气主要分布主要受三个因素控制：①碳酸盐岩的分布；②异常高的地温梯度，主要位于侵入岩或岩浆岩分布区；③受大断层控制，因为断层是深部碳酸盐岩热变质 CO_2 气运移上来成藏的重要通道。碳酸盐岩热变质成因 CO_2 气藏相对少见，且通常与幔源-岩浆成因 CO_2 混合存在，这是因为岩浆体侵入和大断裂摩擦生热是岩石变质的主要热源，而深大断裂和岩浆活动都与幔源-岩浆型 CO_2 密切相关。

与岩浆作用有关的 CO_2 气主要来自深部，其运移通道主要是深大断裂，因此其分布主要受深大断层控制，且与火山和岩浆活动关系密切。总体看这类气藏的分布具有以下规律：①气藏分布于高的地温场区和莫霍面较浅的部位，与深大断裂伴生，与岩浆活动带有一定的联系，气藏分布的主要地区其下多存在低速高导层（付晓飞等，2005）；②气藏呈线型或带状分布，即沿断裂构造带分布（陶士振等，1999）；③气藏的形成和分布主要受控于岩浆气源体和气源断裂体系的发育和展布，晚期次生断裂活动则控制了初始聚集区 CO_2 气藏的再分配。

通过以上对无机成因 CO_2 分布规律和控制因素的总结，能对无机成因 CO_2 的有利发育区带进行大致预测。朱岳年（1997）指出，强烈张性构造带及火山岩浆剧烈活动区是上地幔脱排 CO_2 的主要地区；压扭性深大断裂发育区及地热高异常区是地壳岩石发生熔融脱

排 CO_2 及海相碳酸盐岩热变质形成 CO_2 的主要地区。戴春森等（1996）指出，我国东部伸展盆地寻找 CO_2 气藏最有利的部位是与 NW-NWW 向深断裂交汇、幔源岩浆岩发育、具有良好深部贯通性和浅部开启性的伸展断裂带。戴金星等（2001）总结无机成因 CO_2 有利发育带的特征：①莫霍面隆起或地幔柱上隆地区，如万金塔气田、昌德气藏等位于莫霍面隆起处，莫霍面高点埋深均在 29～31km；②热流值大于 1.3HFU，地温梯度大于 3.5℃/100m 的高热-热构造区带，如莺歌海盆地东方 1-1 气田，其 CO_2 气藏热流值很高，地温梯度达 4.49～4.79℃/100m；③ $R/R_a > 1$ 正异常带，特别是 $R/R_a > 2$ 的地带，例如，济阳拗陷高青-平南 CO_2 气聚集带发现四个气田（藏）均在 $R/R_a > 1$ 正异常带中；④近期或较新时代玄武岩或岩浆活动带；⑤ NE-NNE 向伸展断裂带，特别是其与 NW-NWW 向断裂交汇部位。当气源断裂附近具备有储、盖、圈、保配套条件时，往往易于形成无机成因气藏。

第五节　CO_2 成因、成藏研究的前沿问题

通过以上对前人关于 CO_2 成因及成藏的研究现状的调研分析表明，目前对 CO_2 的成因类型及其判别指标已有了比较明确的认识，也基本达成了共识，但是关于 CO_2 深部释出机制及其运聚成藏机理方面仍停留在推理和假设的阶段，需要进一步的深入研究。关于 CO_2 成因、成藏研究的前沿问题主要表现在以下四个方面。

（一）超临界 CO_2 及其对油气运移、聚集的作用

在地球深部，CO_2 的温度、压力均已超过了其临界温度 31.06℃，临界压力 7.39MPa，即 CO_2 在地球深部为超临界流体。孙樯等（2000）认为，地球深部的超临界 CO_2 流体对油气的运移和聚集起到了很大的作用。澳大利亚学者 Mckirdy 和 Chivas（1992）在研究了南澳大利亚奥特韦（Otway）盆地中的几个 CO_2 气田后认为，火山岩浆来源的高浓度超临界态 CO_2 对奥特韦和库珀盆地中的石油形成可能起着重要作用。朱岳年（1997）认为大量的超临界高浓度 CO_2 在沉积盆地中会对沉积有机质起到强萃取作用。但具体到地下多种成分混合流体（CO_2、CH_4、N_2 和 H_2O）中 CO_2 能否以超临界状态存在、超临界流体的运聚特征、超临界 CO_2 如何影响油气的生成和运移、CO_2 的运移相态等问题，目前为止仍没有开展研究，需要加强这方面的基础研究。

（二）CO_2 与深大断裂、火山岩的关系

虽然目前已明确认识到 CO_2 气藏与深大断裂、火山岩浆活动关系密切，但对于哪条断裂、断裂的哪些部位、哪种类型火山岩体或岩相部位控制 CO_2 气藏的形成和富集；同样是基底深大断裂，为什么有些断裂附近发现 CO_2 气藏，有些断裂附近没有发现；同一断裂的有些部位有 CO_2 气聚集，而其他部位为什么没有；为什么有些火山岩体中以 CO_2 为主，有些火山岩体中则以有机烃类气为主；断裂活动、岩浆活动及其与 CO_2 释放成藏期的关系如何；如

何预测 CO_2 气在盆地或区带范围内的分布等，这些问题都尚不清楚。因此应加强断裂类型、性质、分布、发育过程与 CO_2 气藏的关系研究；火山岩类型、岩相类型、火山活动及岩浆热液活动与 CO_2 气藏的关系研究；断裂活动、岩浆活动及其与 CO_2 释放成藏期的关系研究；进行 CO_2 气分布预测的操作性强的方法和技术研究等。

（三）深部构造研究与 CO_2 脱气运移机制

虽然前人总结了三种幔源 CO_2 脱气模式，但这都只是停留在推测或想象的层次上，需要得到进一步的验证。而且不同地区由于其构造背景不同，可能具有不同的脱气模式。因此，只有加强深部构造研究，搞清岩石圈断裂和壳断裂、基底断裂的展布，深部岩浆房、岩浆底垫体和热流底辟体的展布及它们之间的接触和连通关系，才能建立正确的 CO_2 脱气运移机制。

（四） CO_2 与常规烃类油气的耦合差异成藏机制

目前发现的 CO_2 气藏的分布在区域和局部构造范围内都具有很大的不均匀性，且 CO_2 气藏多与常规烃类油气藏相伴生，并因同受深大断裂控制并共享某些圈闭和储层等成藏要素而耦合分布在一起。 CO_2 含量在相邻构造、火山岩体内，或同一气藏不同深度范围内都具有较大的变化，这在松辽盆地深层表现得尤为明显。 CO_2 气和常规烃类气在运聚特征、运聚通道、成藏时间和成藏过程上都具有较大的差异。因此，开展 CO_2 与常规烃类油气的耦合差异成藏机制研究，对于搞清 CO_2 气藏的分布、 CO_2 与常规烃类油气藏的伴生组合关系及 CO_2 含量的变化情况都具有重要的作用，对于常规烃类油气勘探中能有效地避开 CO_2 富集区具有重要的指导意义。

第二章

含CO$_2$天然气成藏地质背景

松辽盆地是在古生代褶皱基底上发展起来的大型陆相断陷 - 拗陷盆地，经历了中生代以来断陷期、拗陷期和反转期的构造演化过程，形成了三大构造层的层序地层。其中晚侏罗世—早白垩世，由于区域上受伸展拉张的动力学机制控制，是松辽盆地深部断陷形成的关键时期，是火山活动强烈作用时期，也是深部烃源岩和储层的发育关键时期，同时也是深层含 CO$_2$ 天然气的主要聚集层系。本章简单介绍了松辽盆地的形成动力学背景、构造演化及层序地层特征，在此基础上初步分析了松辽盆地形成含 CO$_2$ 气藏的有利地质条件。

第一节　盆地动力学背景及盆地类型

松辽盆地是在古生代褶皱基底上发展起来的中新生代陆相沉积盆地，探讨松辽盆地形成的地球动力学环境必须从前中生代和中新生代"两个世代，两种体制"控制下的不同板块构造背景着手，前者是盆地形成的基础，后者直接控制盆地的发展演化。

一、盆地动力学背景

松辽盆地主体位于西伯利亚板块南缘早海西期和晚海西—印支期增生褶皱带之上（王鸿桢，1982），南端位于华北板块北缘加里东期—海西期褶皱带之上，松辽盆地基底属褶皱带性质，而非中间地块。古生代的 NEE-NE 向对接带、迭接带，大量的 NEE-NE 向逆冲推覆断裂，以及中生代的 NNE-NE 向左行走滑断裂构成了松辽盆地形成前的基本构造格架（图 2-1）。这种格局导致盆地基底结构复杂、地壳破碎、刚性弱、塑性强，并直接控制了后期盆地的发育。

中新生代，东北地区进入西伯利亚和华北两大板块碰撞缝合后的板内构造演化阶段，受控于环太平洋构造域的发展演化，松辽盆地位于亚洲东部环太平洋构造域的北部。从晚侏罗

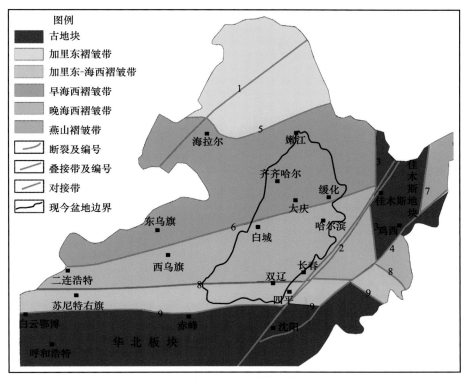

图 2-1　东北地区区域构造背景图

1. 德尔布干断裂；2. 依兰伊通断裂；3. 牡丹江断裂；4. 敦化 - 密山断裂；5. 海拉尔 - 黑河叠合带；6. 贺根山 - 绥化
叠接带；7. 大和镇断裂；8. 索伦 - 西拉木伦对接带；9. 赤峰 - 开源叠接带

世到新生代早期，欧亚板块东临的大洋板块主要有库拉板块、太平洋板块和法拉隆板块。侏罗纪晚期—白垩纪早期（150～135Ma），库拉板块开始缓慢向欧亚大陆运动，相对于欧亚板块北部的运动方向为正北偏西方向，此后，运动速度迅速增加，且向北运动的分速度很大，向西运动的分速度很小。库拉板块向欧亚板块的这种运动，导致了郯庐等左旋走滑断裂的形成。松辽盆地发生左旋张扭作用，孙吴 - 双辽断裂、嫩江断裂、德尔布干断裂也大致于这一时期形成。直至早白垩世中晚期—古新世（85～53Ma），这种向 NNW 方向的运动转变为 NW 向，运动速度总体变小。始新世（53～35Ma），库拉板块和太平洋板块之间的扩张轴消失，太平洋板块开始作用于欧亚板块，相对于欧亚板块的运动方向为 NE（NEE）向，此后（渐新世—现今），太平洋板块向欧亚板块之下俯冲，且运动速度明显加快，运动方向为 NWW 向、NW 向，向下的俯冲引发了深部热物质的上涌，日本海、鄂克茨克等边缘海盆地形成（王骏和王东坡，1997）。此时，远离大陆边缘的松辽盆地区处于陆内 NWW 向、NW 向挤压应力环境中。

总之，中新生代，处于环太平洋构造域中的松辽盆地的形成、发展、演化受控于欧亚板块与其东临的大洋板块之间的相互作用，应力环境先后经历了侏罗纪晚期—白垩纪早期的

NWW 向、NNE 向左旋张扭作用，早白垩世中晚期—古新世的 NW 向挤压作用，始新世的 NE 向、NEE 向弱伸展松弛作用和渐新世以来的 NW 向、NWW 向挤压作用。其中，以侏罗纪晚期—白垩纪早期的 NNW 向、NNE 向左旋张扭作用和渐新世以来的 NW 向、NWW 向挤压作用最为强烈，前者是松辽盆地断陷期盆地发育的地球动力学背景，后者是盆地反转期构造发育的直接动力。

二、盆地类型及形成机理

松辽盆地作为我国最早发现的大型含油气盆地，在几十年的勘探实践中，许多专家、学者对该盆地的形成机理、构造演化及盆地类型等作了深入探讨，关于盆地类型主要有克拉通内裂谷盆地、克拉通内转换型盆地（高瑞祺等，1989）、新克拉通内复合型盆地（程裕淇，1994）、大陆边缘裂谷盆地（王骏和王东坡，1997）、断开整个岩石圈的裂谷盆地（郭占谦，1998）、多期叠合盆地（迟元林等，2002）、与变质核杂岩伴生的伸展断陷盆地（陈发景和王德发，2000）、弧后裂陷盆地（高名修，1983；刘和甫，1993，1996，2000；陈发景等，1996）和以火山为边界的弧内盆地（陈文涛等，2001）等。

在盆地形成机理方面，主要的认识有：①热点作用、地幔柱作用、地幔对流作用的相继发生导致的较强烈的拉张及拉张期后岩石圈冷却产生的热收缩成盆（高瑞祺等，1989）；②大洋板块向欧亚板块运动过程中运动速度和方向发生变化导致大陆边缘发生张裂，引发深部地幔物质上升而形成盆地（王骏和王东坡，1997）；③地球深部物质上涌外泄，引起下部地壳物质亏空，岩石圈重量超过软流圈与贝里奥夫带之间的摩擦阻力之和时，岩石圈出现塌陷，形成盆地（郭占谦，1998）；④长期的剥蚀作用导致地壳岩石圈减薄，上地幔岩石圈上隆，地壳张裂及随后的断裂走滑、拉分、伸展和热冷却沉降形成盆地（迟元林等，2002）；⑤由于地幔拆沉作用导致下地壳局部熔融，产生断陷期前或断陷初期陆内火山岩台地，随后的伸展塌陷作用形成沙河子期和营城期伸展断陷盆地（陈发景和王德发，2000）。

第二节　盆地构造与沉积演化

一、构造演化阶段及特征

在盆地构造演化方面，尽管不同的学者基于不同的成盆机理有不同的分析和论述，但基本上都认同断陷、拗陷和反转三个大的构造演化阶段（图 2-2）（朱德丰等，2000；殷进垠等，2002；云金表等，2002），在盆地叠合方式上是"下断上凹"的二元结构（高瑞祺和蔡希源，1997；迟元林等，2002；云金表等，2002；胡望水等，2005），相应划分为三大构造层：即断陷构造层、拗陷构造层和反转构造层（图 2-3）。但盆地并非是简单的三期演化，期

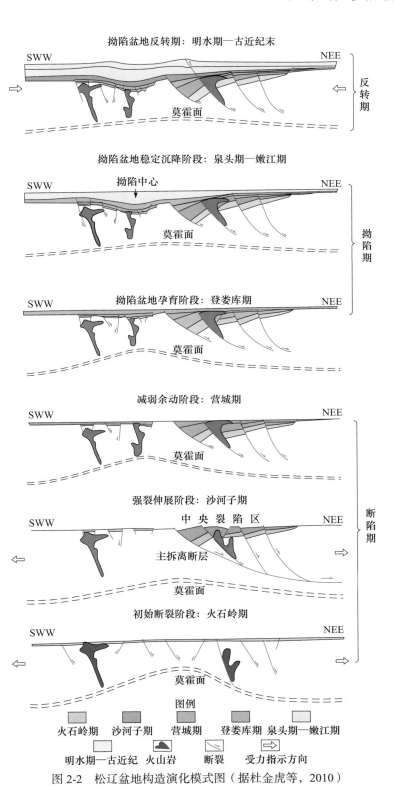

图 2-2 松辽盆地构造演化模式图（据杜金虎等，2010）

间应力场性质的改变使松辽盆地经历多期"开—合"演化历史，应力场方位的变化使构造变形在部分时期表现为扭动特征。

（一）断陷阶段

早白垩世早期，即火石岭期，大洋板块俯冲引起热地幔柱上涌，形成了大量火山喷发，火石岭组在盆地中普遍存在，厚度局部超过千米，酸性至基性火山岩都有发育，其中以中基性火山岩为主，火山岩 K-Ar 同位素年龄为 144.0～157.1Ma（王璞珺等，1995；高瑞祺和蔡希源，1997）。

至沙河子组沉积时期，为盆地强烈的裂陷时期。该期盆地以持续伸展沉降为特点，是盆地最大伸展沉降阶段。此时孙吴-双辽壳断裂活跃，中央断裂隆起上升，受 SSE 方向伸展作用，两侧形成断陷，断陷总体走向为 NNE 向，但徐家围子断陷为 NW 走向，总体以中央隆起区为界，分为东西两个断陷区。沙河子组以湖相碎屑岩为主，夹有少量火山岩。火山岩以流纹岩、英安岩、凝灰岩为主，明显转化为以活动陆缘为特征的时期。它是地幔隆起大量热释放后，以构造沉降为主的时期，沉积地层以大断层为边界，断陷不断扩展，并使地层掀斜，该期是断陷层湖相泥岩和煤系地层的主要发育时期。沙河子组末期存在一次较强的挤压反转，断陷层序内部发生较强反转，盆缘发生断层逆冲，断陷内形成挤压背斜和营城组与沙河子组之间的角度不整合（殷进垠等，2002）。

营城组沉积时期为断陷盆地萎缩时期，断陷以填平补齐为主，同期伴随着较强的火山喷发，沉积了一套火山碎屑岩，在徐家围子断陷营城组二段超覆到断陷之外，具有拗陷性质。火山岩的喷发可分为早晚两期，早期以酸性岩为主，晚期以中性为主，火山岩 K-Ar 同位素年龄为 120.0～127.0Ma（王璞珺等，1995；高瑞祺和蔡希源，1997）。营城组沉积末该区壳-幔作用强烈活动期进入尾声，局部断裂发生反转（方立敏等，2003），如徐西断裂上盘反转形成升平构造雏形。

（二）拗陷阶段

登娄库组沉积开始，岩石圈逐渐冷却，产生热收缩，地壳不均一下沉，盆地进入了拗陷沉降时期（高瑞祺和蔡希源，1997）。登娄库组沉积早期冷却收缩较快，早期控凹基底断裂进一步生长活动，故登娄库组下部地层受断层控制，具有断陷特点，但其沉积范围明显较下部断陷大的多，又具拗陷特点，故称为断拗转化阶段。

至登娄库组上部地层沉积时期，盆地全面进入了拗陷阶段，这一过程一直持续到嫩江组沉积时期，从登娄库期到嫩江早期，剖面上表现为轻微的拉张作用，但拉张作用逐渐减弱，剖面伸展率从 0.007 减小到 0.0001（朱德峰等，2000）。在上地幔隆升幅度最大的区域，均衡调整作用最强烈，形成中央深拗陷（图 2-4），奠定了松辽盆地富油的基础。但不均匀沉陷导致凹陷不均衡发展，前期有东部和中部两个沉降中心，造成东部发育早期凹陷，中部发育长期凹陷，西部为长期的斜坡带，地层逐层超覆（高瑞祺和蔡希源，1997）。

系	统	组	段	地层代号	岩性柱状图	地层厚度/m	地质年龄/Ma	反射层	一级	二级	三级	油层	构造层
新近系	更新统-全新统					0~143	1.8Ma±	T_0^1					反转构造层
	上新统	泰康组		$N_{1-2}t$		0~165	5.3Ma±	T_{tk}	III	III_3	III_3-t		
	中新统	大安组		N_1d		0~123	23Ma±				III_3-d		
古近系	渐新统	依安组		E_3y		0~250	65Ma±	T_0^2		III_2	III_2-y		
白垩系	上白垩统	明水组	明二段	K_2m^2		0~381				III_1	III_1-m2		
			明一段	K_2m^1		0~243					III_1-m1		
		四方台组		K_2s		0~413	73Ma±	T_0^3			III_1-s		拗陷构造层
		嫩江组	嫩四-五段	K_2n^{4+5}		0~645		T_0^4		II_4	II_3-n5	黑帝庙油层	
			嫩三段	K_2n^3		50~117	77.4Ma±	T_0^6			II_3-n4		
											II_3-n3		
			嫩二段	K_2n^2		80~253		T_0^7			II_3-n2		
			嫩一段	K_2n^1		27~222	84Ma±	T_1		II_3	II_3-n1	萨零、萨一油层	
		姚家组	姚二、三段	K_2y^{2+3}		50~150					II_3-y	萨尔图油层 / 萨二、萨三油层	
			姚一段	K_2y^1		10~80	88.5Ma±	T_{1-1}	II			葡萄花油层	
		青山口组	青三段	K_2qn^3		50~552				II_2	II_2-qn3	高台子油层	
			青二段	K_2qn^2			97Ma±				II_2-qn2		
			青一段	K_2qn^1		25~164	99.6Ma±	T_2			II_2-qn1		
	下白垩统	泉头组	泉四段	K_1q^4		0~128				II_1	II_1-q4	扶杨油层	
			泉三段	K_1q^3		0~692		T_2^1			II_1-q3		
			泉二段	K_1q^2		0~479					II_1-q2		
			泉一段	K_1q^1		0~855	112Ma±	T_3			II_1-q1		
		登娄库组	登四段	K_1d		0~212			I	I_3	I_3-d4	深层天然气层	断陷构造层
			登三段			0~612		T_3^1			I_3-d3		
			登二段			0~700					I_3-d2		
			登一段			0~215	124Ma±	T_4			I_3-d1		
		营城组		K_1yc		0~960				I_2	I_2-y4 / I_2-y3 / I_2-y2 / I_2-y1		
		沙河子组		K_1sh		0~815		T_4^1		I_1	I_1-s2		
								T_4^2			I_1-s1		
		火石岭组		K_1h			145Ma±	T_5		I_0	I_0-h2 / I_0-h1		

图例:
— 泥岩 — 粉砂质泥岩 — 泥质粉砂岩 — 粉砂岩 … 细砂岩 · · · 粗砂岩
○ 砾岩 — 油页岩 ∨∨ 火山岩(以安山岩为主) ∿∿ 角度不整合 – – – 平行不整合

图 2-3 松辽盆地地层层序特征

图纵向无比例尺,层序级别和层序界面的划分依据 2006 年大庆油田研究院最新成果

Ⅰ.西部斜坡区　　　　Ⅴ.东南隆起区
Ⅱ.北部倾没区　　　　　Ⅴ₁.长春铃背斜带
　Ⅱ₁.嫩江阶地　　　　　Ⅴ₂.宾县-王府凹陷
　Ⅱ₂.依安凹陷　　　　　Ⅴ₃.青山口隆起带
　Ⅱ₃.三兴背斜带　　　　Ⅴ₄.登娄库背斜带
　Ⅱ₄.克山依龙背斜带　　Ⅴ₅.钓鱼台隆起区
　Ⅱ₅.乾元背斜带　　　　Ⅴ₆.杨大城子背斜带
　Ⅱ₆.乌裕尔凹陷　　　　Ⅴ₇.榆树-德惠凹陷
Ⅲ.中央凹陷区　　　　　Ⅴ₈.九台阶地
　Ⅲ₁.黑鱼泡凹陷　　　　Ⅴ₉.怀德-梨树凹陷
　Ⅲ₂.明水阶地
　Ⅲ₃.龙虎泡-红岗阶地
　Ⅲ₄.齐家-古龙凹陷　　Ⅵ.西南隆起区
　Ⅲ₅.大庆长垣　　　　　Ⅵ₁.伽玛吐隆起带
　Ⅲ₆.三肇凹陷　　　　　Ⅵ₂.开鲁凹陷
　Ⅲ₇.朝阳沟阶地
　Ⅲ₈.长岭凹陷
　Ⅲ₉.扶余隆起带
　Ⅲ₁₀.双坨子阶地
Ⅳ.东北隆起区
　Ⅳ₁.海伦隆起区
　Ⅳ₂.绥棱背斜带
　Ⅳ₃.绥化凹陷
　Ⅳ₄.庆安隆起带
　Ⅳ₅.呼兰隆起带

图例

盆地边界　　　一级构造单元分区线　　二级构造单元分区线

图 2-4　松辽盆地中浅层构造单元划分（据大庆油田石油地质志编写组，1987）

（三）构造反转阶段

　　嫩江组沉积末，日本海的扩张和太平洋板块向欧亚大陆俯冲，北亚区剪切-挤压作用形成，盆地进入了构造反转时期（陈昭年和陈布科，1996；韩守华和余和中，1996；张功成等，1996；侯贵廷等，2004）。目前盆地可鉴别的反转作用有嫩江期末和明水期末两期构造作用，据区域资料，大约在古近纪末该区也有一期区域剪切-挤压作用。盆地中浅层局部构造带主要为构造反转作用的产物，发育四个大规模反转构造带，即望奎-任民镇反转构造带、长春岭反转构造带、克山－大庆反转构造带和林甸－红岗反转构造带（胡望水，1996），大庆油田的主体富油构造——大庆长垣此时形成（罗笃清等，1994；韩守华和余和中，1996）。这些反转构造带与基底断裂分布密切，具有扭动特点，深层主要为基底大断裂带的走滑变形。

综上所述，松辽盆地构造演化可分为三个大的演化阶段：断陷阶段（K_1hs—K_1yc）、拗陷阶段（K_1d—K_2n）和反转构造阶段（K_2m—Q）。相应的有三大构造层，其中以拗陷构造层的沉积速率、沉积物厚度和持续沉积、沉降时间最长，盆地的主要生油层、储层、盖层均在这一构造层内；具有四个快速沉积阶段，泉头组一、二段沉积时期，青山口组二、三段沉积时期，嫩江组三段—五段沉积时期和明水组沉积时期。遭受两次大规模海侵，即青山口组一段沉积时期和嫩江组一、二段沉积时期（高瑞祺和蔡希源，1997）。

二、地层层序及演化特征

松辽盆地沉积盖层主要由中、新生代碎屑沉积岩系组成，最大厚度逾万米。中生代地层自下而上发育有白垩系火石岭组、沙河子组、营城组、登娄库组、泉头组、青山口组、姚家组、嫩江组、四方台组、明水组，古近系依安组，新近系大安组、泰康组和更新统及全新统。关于层序划分也是众说纷纭，高瑞祺和蔡希源（1997）将松辽盆地划分为3个超层序组，8个超层序；大庆油田有限责任公司勘探开发研究院开展"铁柱子"和"铁篱笆"，即标准井和标准剖面综合研究项目中，从基岩顶面到新近系，由下往上初步可划分为11个二级层序（图2-4），分别是火石岭组（$SSQI_0$）、沙河子组（$SSQI_1$）、营城组（$SSQI_2$）、登娄库组（$SSQI_3$），泉头组（$SSQII_1$）、青山口组（$SSQII_2$），姚家组—嫩江组一二段（$SSQII_3$）、嫩江组三—五段（$SSQII_4$）、四方台组—明水组（$SSQIII_1$）、古近系依安组（$SSQIII_2$）和新近系（$SSQIII_2$）。这些二级层序均以广泛分布的、明显的不整合面为边界，二级层序界面分别相当于 T_5、T_4^2、T_4、T_3、T_2、T_0^1、T_1、T_0^6、T_0^3、T_0^2 和 T_0^1 地震反射界面。除 T_2、T_1 为整合接触外，其余界面的地震反射特征及岩性－电性特征都极为明显，地震反射剖面上为一明显的削截面，界面上下地震反射波组特征差异明显，岩性－电性特征上表现为明显的突变面，反映构造是低频层序和断陷期层序发育的主控因素。

二级层序的分布反映了盆地不同构造演化阶段宏观沉积格局（图2-5）。火石岭组、沙河子组和营城组为盆地形成早期断陷阶段发育的二级层序，分割性地分布于断陷内。登娄库组为盆地由断陷向拗陷转化阶段发育的二级层序，连续分布于下伏规模较大断陷之上，在下伏断陷主体部位地层厚度较大。泉头组—青山口组为盆地前期大规模拗陷阶段发育的二级层序，沉积区由早期拗陷区逐渐向外扩展，所形成的地层连续分布于整个盆地，向盆地边部地层厚度减薄甚至尖灭。姚家组—嫩江组后期为盆地大规模拗陷阶段发育的二级层序，先期沉积区逐渐向盆地内部收缩，后期即嫩江组发生大规模湖侵，所形成的地层连续分布于整个盆地，向盆地沉降中心逐渐增厚。四方台组—明水组为松辽盆地白垩系消亡阶段发育的二级层序，沉积中心向西迁移，地层厚度向盆地边部快速减薄，甚至缺失。

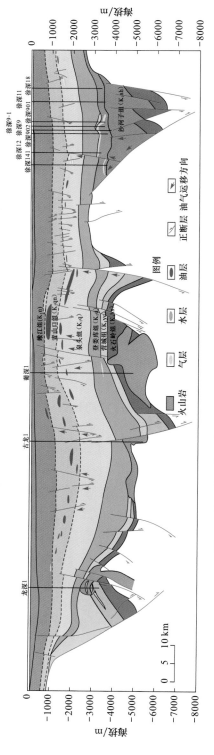

图2-5 松辽盆地中生代断陷、拗陷地质结构剖面图（据杜金虎等，2010）

第三节　含CO₂气藏形成的地质条件

松辽盆地区域上受伸展拉张的动力学机制控制，在地壳深部发育中地壳低速高导层和热流底辟体，莫霍面深度较浅、热流异常高且深大断裂和幔源火山岩发育，在盆地尺度则发育多层次的断裂体系和多套有利的生储盖组合，具备形成大量含 CO₂ 气藏的有利地质条件。

一、成盆动力学背景为 CO₂ 成藏创造了条件

深反射地震剖面揭示，松辽盆地地壳具有明显的层圈结构和"网状"结构，地壳中由上至下发育多层强反射的变形拆离带，它们向不同的方向倾斜，向下延伸，复合于另一条方向相反的变形拆离带上。整体上呈"之"字形，最终与壳 - 幔结构相连通。在强变形带之间变形相对弱，它们呈"菱形"排列组合在一起，组成地壳的"网状"结构。

松辽盆地具有异常薄的岩石圈，其形成的力源来自于大陆俯冲 - 地幔拆沉作用。由于拆沉作用造成地壳减薄、软流圈上涌，并使壳 - 幔之间发生强烈的相互作用，在地壳中形成"网状"结构，地壳通过"网状"结构的拆离带将力向上传递，并通过拆离带、低角度断层，直接达到控制盆地形成演化的效果。因此，松辽盆地深部断陷的形成演化过程可能经历了大陆俯冲—地幔拆沉—软流圈上涌—地壳减薄—火山喷发—伸展塌陷等过程，其中起主要作用的可能是层圈拆离。层圈拆离的观点认为上地壳通过脆性断层作用使地壳减薄，而下地壳及上地幔则以透镜体化或网状剪切来实现岩石圈变薄，这与深部地震反射资料观察到的结果一致。

地壳"网状"结构沟通了深部 - 深层、深层 - 浅层之间的相互作用，"网状"结构在松辽盆地基底与壳 - 幔过渡带之间起连接和传递作用。因此，松辽盆地的形成演化与深部壳 - 幔结构、地壳结构、控盆构造是一个有机的整体。松辽盆地这种深部地质构造和成盆动力学背景，为幔源无机成因天然气的上升运移和聚集成藏创造了条件。

二、壳内岩浆房和热流底辟体为 CO₂ 提供来源

松辽盆地深反射地震剖面中揭示的"块状"反射体有两类：一种为自下而上逐层刺穿、不断膨胀的"蘑菇云"反射体。该类反射在莫霍面处为"细颈"，向上反射体逐渐增大，莫霍面之下多为斜反射发育部位。这种物质自下而上连续变化特点，代表了岩浆上涌底辟的产物；另一种为水平方向的扁豆体，或层状体，在下地壳下部，中地壳部位最为发育，它很可能为岩浆囊。同时高君等（2000）在莫霍面之上也发现了大量的水平方向的扁豆体，称之为岩浆底垫体。这些热流底辟体和岩浆底垫体为岩浆活动及 CO₂ 提供了来源。

松辽盆地具有沉积岩、火山岩兼而有之的二元结构地层建造，晚侏罗世的火石岭组，早

白垩世的营城组、泉头组第四段，晚白垩世的青山口组、嫩江组（火山灰沉积）及第四纪均有火山喷发岩建造分布，火山岩的分布受深大断裂的控制。中生代火山岩主要作为优质储层，并能提供少部分 CO_2 气源。新生代基性、碱性玄武岩为上地幔的产物，为 CO_2 的主要气源。壳幔作用使大量的地幔物质（CO_2、CH_4、Ar、He 等）伴随岩浆活动进入岩石圈，并进一步分异进入盆地富集、成藏。

三、多层次、多期活动断裂为 CO_2 上运提供通道

松辽盆地发育四个层次断裂：岩石圈断裂、壳断裂、基底断裂和盖层断裂，基于 CO_2 深部来源的特性，认为岩石圈断裂、壳断裂和基底断裂是控制 CO_2 上运的主要通道。重磁资料解译出来的岩石圈断裂可能就是岩浆上涌的通道，岩石圈断裂、基底断裂和上地壳断裂向下收敛于拆离带，沟通了"壳内岩浆房""热流底辟体"，使深部岩浆和盆地地层相联系，岩浆在穿越地层时，所分异出的气体可以进入渗透性能较好的地层内，并在适当的构造部位聚集成藏。盖层断裂只起到调整 CO_2 聚集层位的作用。

四、断陷期发育多套气源岩使烃类气与 CO_2 共存

据钻井揭示，松辽盆地深层存在四套烃源岩，从上到下分别是下白垩统登娄库组、营城组、沙河子组和火石岭组，其中沙河子组湖相泥岩和煤系地层是深层最主要的烃源岩。由于断陷层系具有一定的构造分割性，各层系烃源岩的发育特征及生烃条件也存在一定的差异。目前各套烃源岩都已处于高成熟或过成熟阶段，生成了大量烃类气。此外，盆地基底的石炭系—二叠系的浅变质泥、板岩对成烃的贡献也不容忽视（高瑞祺和蔡希源，1997；李景坤等，2006）。

火石岭组是松辽盆地断陷初始张裂期的沉积，钻井揭示火石岭组上部为一套浅湖相灰色、深灰色泥岩，局部发育薄煤层。泥岩全区广泛分布，但厚度薄，一般为 10～120m。

沙河子组是强烈断陷时期的沉积，为断陷湖盆发育鼎盛时期，以深湖 - 半深湖相黑色、灰黑色泥岩发育为特征。沙河子组烃源岩在北部的林甸断陷、徐家围子、双城断陷和英台断陷最为发育，烃源岩最厚处大于 1000m，在南部断陷中发育较差，仅在长岭断陷的黑帝庙次洼和梨树断陷较发育，其他地区普遍较差，厚度小于 400m（图 2-6）。沙河子组煤层普遍发育，主要发育于扇三角洲平原沼泽相和湖泊与浅沼泽相，单层厚度一般为 1～5m，但平面分布极不稳定，主要沿断陷缓坡区，呈零星状分布。

营城组时期，湖盆开始抬升收缩，以火山岩广泛发育为特征，湖盆分布局限，钻探表明，营城组烃源岩主要分布在徐家围子、德惠、英台、长岭等断陷。烃源岩以滨浅湖相灰色、深灰色泥岩为主，厚度薄，局部地区发育黑色泥岩，夹煤层。营城组气源岩厚度较小，基本上为 100～600m，且南部断陷区相对北部断陷区较为发育，尤以东南隆起区的各个断陷最为发育。

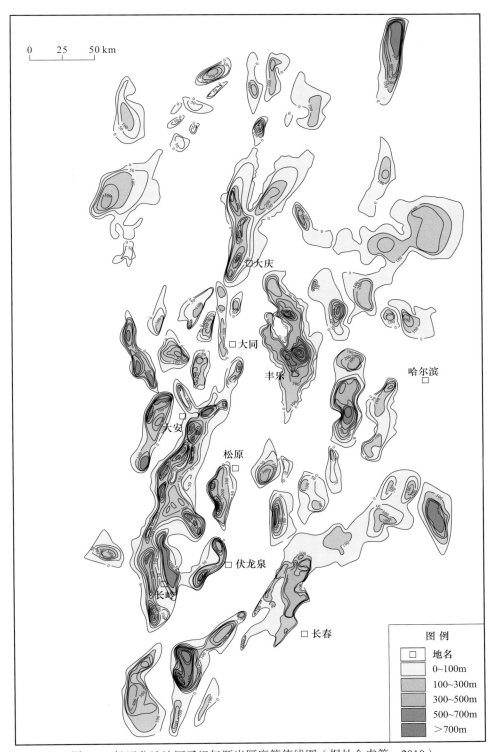

图 2-6　松辽盆地沙河子组气源岩厚度等值线图（据杜金虎等，2010）

登娄库组沉积于拗陷时期，分布范围扩大，登娄库组烃源岩已不再局限于各个断陷中，但主要以河泛平原、冲积扇等浅水沉积为主，因此暗色泥岩不发育，仅登二段局部地区发育湖相暗色泥岩。登娄库组气源岩已不再局限于各个断陷中，但整体厚度不大，厚度一般为 100～200m，最厚处大于 500m，总体上西部拗陷区登娄库组气源岩厚度大于东部拗陷区，尤以长岭断陷北部和古龙断陷区最为发育。

断陷期暗色泥岩有机质类型以Ⅲ型和Ⅱ型为主，目前均达到高成熟 - 过成熟演化阶段，因此是深层有利的气源岩。目前在松辽盆地深层发现的一大批气藏中的烃类气主要来源于断陷期的几套烃源岩，尤其是沙河子组烃源岩。烃类气富集也多受基底大断裂的控制，往往与 CO_2 共生。两种不同成因类型的天然气因同受基底大断裂控制，并共享某些圈闭和储层要素而耦合共存，形成 CO_2 含量变化较大的多个含 CO_2 气藏。

五、碎屑岩和火山岩两类储层为天然气聚集提供空间

松辽盆地发育冲积扇、扇三角洲、河流、三角洲、湖泊、浊积岩、火山岩七种沉积类型，断陷期以扇三角洲沉积为主，拗陷期以河流相沉积为主，发育两类储层，即碎屑岩储层和火山岩储层。

碎屑岩储层，纵向上主要发育在泉头组二、一段，登娄库组，营城组和沙河子组。其中泉头组二段、泉头组一段上部为曲流河沉积环境，储层主要为砂岩，岩性组合为泥包砂，砂岩平面分布不稳定。泉头组一段下部、登娄库组为辫状河、扇三角洲沉积环境，储层以砂砾岩为主，岩性组合为砂包泥，储层横向连通性差，平面叠加连片。营城组和沙河子组为冲积扇、扇三角州、浊积扇及湖泊相多元沉积环境，储层主要为砂岩、砂砾岩，岩性组合为砂泥互层沉积，储层分布不稳定，相变较快。储层物性纵向上随埋深的增加均有减小的趋势。泉头组储层孔隙度一般大于 10%，最高达到 20% 左右，渗透率大于 4～50mD，是深层最好的一套储层。登娄库组孔隙度一般为 8%～12%，渗透率为 1～28mD，为一套较好储层。营城组及沙河子组储层物性较差，孔隙度一般小于 10%，渗透率小于 1mD，为致密储层。

火山岩储层主要发育于火石岭组和营城组。据徐深 1 井、徐深 2 井揭示，营城组火山岩厚度一般为 100～400m，最厚达 500m。目前资料揭示火山岩为两大类，即火山熔岩、火山碎屑岩。火山熔岩以流纹岩为主，其次为安山岩、玄武岩；火山碎屑岩以流纹质晶屑凝灰岩为主，局部有火山凝灰岩。不同岩石类型的火山岩储层物性特征表现不同，在岩性上以流纹质岩类最好。根据徐家围子火山岩储层物性分析，流纹岩平均孔隙度为 4.5%，渗透率为 0.12mD；熔结凝灰岩平均孔隙度为 4.3%，渗透率为 0.05mD。火山岩储集空间包括原生孔隙、次生孔隙和裂缝，属具有多重介质的复杂储层。火山岩储集物性受火山岩相控制，其中爆发相热碎屑流亚相、溢流相上部亚相、侵出相内带亚相和火山通道相隐爆角砾熔岩亚相的储集物性相对较好。总体来说，火山岩储层非均质性强，物性变化较大。火山岩的储集物性与埋深关系不大，总体上孔隙度和渗透率随深度的增加缓慢地降低，但变化不是很大。

六、有利储盖组合控制烃类气和 CO₂ 富集层位

松辽盆地断陷内三套火山岩和四套碎屑岩构成复杂的生储盖空间分布格局。火山岭组一段、沙河子组、营城组二段三套烃源岩与火石岭组二段、营城组一段和三段三套火山岩储层垂向上间互，横向上交错分布。深层发育三套盖层，青山口组大套稳定泥岩盖层，成为区内区域封盖层；泉头组三段、泉头组二段大套泥质岩分布是该区重要的局部盖层，有效阻止了深部油气向上逸散而在泉头组一段富集成藏。另外，登娄库组、营城组、沙河子组内部局部发育的泥岩隔层也是深层良好的直接盖层。

根据松辽盆地不同构造层油气成藏演化特征，结合区域性青山口一段和嫩江组盖层的分布，可将盆地纵向上划分为青山口一段以下的下部成藏体系、青山口一段至嫩江组的中部成藏体系，以及嫩江组之上的上部成藏体系（图 2-7）。

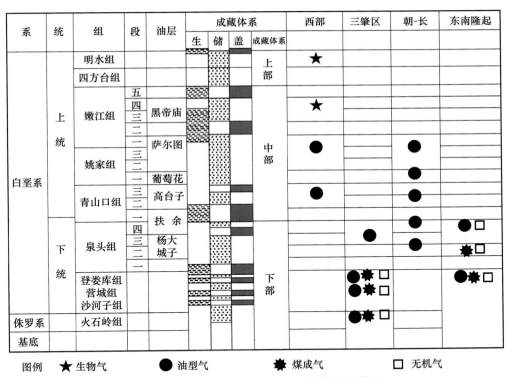

图 2-7 松辽盆地生储盖组合及成藏体系划分图

下部成藏体系：青山口组一段沉积时期是拗陷湖盆发育的第一个兴盛期，沉积了大面积的滨浅湖 - 深湖相暗色泥岩，是下部成藏体系的最佳盖层，该层之下的登娄库组、营城组、沙河子组碎屑岩砂体和营城组火山岩为下部组合的储集层。目前，松辽盆地发现的绝大多数气藏均位于下部成藏组合，如升平 - 汪家屯、徐深气田、长深 1 气田等。此外，下组合中登娄库二段和泉头组一、二段局部盖层也为天然气在营城组火山岩、登娄组一段储层中的聚集

提供了良好的直接封盖条件。受青山口一段区域盖层的控制，深层烃类气和CO_2主要聚集在下部成藏体系。晚期断裂和岩浆活动既将大量CO_2气输导到营城组、登一段深层储层中，在登娄库二段和泉头组一、二段局部盖层的直接封盖下形成下部含CO_2天然气成藏组合，如徐深1、徐深8、长深1等火山岩气藏；同时晚期活动的基底大断裂也将部分CO_2向中浅层层系调整，由于受青山口组高品质区域盖层封盖作用，使大量CO_2气聚集在泉头组三、四段储层中，形成上部含CO_2天然气成藏组合，如万金塔气田、红岗气田、孤店气田等。

中部成藏体系：青山口组沉积后，湖盆发育进入另一个沉积旋回。由姚家组开始，地壳抬升，湖盆收缩，三角洲前缘向湖盆中心迁移，形成大面积扇形三角洲复合体，形成了中部体系的厚层河道砂、水下分流河道砂和席状砂储层。中部成藏体系天然气成因多属于与油藏伴生的油型气，源岩为青山口一段烃源岩。局部地区受基底大断裂的控制，下部成藏体系中的油气会上窜到中部成藏体系，形成次生油气藏。

上部成藏体系：嫩江组以上为上部成藏体系，主要发育的是嫩江组内部的砂泥岩互层的储盖组合和明水组、四方台组内部的砂泥岩组成的储盖组合类型，埋藏深度多小于700m。上部成藏体系中，天然气成因主要为浅层生物气及深部调整上来的次生气藏。

第三章

含CO₂天然气地球化学特征与成因鉴别

松辽盆地天然气成因及分布异常复杂，在发现大量烃类气藏的同时，还发现一批高含CO₂或CO₂气藏。含CO₂天然气分布广泛，且CO₂的含量范围变化较大，CO₂和烃类气的成因类型也多样，成因及分布十分复杂。本章在对松辽盆地含CO₂天然气组成和地球化学特征的大量统计分析基础之上，对松辽盆地CO₂的成因、He的成因、烃类气成因及高含CO₂气藏中伴生烃类气的成因进行判识，明确松辽盆地CO₂主要为幔源成因，幔源CO₂与烃类气的不同程度地混合造成不同气藏中CO₂含量变化差异大。

第一节　含CO₂天然气组成特征

松辽盆地有多口井发现了高含量的CO_2，且不同地区、不同层位CO_2含量变化很大。本节通过大量数据的统计，分析了含CO_2天然气中CO_2含量特征及其与烃类气的伴生组合关系。由于CO_2为幔源成因，CH_4为有机成因为主，两者相互混合，使得CO_2和CH_4含量都呈现出两个端元的分布特征。

一、CO₂含量特征

对松辽盆地含CO_2气井统计发现，松辽盆地已发现的CO_2含量超过5%的井位共有146口，其中大庆探区深层50口，浅层40口，而吉林探区深层15口，浅层41口。天然气组成中CO_2含量变化很大，从5%一直到99%都有分布。从CO_2含量分布直方图上可以看出（图3-1），CO_2含量分布具有两个端元分布高值区，绝大部分CO_2含量低于30%，其中，CO_2含量为5%～10%的占30%，CO_2为15%～30%的占32%，CO_2含量为40%～80%的较少，而在85%以上的又有所增加，占21%左右。

不同层位天然气中CO_2含量有所不同，以CO_2最为富集的两个层位营城组和泉四段为例，CO_2在这两个层位中的含量分布特征差异较大。营城组CO_2呈两端元分布，大部分CO_2

含量小于 35%，另一部分 CO_2 含量大于 85%，CO_2 为 40%～80% 的较少（图 3-2）；而泉头组四段 CO_2 分布呈三个峰值，在小于 15%、30%～70% 和大于 85% 区间内都有一定分布（图 3-3）。这可能是由于 CO_2 从深部向浅部运移时，CO_2 含量逐渐减少，与常规烃类气体达到近同等比例混合的概率变大。

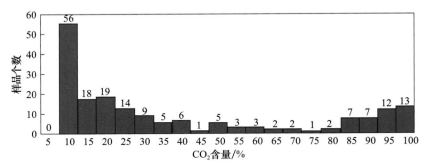

图 3-1　松辽盆地 CO_2 含量分布直方图

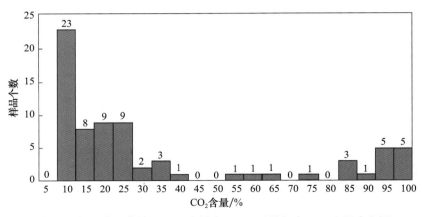

图 3-2　松辽盆地营城组 CO_2 含量大于 5% 天然气中 CO_2 含量直方图

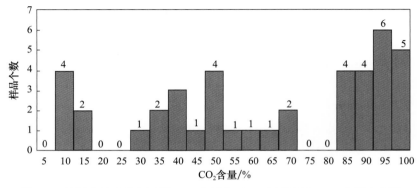

图 3-3　松辽盆地泉头组四段 CO_2 含量大于 5% 天然气中 CO_2 含量直方图

对松辽盆地 CO_2 含量超过 60% 的井位及气体组分进行了统计（表3-1），松辽盆地共发现 CO_2 含量超过 60% 的井有 35 口，其中北部 8 口井，南部共 27 口井。松辽北部 CO_2 气藏主要分布在徐家围子断陷昌德地区的芳深 9 区块和兴城 - 丰乐地区的徐深 10 井、徐深 19 井和徐深 28 井，常家围子断陷浅部的濮 43、濮 49 泉头组四段也有 CO_2 气藏的发现。松辽盆地南部 CO_2 气藏分布比较多，目前已发现 10 个 CO_2 气藏，其中，长岭断陷深层营城组火山岩地层中的长深 2、4、6、7 井区及德惠断陷的德深 5 井区都发现高含量的 CO_2 气藏，CO_2 含量大于 95%；另外在中浅层的万金塔、孤店、乾安和红岗等气藏中都有 CO_2 气藏的发现。

表 3-1　松辽盆地 CO_2 含量超过 60% 的天然气组分特征

地区	井号	层位	顶界深度 / m	底界深度 / m	CH_4/%	C_2H_5/%	N_2/%	CO_2（平均值）/%	CO_2 变化范围 /%
徐家围子	芳深 701	K_1yc	3575.8	3840	18.198	0.25	1.261	80.195	45.2～94.01
	芳深 9	K_1yc	3602	3632	14.158	0.216	0.454	84.328	76.336～93.08
	芳深 9-1	K_1yc	3642	3649	9.48	0.166	1.173	89.146	89.157～90.02
	徐深 10	K_1yc	3802	3812	3.951	0.031	5.553	90.415	89.021～93.66
	徐深 19	K_1yc	3775.55	0	6.461	0.037	0.43	93.015	91.644～98.02
	徐深 28	K_1yc	4174	0	17.013	0.278	1.954	80.732	75.977～85.49
常家围子	葡 43	K_1q^4	1704.6	1724.4	10.226	1.317	3.852	82.029	82.029
	葡 49	K_1q^4	1733.8	1738.8	5.899	1.837	3.26	84.214	84.214
长岭断陷	长深 6	K_1yc	3165	3863	0.88	0	1.94	97.18	97.15～97.23
	长深 2	K_1yc	3791.6	3809	0.88	0	0.61	98.52	98.45～98.55
	长深 4	K_1yc						98	
	长深 7	K_1yc						98	
德惠断陷	德深 5	K_1yc	3102	3142.8			1.1	98.5	
万金塔	万 111	K_1d	1282	1389	2.14	0.13	1.86	95.85	
	万 101	K_1q^3	700	704.6	10.51	0.15	2.53	86.76	
	万 106	K_1q^3	764.6	772	1.95		0.23	97.69	
	万 2	K_1q^3	838.8	863.4	0.61		0.37	99.02	
红岗	红 75-4-9	K_1q^4			17.67	5.15	3.65	64.74	
	红 75-2	K_1q^4			19.83	3.96	4.73	68.27	
	红 81-3-1	K_1q^4			2.43	0.14	2.35	95.01	94.81～95.29
	红 77	K_1q^4	2229.8	2218.8	1.71	0.12	1.93	96.14	
	红 73	K_1q^4	1896	1892.8	8.09	1.6	2.46	85.37	
	红 73	K_2qn^3			8.76		2.6	85.45	

续表

地区	井号	层位	顶界深度 /m	底界深度 /m	CH₄/%	C₂H₅/%	N₂/%	CO₂（平均值）/%	CO₂ 变化范围 /%
乾安	乾深 1	K_1q^4	2063.2	2079.4	12.93	2.26	4.44	80.09	
	乾深 2	K_2qn^{2-3}—K_1q^4	1851	2156	12.62	1.21	6.22	79.22	76.13~82.76
	乾深 11	K_1q^4	2130.6	2135.2	4.44	0.51	2.84	91.39	88.62~95.73
	乾 3-9	K_1q^4	2253	2262	2	0.19	7.52	89.68	
	乾 198	K_1q^4	2217	2268.8	1.43	0.63	1.19	96.14	97.42~95.61
	乾 199	K_1q^4	2268.4	2264.4	16.72	2.68	11.43	66.31	62.22~70.4
孤店	孤 9	K_1q^4	1580.2	1572.4	4.75	0.27	5.67	89.26	85.56~92.61
	孤 12	K_1q^4	1648.2	1623.4	2.5	0.17	2.85	94.48	94.27~94.9
	孤 34	K_1q^4	1666.8	1653.2	1.61	0.17	3.23	94.95	92.33~97.75
	孤 42	K_1q^4	2077.8	2068.6	2.32	0.14	3.7	93.73	93.54~94.19
	孤 44	K_1q^4	1855.4	1844.6	1.45	0.19	1.75	96.4	96.34~96.5
	孤 49	K_1q^4	1213.2	1251.6	0.66	0.09	1.4	97.76	

二、CO₂ 与烃类气伴生组合关系

松辽盆地已发现含 CO_2 天然气中主要以 CO_2 和 CH_4 这两种组分为主。对松辽盆地 CO_2 含量大于 5% 天然气中 CH_4 含量的统计表明（图 3-4），已发现 CO_2 气井中的 CH_4 含量变化很大，也呈现两端元的分布特征，一部分含 CO_2 气藏中甲烷含量很低，小于 25%，而主要以无机成因的 CO_2 为主；另一部分含 CO_2 气藏中则以 CH_4 为主要成分，CH_4 含量多大于 60%，CO_2 则居次要地位；而 CH_4 含量为 25%~60% 的则出现较少。说明含 CO_2 气藏中烃类气的含量变化较大，有的是以烃类气为主，而有的则是以 CO_2 气为主，但两者基本上等比例混合的概率较小。

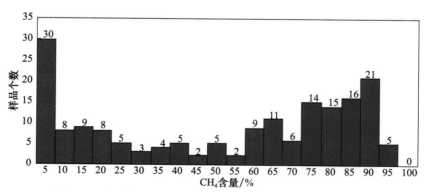

图 3-4　辽河盆地 CO₂ 含量大于 5% 天然气中 CH₄ 含量直方图

那么，常规烃类气与 CO_2 有着什么样的伴生组合关系呢？统计表明，在含 CO_2 天然气中，CO_2 和 CH_4 的含量具有明显的此消彼长的关系（图 3-5），这充分说明了 CO_2 和 CH_4 气来源于不同的成因，天然气地球化学指标分析表明 CO_2 主要来自于深部幔源成因，而 CH_4 则以有机成因为主。两者相互混合，且多以某一种组分为主，或以无机成因 CO_2 为主，或以有机成因 CH_4 为主，而两者达到同等比例混合的概率较少，从而使得 CO_2 和 CH_4 含量都呈现这种两端元的分布特征。具体气藏中 CO_2 和 CH_4 烃类气以何比例混合，则取决于该气藏附近的深大断裂沟通条件、有机气源岩条件和气藏保存条件等，另外 CO_2 气和烃类气的成藏时间先后也对其组分含量有着重要的控制作用。一般 CO_2 含量低于 30% 以烷烃气为主的气藏，主要分布在靠近烃源岩的洼陷部位或洼中隆部位；而 CO_2 含量大于 60% 以 CO_2 气为主的气藏，主要分布在远离烃源岩生气中心的斜坡隆起部位，且紧靠基底大断裂分布。

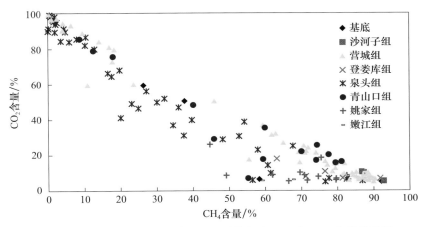

图 3-5　松辽盆地 CO_2 含量大于 5% 天然气中 CH_4 和 CO_2 含量关系图

以昌德东地区的芳深 9 井区和芳深 6 井区为例。芳深 9 井区与芳深 6 井区营城组火山岩体相邻且相似，但这两个火山岩体中的天然气组分含量却相差甚大，芳深 9 井区以 CO_2 为主的无机成因 CO_2 气藏（CO_2 含量为 89.7%～90.38%），而芳深 6 井区则以烃类气为主的含 CO_2 气藏（CO_2 含量为 13.08%～15.32%）。这主要是由火山岩体与主控基底大断裂的组合配置关系不同决定的（魏立春等，2009）。有机气源条件、无机 CO_2 的断裂沟通条件及火山岩体与基底大断裂配置组合关系对气藏中气体组成具有控制作用。

第二节　含CO₂天然气成因鉴别

松辽盆地深层天然气纵向分布广，从基岩到泉头组一、二段皆有分布。天然气成因及分布异常复杂，以烃类天然气藏为主，烃类气以高成熟煤成气和混合气为主，并有油型气和无机气存在，CO_2 主要以幔源 - 岩浆成因为主。

一、CO_2 成因类型

根据 CO_2 成因判识标准，以及对气藏地质特征的详细分析，可以确定松辽盆地 CO_2 的成因类型。共收集松辽盆地 CO_2 同位素数据 69 个，与 CO_2 气有关的稀有气体同位素数据有 23 个，据此可对 CO_2 的成因进行判别（表 3-2、表 3-3）。综合 CO_2 成因判别图版（图 3-6～图 3-8）可以看出，松辽盆地 CO_2 具有三种成因，即有机成因、有机与无机混合成因和幔源成因，但以幔源成因为主。

表 3-2　松辽盆地北部含 CO_2 天然气地化特征及其成因类型表

地区	井号	层位	井深 /m		天然气主要组分 /%				$\delta^{13}C_{CO_2}$/‰	$^3He/^4He$	R/R_a	成因类型
			顶深	底深	CO_2	CH_4	C_2^+	N_2				
安达	达深 2	K_1yc	3093	3102	34.44	62.13	0.68		−8.68			无机
汪家屯	汪 903	K_1yc	2937.6	3052.5	14.22	78.99	2.71		−14.37			有机
	汪深 1	K_1yc	2989	2998	1.73	91.35	1.83	5	−10.7			
昌德	芳深 1	K_1d^3	2926.2	2946	0.39	91.56	1.63	6.36	−19.15	$6.36×10^{-7}$	0.45	有机
	芳深 10	K_1yc	3323.4	3390.6	1.2	94.68	1.18	2.85	−9.59			
	芳深 2	K_1d^4	2720.2		0.44	93.42	0.74		−20.04	$8.77×10^{-7}$	0.63	
	芳深 6	K_1d	2755	3409	15.32	81.79	1.49	1.36	−6.61			无机
	芳深 7	K_1d^1	3321.6	3295	13.08	52.52	1.42		−10.05			混合
	芳深 701	K_1yc	3575	3840	86.7	12.43	0.16		−1.82			无机
	芳深 9	K_1yc	3602	3620	89.73	9.61	0.14	0.49	−4.06	$3.9×10^{-6}$		
	芳深 9	K_1yc	3602	3632	90.38	9.37	0.15	0.089	−5.46	$4.50×10^{-6}$	3.21	
	芳深 9-1	K_1yc	3642	3649	89.77	8.84	0.16		−4.29			
升平	升 502	K_1q^{3-4}	1774	1824	0.16	95.22	1.45		−16.76			有机
	升 66	K_1q^4	1786	1832.4	0.15	94.21	1.82	3.75	−12.86			
	升 69	K_1q^{3-4}	1741.6	1924.8	0.17	94.86	1.86	3.03	−18.14			
	宋气 1-2	K_1q^4	1109.8	1146	0.19	94.67	0.83		−18.48			
	升深 1	K_1d^2	2778.6	2824.2	0.33	92.32	3.45	3.9	−2.96			无机
	升深 2	K_1yc	2970	2983	0.38	94.74	1.3		−4.29			
	升深 7	K_1yc	3697.8	3705	2.05	90.21	3.23		−6.66			
兴城-丰乐	徐深 1	K_1yc	3364	3379	1.1	96.65	2.24		−2.52			无机
	徐深 1-1	K_1yc	3241	3960					−4.5			
	徐深 2	K_1yc	3732	3740	3.24	92.93	2.04	1.77	−7.01			
	徐深 2	K_1yc	4342	4354	15.11	75.91	3.97	4.92	−1.12			

续表

地区	井号	层位	井深 /m		天然气主要组分 /%				$\delta^{13}C_{CO_2}/‰$	$^3He/^4He$	R/R_a	成因类型
			顶深	底深	CO_2	CH_4	C_2^+	N_2				
兴城-丰乐	徐深 3	K_1yc	3800	3806	2.02	92.48	3.06	2.36	−6.93			无机
	徐深 401	K_1yc	4374	4380	4.2	94.02	1.09	0.65	−2.55			
	徐深 5	K_1yc	3629	3611	3.05	92.47	2.8		−5.94			
	徐深 5	K_1yc	3411	3422	60.16	11.39	0.78	27.66	−5.29			
	徐深 8	K_1yc	3657	3666	0.65	98.33	0.09	0.93	−2.58			
	徐深 8	K_1yc	3981	3993	23.64	72.45	2.26		−5			
	徐深 801	K_1sh	3992	4021.5	7.26	90.58	1.38	0.72	−6.36			
	徐深 9	K_1yc	3592	3600	5.27	89.87	2.41	2.39	−6			
	徐深 9	K_1yc	3665	3675	2.61	93.95		3.38	−2.86			
	徐深 901	K_1yc	3892	3911.5	5.92	89.09	2.65	2.29	−5.64			
肇州	肇深 8	K_1yc	3152	3159	7.5	88.6	1.06		−16			有机
	肇深 10	K_1yc	2948	2968	0.2	92.36	2.99		−18.78			
	肇 22	K_2y	1347	1350	1.61	86.26	3.67		−15.95			
营城煤矿	营 9		470		93.96	0.78			−9.97			有机
古龙	古 31	K_2n	1201.4	1213.2	0.34	93.11	2.79		−21.65			有机
	古 644	K_2y	1671.4	1731.4	3.06	69.23	14.84		−20			
常家围子	葡深 1	K_1d^3	4012	4019	1.06	86.54		9.56	−23.21			有机

表 3-3 松辽盆地南部含 CO_2 天然气地化特征及其成因类型

地区	井号	层位	井深 /m	天然气主要组分 /%				$\delta^{13}C_{CO_2}/‰$	$^3He/^4He$	R/R_a	成因类型
				CO_2	CH_4	C_2^+	N_2				
长岭	长深 1	K_1yc	3754	18.88	74.61	0.65	5.86	−5.26	$2.94×10^{-6}$	2.1	无机成因
	长深 1	K_1yc	3594	22.56	71.4	1.9	4.14	−6.8	$2.0×10^{-6}～2.96×10^{-6}$	2.06	
	长深 1-1	K_1yc	3739	12.55	79.45	2.12	5.87	−7.5	$(2.93±0.08)×10^{-6}$	2.09	
	长深 1-1	K_1yc	3880	60.11	23.79	0.76	15.34	−11.9	$(2.94±0.08)×10^{-6}$	2.1	
	长深 1-2	K_1yc	3838	72.87	18.06	0.46	8.61	−11.6	$(2.65±0.07)×10^{-6}$	1.9	
孤店	孤 12	K_1q^4	1623.4～1648.2	81.05	5.05	0.68	13.19	−5.74	$(4.53±0.13)×10^{-6}$	3.24	
	孤 7	K_1q^4	1548～1559.4	49.02	23.16	1.45	24.21	−9.28			
	孤 7	K_1q^4	1548～1559.4	32.74	31.6	1.28	33.66	−9.76			
	孤 9	K_1q^4	1572.4～1580.2	97.05	2.65	0.2		−8.44	$(4.51±0.14)×10^{-6}$	3.22	
	孤 9	K_1q^4	1572.4～1580.2	89.26	4.75	0.27	5.67	−6.53			

续表

地区	井号	层位	井深/m	天然气主要组分/%				$\delta^{13}C_{CO_2}$/‰	$^3He/^4He$	R/R_a	成因类型
				CO_2	CH_4	C_2^+	N_2				
红岗	红152	$K_2qn^{2\sim3}$	2365~2370					-6.18			
	红7	$K_2qn^{2\sim3}$	1448.8~1457.8	13.41	70.2	1.016	13.66	-2.646			
	红9-3	K_1q^4	1572.4~1580.2						(3.16±0.09)×10^{-6}	2.26	
	红75-5-21	K_1q^4	2365~2371	30.68	52.82	11.244	5.256	-8.051	(3.16±0.09)×10^{-6}	2.26	
乾安	乾198	K_1q^4	2265.6~2268.8	96.14	1.43	0.63	1.19	-4.93			无机成因
	乾199	K_1q^4	2264.4~2268.4	66.31	16.72	2.68	11.43	-4.47			
	乾深1	K_1q^4	2176.2~2185.2	80.73	0.99	0.2	16.16	-3.73	(4.43±0.08)×10^{-6}	3.16	
	乾深8	K_1q^4	2089.8~2108.4	85.55	1.95		13.39	-3.93			
	乾深10	K_1q^4	2176.2~2185.2	80.73	0.99	0.2	16.16	-3.732			
	乾4-1	K_1q^4		15.89	48.83				5.55×10^{-6}		
	乾8-5	K_1q^4		22.98	44.43				6.07×10^{-6}		
万金塔	万2	K_1q^3	838.8~863.4	99.02	0.61		0.37	-4.04	(6.87±0.22)×10^{-6}	4.91	
	万2	K_1q^3	838~863	99.02	0.61		0.37	-3.7	7.1×10^{-6}		
	万4	K_1q^3	774.5~788.5	89.92	9.69	0.39		-8.83			
	万5	K_1q^3	740	93.43	3.74		2.67	-4.95	(4.67±0.08)×10^{-6}	3.34	
	万5	K_1q^2	1011~1072	99.48	0.52			-6.1	6.3×10^{-6}		
	万5	K_1q^2	1011~1072	99.48	0.52			-4.6			
	万6	K_1q^3	603	97.77	1.3		0.77	-3.8	7.2×10^{-6}		
	万6	K_1q^3	603	97.77	1.39			-4.31	(6.94±0.20)×10^{-6}	4.96	

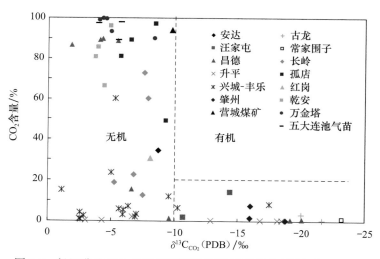

图3-6 松辽盆地CO_2含量及其碳同位素双因素图（据宋岩，1991）

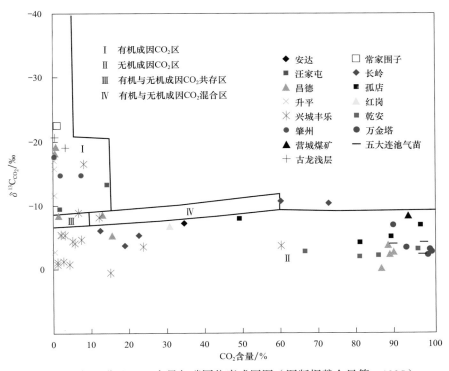

图 3-7　松辽盆地 CO_2 含量与碳同位素成因图（图版据戴金星等，1995）

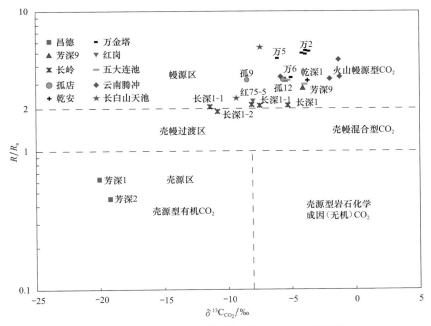

图 3-8　松辽盆地 CO_2 碳同位素与 R/R_a 组合判别图

（1）有机成因 CO_2。从图 3-6、图 3-7 中可以看出，有机成因 CO_2 的含量一般都小于 20%，绝大多数 CO_2 含量小于 10%，甚至更小，$\delta^{13}C_{CO_2}$ 小于 –10‰。在有机质大量裂解生成油气的同时，也伴生出一定量的 CO_2，模拟试验表明，无论是煤、泥岩还是原油在裂解过程中均能生成一定数量的 CO_2，这种类型的 CO_2 其同位素一般为 –39‰～–10‰。汪家屯地区的汪 903 井营城组天然气中 CO_2 含量为 14.22%，但 CO_2 碳同位素为 –14.32‰，显示为有机成因。昌德地区芳深 1、芳深 2 气藏中 CO_2 碳同位素分别为 –19.52‰ 和 –20.04‰，氦同位素为 6.36×10^{-7}～8.77×10^{-7}，表明 CO_2 为有机成因。

（2）有机与无机混合成因 CO_2。昌德地区芳深 7 井 K_1d^1 段 CO_2 碳同位素为 –10.05‰，CO_2 含量为 13.08%，显示为有机和无机混合成因，但以无机成因 CO_2 为主。

（3）无机成因 CO_2。从图 3-6 上可以看出，松辽盆地 CO_2 主要为无机成因，CO_2 含量大于 20% 的皆为无机成因。无机成因 CO_2 的碳同位素为 –10‰～–2‰，平均在 –5‰ 左右。大量数据表明，无机成因 CO_2 中，由碳酸盐岩变质成因 CO_2 的 $\delta^{13}C_{CO_2}$ 值接近碳酸盐岩的 $\delta^{13}C$ 值，为 –3‰～3‰，而火山 - 岩浆成因 CO_2 的 $\delta^{13}C_{CO_2}$ 大多为 –6‰ ±2‰，据此可判断松辽盆地 CO_2 为岩浆成因。进一步判断 CO_2 是来自壳源熔融岩浆还是来自于地幔岩浆，则需要借助于稀有气体 He 同位素。在 $\delta^{13}C_{CO_2}$ 和 R/R_a 组合图版上可以看出（图 3-8），昌德东芳深 9 井区、万金塔、孤店、乾安、长深 1、兴城气藏中 CO_2 地化特征与五大连池和长白山天池气苗相似，为典型的幔源成因，来自于上地幔的岩浆脱气。这里值得一提的是长深 1-1 井和长深 1-2 井 CO_2 碳同位素为 –11.9‰ 和 –11.6‰，这是因为这两个气样是采自水层析出气，经受了较大的碳同位素分馏作用，从其相伴生的 $^3He/^4He$ 比值来看，其也应为幔源岩浆成因（表 3-3）。

前人大量研究表明，$CO_2/^3He$ 比值能够为幔源 CO_2 鉴别及其在地壳中的演变研究提供很好的约束条件（许多等，1999）。尽管幔源气体在与玄武岩浆发生分离的时候具有基本恒定的 $CO_2/^3He$ 比值（为 2×10^9～7×10^9），但在地壳中运移和聚集过程中，其 $CO_2/^3He$ 比值会受到各种因素的影响和制约。那么 $CO_2/^3He$ 比值能否应用于 CO_2 气藏和火山温泉气中呢？根据对我国东部火山温泉气和火山幔源型 CO_2 气藏的统计分析表明，这些温泉气和 CO_2 气中 $CO_2/^3He$ 的比值均处在 1×10^8～1×10^{10}，只有少部分与幔源气体脱离玄武岩浆时所具有的 $CO_2/^3He$ 比值（2×10^9～7×10^9）一致，而多数为 1×10^8～1×10^9，即低于幔源气体初始脱离玄武岩浆时所具有的 $CO_2/^3He$ 比值。这是由于 CO_2 是典型的活性气体，有可能大量溶于地层水或与储层中矿物发生化学反应而转化为碳酸盐矿物沉淀而部分损失，从而造成气藏中 $CO_2/^3He$ 比值降低。混合稀释作用与 CO_2 损耗作用所导致的 $CO_2/^3He$ 比值与 CO_2 含量变化在 $CO_2/^3He$ 比率与 CO_2 含量图版上有着明显的区别（图 3-9），CO_2 损耗作用使得样品点向下方偏移，稀释作用使得样品点向左边偏移，两者的共同作用使样品点向左下角偏移，据此可以搞清楚幔源 CO_2 在进入地壳和气藏中所发生的变化情况。

从图 3-9 上可以看出，我国东部火山温泉气由于没有其他烃类气体的混入，主要是由于 CO_2 在水中的大量溶解而使 CO_2 有所损耗，导致部分温泉气 $CO_2/^3He$ 比值为 10^8～10^9。而长深 1、长深 1-1、黄骅拗陷港西断裂带附近的 CO_2 气藏由于混入大量烃类气体而使之发生稀释，导致 $CO_2/^3He$ 值降低。而我国东部高含 CO_2 气藏中的 CO_2 主要是由于部分消耗而导致 $CO_2/^3He$ 值有所降低。还有部分气藏如芳深 9 气藏（CO_2 含量为 90.38%）由于遭受的损失较小且没有有机烃类气体的稀释，其 $CO_2/^3He$ 比值与幔源气体初始脱离玄武岩浆时所具有的 $CO_2/^3He$ 比值基本一致，处于 $2\times10^9\sim7\times10^9$。可见 $CO_2/^3He$ 比值可以较好地对幔源 CO_2 进行判别，并且对其在进入地壳和气藏中所发生的变化有所反映。利用 $CO_2/^3He$ 值也进一步判断松辽盆地已发现高含 CO_2 气藏中的 CO_2 来自于上地幔岩浆脱气，CO_2 气藏的形成应与地幔岩浆活动有关。

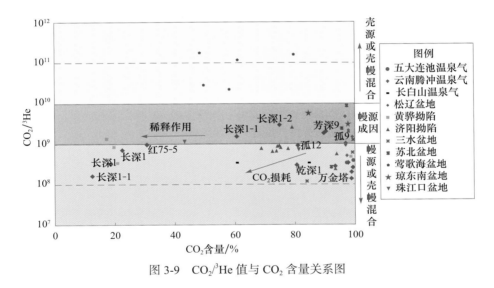

图 3-9 $CO_2/^3He$ 值与 CO_2 含量关系图

综合以上指标分析，松辽盆地 CO_2 主要为无机幔源成因，CO_2 气藏的形成应与幔源岩浆脱气作用有关。

二、烃类气成因类型

关于松辽盆地烃类气的成因类型前人多有研究，但观点不甚相同，针对甲烷碳同位素重且碳同位素系列普遍倒转现象，有些人认为是无机成因烷烃气或混有大量无机成因气，而有些人则认为甲烷同位素值较重是高成熟的煤成气的特征，碳同位素倒转则是不同天然气的混合或其他原因所致。

（1）无机成因论。戴金星等（1995）认为无机成因甲烷碳同位素值 $\delta^{13}C_1 \geqslant -30‰$，且其烃类气体的碳同位素系列呈反序排列，另外当伴生 He 气的 $^3He/^4He > 1.4\times10^{-6}$ 时，也说明天然气可能有无机幔源成因的混入。据此，郭占谦和王先彬（1994）、郭占谦等（1996，2000）、侯启军和杨玉峰（2002）、崔永强等（2001）、付晓飞等（2005）认为松辽盆地存在大量无机成因烷烃气藏，典型的无机成因烃类气藏有肇州西和昌德气藏。戴金星等（1995）

指出，松辽盆地昌德气藏（芳深 1 井和芳深 2 井）是目前世界上有充分地球化学根据的以产烷烃气为主的无机成因气藏。松辽盆地北部发现大量的 He 气藏也可做为幔源无机成因气存在的一个证据（冯子辉等，2003）。盆地深部地质研究表明，地幔上隆、地壳减薄、地壳中发育的"网状"结构及部分深大断裂的发育，使松辽盆地具备了形成无机成因气的条件（侯启军和杨玉峰，2002）。

（2）有机成因论。松辽盆地深层断陷中火石岭组、沙河子组上段和下段及营城组二段，发育河流沼泽与湖沼相四套煤系沉积，成气母质以 II_2-III 型干酪根为主，登娄库组和泉头组一、二段也有腐殖型源岩，以上均为有机成因深层气藏的主要气源岩。另外，石炭系—二叠系浅变质岩有机质大部分也属 III 型干酪根，成为潜在的煤成气源。黄海平等（2000）认为松辽盆地深层大多数样品的甲烷碳同位素在 –30‰以上，显示出高成熟 - 过成熟煤成气的特征，乙烷、丙烷和丁烷的碳同位素平均值分别为 –26.65‰、–31.39‰和 –31.04‰，显示出高温裂解油型气的特征，说明该区除煤成气外，还有油型裂解气的存在。冯子辉和刘伟（2006）认为混合作用可能是影响松辽盆地深层天然气性质造成碳同位素倒转的主要因素，并根据天然气重烃分析和源岩吸附气重烃分析，讨论了深层几套烃源岩对天然气成藏的贡献比例，认为沙河子组和火石岭组是深层天然气的主要贡献者。霍秋立（2007）采用天然气与源岩成熟度关系方程、源岩吸附气与天然气重烃分析和甲烷碳同位素对比，深入研究了徐家围子断陷天然气的来源，指出天然气主要来源于沙河子组烃源岩，但不同地区来源比例明显不同，天然气来源于不同源岩的贡献与源岩分布密切相关。黄海平（2000）针对徐家围子断陷深层天然气碳同位素倒转现象进行了深入分析，认为同层非均质有机质形成的不同类型气的混合作用和由盖层的微渗漏造成的天然气分馏作用，共同导致气藏中甲烷含量降低，甲烷碳同位素偏重，从而造成天然气单体烃同位素倒转。赵国连（1999）认为天然气甲烷碳同位素、同位素氩年代证据及姥鲛烷与植烷比值都显示深层天然气具有煤成气的特点。

综合前人研究表明，松辽盆地中浅层天然气成因类型较简单，主要为生物甲烷气、成熟 - 高成熟油型气，而深层天然气成因类型则较复杂。将松辽盆地深层天然气碳同位素特征与我国其他盆地对比发现（表3-4），松辽盆地深层天然气具有甲烷碳同位素偏重，普遍重于 –30‰，碳同位素系列普遍倒转，多数出现负碳系列，这在其他盆地尚未发现这种特征。应用张义纲（1991）图版表明，松辽盆地深层天然气主要是煤成气和深层混合气，部分为油型气（图 3-10）。其中升平地区主要为煤成气，兴城地区主要为深层混合气，昌德地区气源比较复杂。应用戴金星等（1992）图版表明松辽盆地深层天然气主要来源于煤成气和无机成因气，以及煤成气和油型气的混合气（图 3-11）。

表 3-4　我国不同盆地天然气碳同位素特征对比表

盆地地区	$\delta^{13}C_1$/‰	$\delta^{13}C_2$/‰	碳同位素序列
鄂尔多斯下古	–35.33～–30.85	–33.1～–24.51	$\delta^{13}C_1 > \delta^{13}C_2 < \delta^{13}C_3 < \delta^{13}C_4$
鄂尔多斯上古	–37.34～–29.12	–29.24～–20.75	$\delta^{13}C_1 < \delta^{13}C_2 < \delta^{13}C_3 < \delta^{13}C_4$ $\delta^{13}C_1 > \delta^{13}C_2 > \delta^{13}C_3 < \delta^{13}C_4$

盆地地区	$\delta^{13}C_1/‰$	$\delta^{13}C_2/‰$	碳同位素序列
四川盆地	$-34\sim-30$	$-38\sim-30$	$\delta^{13}C_1 > \delta^{13}C_2$
塔里木盆地台盆区	$-56.5\sim-35.3$	$-38.7\sim-30.8$	$\delta^{13}C_1 < \delta^{13}C_2 < \delta^{13}C_3$
库车拗陷	$-38.4\sim-17.9$	$-27.56\sim-17.87$	$\delta^{13}C_1 < \delta^{13}C_2 < \delta^{13}C_3 < \delta^{13}C_4$ $\delta^{13}C_1 > \delta^{13}C_2 > \delta^{13}C_3 < \delta^{13}C_4$
大港千米桥板桥	$-44.68\sim-38.3$	$-27.22\sim-25.14$	$\delta^{13}C_1 < \delta^{13}C_2 < \delta^{13}C_3 < \delta^{13}C_4$
冀中苏桥文安	$-46.54\sim-29.34$	$-30.68\sim-16.33$	$\delta^{13}C_1 < \delta^{13}C_2 < \delta^{13}C_3 < \delta^{13}C_4$
崖13-1	$-39.25\sim-36.19$	$-27.64\sim-26.54$	$\delta^{13}C_1 < \delta^{13}C_2 < \delta^{13}C_3 < \delta^{13}C_4$
兴城	$-33.88\sim-18.71$（>-30）	$-33.06\sim-19.78$（$-32\sim-28$）	$\delta^{13}C_1 > \delta^{13}C_2 > \delta^{13}C_3 > \delta^{13}C_4$
升平	$-32.47\sim-26.56$（>-30）	$-29.71\sim-23.01$（$-28\sim-25$）	$\delta^{13}C_1 > \delta^{13}C_2 > \delta^{13}C_3 > \delta^{13}C_4$

注：括号内为碳同位素数据的主体分布范围。

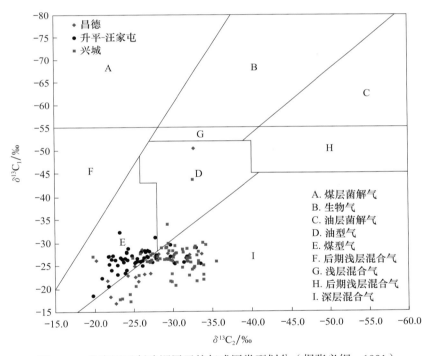

图3-10　徐家围子断陷深层天然气成因类型划分（据张义纲，1991）

　　针对松辽盆地深层天然气成因复杂的特点，罗霞（2004）通过对松辽盆地深层不同类型烃源岩的热模拟产物的甲烷和乙烷碳同位素结果绘制图版（图3-12），判别松辽盆地深层天然气的成因类型，由于这是根据松辽盆地烃源岩的模拟结果，能够比较好地反映松辽盆地的实际特征，能有效判别天然气的成因。可以看出松辽盆地深层天然气成因类型多样，主要为高成熟煤成气、油型气及两者的混合气，另外局部井位有无机气的存在或无机气的混入，如芳深1井、芳深2井和徐深8井天然气可能为无机成因。

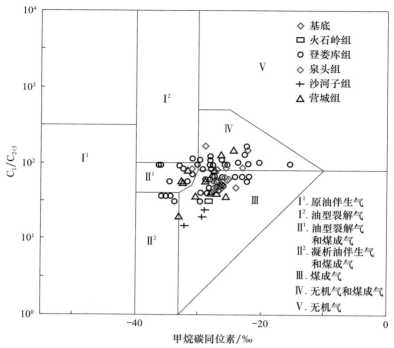

图 3-11　徐家围子断陷深层天然气成因类型判别图（戴金星等，1992）

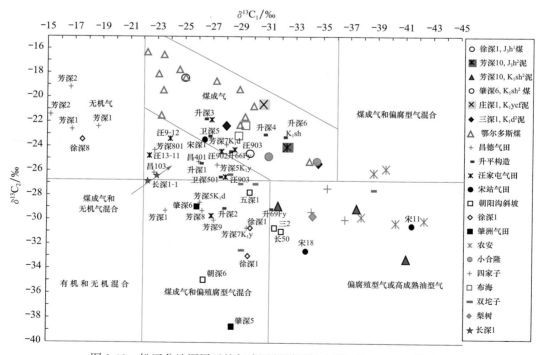

图 3-12　松辽盆地深层天然气成因判别图版（据罗霞，2004，修改）

松辽盆地目前已高含 CO_2 气藏中 CO_2 皆为幔源成因，而在含 CO_2 天然气中与 CO_2 相伴生的烃类气却具有多种成因类型。

在高含 CO_2 天然气的下部组合中，与 CO_2 相伴生的烃类气具有复杂的成因，主要有沙河子组煤系地层生成的高成熟的煤成气，与幔源 CO_2 同源的无机成因天然气，以及煤成气和无机气或高成熟偏腐殖型气形成的混合气。这些烃类气甲烷碳同位素重，碳同位素系列局部倒转或全部倒转，目前对于这种复杂天然气的成因认识尚有争论。从对松辽盆地高含 CO_2 气藏中伴生烃类气的地球化学特征和成因类型判别表上可以看出（表3-5），与松辽盆地幔源成因 CO_2 相关的烃类气体，表现出既有无机成因气，如芳深 701 井、徐深 8 井和长深 1 井 CH_4 为无机成因或显示有无机成因气的混入，又有高成熟有机成因煤成气，如芳深 6、芳深 9 和徐深气田多数井中烃类气显示为煤成气或煤成气和偏腐殖型天然气的混合成因。因此认为在幔源 CO_2 气藏形成过程中，一方面幔源烃类气与 CO_2 可以一起进入气藏，形成同源共存关系；另一方面，也有幔源 CO_2 与有机煤成气或混合气形成的非同源共存关系。

表 3-5　松辽盆地高含 CO_2 天然气地球化学特征及成因类型

成藏组合	井号	层位	天然气主要组分 /%				天然气碳同位素 /‰				烃类气成因	$\delta^{13}C_{CO_2}$/‰	R/R_a
			CO_2	CH_4	C_2^+	N_2	CH_4	C_2H_6	C_3H_8	C_4H_{10}			
下部组合	达深 2	K_1yc	34.44	62.13	0.68		−27.58	−16.75			煤成气	−8.68	
	芳深 9-1	K_1yc	89.77	8.84	0.16		−26.06	−20.17				−4.29	
	芳深 6	K_1d	15.32	81.79	1.49	1.36	−23.60	−29.32			煤成气与偏腐殖型天然气混合	−6.61	
	芳深 7	K_1d^1	13.08	52.52	1.42		−28.12	−25.11				−10.05	
	芳深 9	K_1yc	89.73	9.61	0.14	0.49	−27.45	−32.11				−4.06	
	芳深 9	K_1yc	90.38	9.37	0.15	0.08	−27.25					−5.46	3.21
	徐深 2	K_1yc	15.11	75.91	3.97	4.92	−27.06					−1.12	
	徐深 4	K_1yc	12.1	83.78	2.72	1.32	−29.83	−29.44	−31.10			−9.53	
	徐深 5	K_1yc	11.39	60.16	0.78	27.66	−28.79	−28.56	−30.63			−5.29	
	徐深 801	K_1sh	7.26	90.58	1.38	0.72	−26	−33.23	−31.54			−6.36	
	徐深 9	K_1yc	5.27	89.87	2.41	2.39	−21.88	−33.87				−6.00	
	徐深 901	K_1yc	5.92	89.09	2.65	2.29	−22.42	−31.95	−32.83			−5.64	
	长深 1	K_1yc					−26.5	−26.65			无机与煤成气混合	−7.20	
	长深 1	K_1yc	22.56	71.40	1.9	4.14	−23	−26.3	−27.3	−34		−6.8	2.06
	长深 1-1	K_1yc	12.55	79.45	2.12	5.87	−22	−26.9	−27	−33.7		−7.5	2.09
	芳深 701	K_1yc	86.7	12.43	0.16		−19.73				无机气	−1.82	
	长深 1	K_1yc	18.88	74.61	0.65	5.86	−20.78	−20.73				−5.26	2.1
	徐深 8	K_1yc	23.64	72.45	2.26		−17.55	−23.27				−5.00	

成藏组合	井号	层位	天然气主要组分 /%				天然气碳同位素 /‰				烃类气成因	$\delta^{13}C_{CO_2}/$ ‰	R/R_a
			CO_2	CH_4	C_2^+	N_2	CH_4	C_2H_6	C_3H_8	C_4H_{10}			
上部组合	孤 12	K_1q^4	81.05	5.05	0.68	13.19	−43.7				油型气	−5.74	3.24
	孤 7	K_1q^4	49.02	23.16	1.45	24.21	−41.82	−38.68	−32.59			−9.28	
	孤 9	K_1q^4	97.05	2.65	0.2		−43.97					−8.44	3.22
	孤 9	K_1q^4	89.26	4.75	0.27	5.67	−44.04	−39.68	−34.92			−6.53	
	红 75-5-21	K_1q^4	30.68	52.82	11.24	5.25	−42.053	−34.295	−31.17	−29.52		−8.051	2.26
	乾 198	K_1q^4	96.14	1.43	0.63	1.19	−47.44	−37.58	−32.39	−29.44		−4.93	
	乾 199	K_1q^4	66.31	16.72	2.68	11.43	−47.78	−37.22	−31.72	−30		−4.47	
	万 4	K_1q^3	89.92	9.69	0.39		−45.37					−8.83	
	万 5	K_1q^3	93.43	3.74		2.67	−38.66					−4.95	3.34
	万 5	K_1q^2	99.48	0.52			−42.01					−6.1	
	万 5	K_1q^2	99.48	0.52			−42.07					−4.6	
	万 6	K_1q^3	97.77	1.3		0.77	−40.14					−3.8	

而在上部组合中，与 CO_2 气相伴生的烃类气皆为成熟或高成熟的油型气，成因相对简单。如万金塔、红岗、乾安等中浅层 CO_2 气藏中与烃类气伴生的都是典型的油型气，碳同位素为正碳系列（表 3-5）。据此也可看出，这些中浅层的 CO_2 气藏可能并非为下部组合中的高含 CO_2 气藏次生破坏的结果，因为下部组合中的 CO_2 气藏中烃类气成因十分复杂，煤成气成熟度高，甲烷碳同位素重且碳同位素系列多倒转，由这种复杂气藏形成的次生气藏中的烃类气就不可能具有如此简单的碳同位素组成。这说明上部组合和下部组合中的 CO_2 为同一期注入的结果，即 CO_2 通过基底大断裂向上运聚分别在下部组合和上部组合中形成聚集。

以勘探程度较高的徐家围子断陷为例，分析断陷盆地深层 CO_2 与烃类气的成因伴生组合关系。从徐家围子断陷深层烃类气成因类型和 CO_2 叠合图（图 3-13）上可以看出，徐家围子断陷深层烃类气成因类型复杂多样，且分带特征明显，分别受不同气源控制，与高含 CO_2 气伴生的烃类气的成因类型也多样。有以无机烃类气为主的，主要分布在断陷西部边缘的昌德地区和汪 903 井区，以及断陷中部的徐深 7- 徐深 9 井区。在断陷西部和东部边缘隆起以煤成气为主，在断陷中部以偏腐殖型气为主，而在昌德东以西的兴城地区则以煤成气和偏腐殖型气形成的混合气为主。以上充分说明气源岩条件决定了烃类气的成因及其分布规律，而幔源 CO_2 只是后期混入的结果。

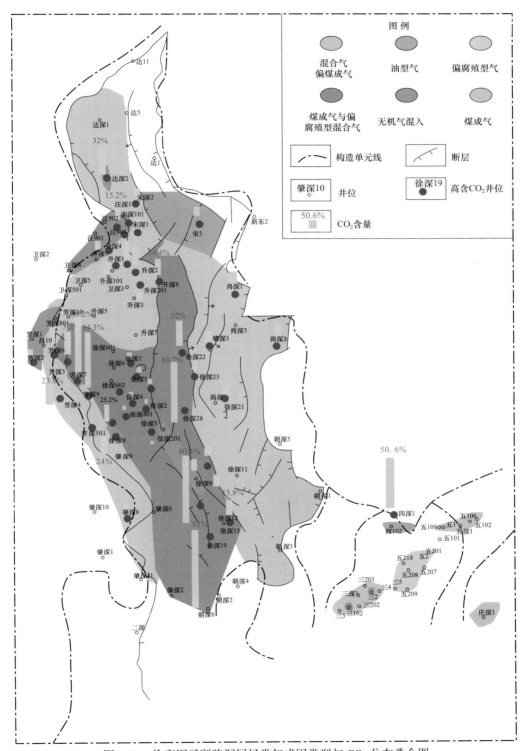

图 3-13　徐家围子断陷深层烃类气成因类型与CO₂分布叠合图

三、He 成因类型

统计表明，松辽盆地共在 56 口井中发现了 He 含量超过 0.1% 的天然气（表 3-6）。He 含量一般为 0.102%～0.404%，个别井中氦气含量较高，He 含量最高的是气 102 井萨尔图油层，He 含量为 3.676%。He 含量超过 1% 的有 5 口井，分别为芳深 9 井、气 102 井、升深 7 井、汪 9-12 井和升深 2-1，He 含量超过 0.2% 的有 20 口井。

表 3-6 松辽盆地高含 He 天然气的组成特征

井号	层位	顶界深度 /m	底界深度 /m	CH₄/%	CO₂/%	He/%	产气量 /（m³/d）
昌 201	K_1d^1	3206.6	3223.8	93.914	0.269	0.22	3
长 542	K_1q^4	693	699.6	92.348	0.565	0.105	147
朝 116-56	K_1q^{2-3}	1160.6	1372.8	90.12	0.15	0.109	4763
朝 116-56	K_1q^{2-3}	1160.6	1166	86.097	0.466	0.296	5327
朝 50	K_1q^{2-3}	1120.8	1142.2	93.72	0.09	0.104	4065
朝 90	K_1q^{2-3}	1201	1311	91.03	0.08	0.251	
朝深 2	K_1d^3	2490	2754.5	76.548	0.415	0.12	66
朝深 6	K_1sh	3229	3248	88.781	1.377	0.106	33
达深 2	K_1yc	3093	3102	73.063	12.823	0.14	
达深 4	K_1yc	3213	3217	96.287	0.027	0.163	
大 139	K_2n^{3-4}	1139.6	1157.8	89.584	1.93	0.147	
德 8	K_1d^2	1567	1573.4	71.165	0.118	0.151	
杜 6-2	K_1n^1	680.9	721	91.989	0.089	0.113	
杜 613	K_1n^1	705		84.25	1.71	0.119	
芳深 1	K_1d^3	2926	2940.2	89.508	0.269	0.404	40814
芳深 701	K_1yc	3575.8	3840	66.682	27.737	0.132	884
芳深 9	K_1yc	3602	3632	20.238	77.55	1.578	50938
古 106	K_2n^1	1682.4	1688.6	80.008	0.724	0.31	31989
古 130	K_2n^3	1321.25	1330	84.998	3.765	0.294	微量
古 139	K_1y^1	1671	1727.4	69.172	1.216	0.199	
来 27	K_2n^1	637	638.6	92.284	0.803	0.219	40422
来 63	K_2n^1	589.6	625	91.98	0.19	0.13	773
葡深 1	K_1d^3	4012	4019	86.543	1.602	0.412	14
气 102	K_2n^1	806.3	886	93.672	0.176	3.676	
尚深 1	K_1d^2	2660	2680.1	0	10.042	0.226	
升 63	K_1q^{2-3}	1822	1847.7	82.88	2.16	0.241	
升 64	K_1q^{2-3}	1745	1891.6	95.49	0.06	0.13	16549

井号	层位	顶界深度 /m	底界深度 /m	CH_4/%	CO_2/%	He/%	产气量 /（m^3/d）
升 691	K_1q^{2-3}	1974.4	1979.8	69.218	2.346	0.129	4978
升深 201	K_1yc	2929.4	3630	89.067	6.873	0.333	2569
升深 7	K_1yc	3697.8	3705	92.227	0.819	2.781	
双 13	K_1q^4	728	816	79.359	0.922	0.124	
双深 4	K_1q^{1-3}	1942.4	2192	62.13	0.1	0.258	
四深 1	K_1d^1	2682.5	2855.5	93.43	0.46	0.109	110
宋 3	K_1q^4	1124.6	1128.6	93.69	0.09	0.11	5596
宋 6		1722.2	1762.8	91.78	0.14	0.138	77
宋深 1	K_1q^{2-3}	3124	3134	91.905	1.778	0.243	1310
宋深 101	K_1yc	3051	3062	89.236	0.295	0.19	
苏 8	K_2n^2	1948.4	1955.4	10.627	79.31	0.106	
万 11	K_1q^{2-3}	1261.4	1269.2	80.027	0.755	0.197	
汪 901	K_1q^1	2404	2474.7	94.742	0.483	0.224	21443
汪 9-12	K_1q^1	2417.4	2434.8	93.868	0.257	2.104	79017
汪 902	K_1d^2	2795	2806	94.39	0.238	0.102	128
汪深 1	K_1yc	2989	2998	91.314	1.694	0.1	
五 50-36	K_1q^4	835.4	839	94.861	0.025	0.105	
五 50-60	K_1q^4	753.6	768	93.879	0.05	0.104	
徐深 15	K_1yc	3768	3775	69.515	15.699	0.253	
延 15	K_1d	438	441.6	89.344	0.008	0.128	
杨参 1	J_3j	1950	2018.8	65.094	0	0.208	
杨参 1	J_3l	2038.4	2057.4	65.096	0	0.206	
英 20	K_1n^1	1453	1475.2	92.04	0.35	0.13	微量
英 86	K_1y^1	1954	1968	81.109	0.989	0.289	6586
肇深 5	K_1d^4	2728.6	2799.2	52.237	0.222	0.126	57
肇深 8	K_1yc	3152	3159	88.598	7.503	0.107	
肇深 6	K_1yc	3229	3248	88.78	1.377	0.106	11221
徐深 1-1	K_1yc	3416	3424	94.37	1.670	0.137	
升深 2-1	K_1yc	2970		92.35		3.520	

在松辽盆地已发现 He 含量超过 0.1%，且达到工业气流的井有 8 口（升 64 井、古 106 井、汪 901 井、来 27 井、芳深 9 井、芳深 1 井、汪 9-12 井、肇深 8 井），其中，汪 9-12 井 K_1q^1 日产气达 79017m^3/d，He 含量为 2.104%，因此该井日产 He 达 1662m^3，这在世界上也很少见。

从表 3-6 中可以看出，虽然同是幔源为主，但高含 He 天然气与高含 CO_2 气并无直接的对应关系。在高含 He 天然气中只有几口井也是高含 CO_2 气，如达深 2 井、芳深 701 井、芳深 9 井、徐深 15 井等，但大部分高含 He 井中 CO_2 含量都比较低。这是因为 He 具有很强的扩散性，所以 He 比 CO_2 具有更广阔的赋存空间，但是高含 He 和高含 CO_2 天然气在平面上和纵向上的分布特征还是具有一定的相似性，因为两者同为幔源成因。通过研究 He 的成因和分布特征可对 CO_2 的研究提供一定的参考和对比作用。

松辽盆地主要产气层 ${}^3He/{}^4He$ 同位素测试结果见表 3-7，${}^3He/{}^4He$ 范围为 $1.25×10^{-7}$～$6.94×10^{-6}$，既有幔源成因，也有壳源成因，还有一部分为壳幔混合成因，这是因为 He 的扩散性很强，幔源 He 和壳源放射成因 He 不断混合积累造成的，但不同地区两者的混合比例不同。通常认为 $R/R_a < 1$ 时以壳源为主，$1 < R/R_a < 2$ 时为壳幔混合成因，$R/R_a > 2$ 时则以幔源为主。据此可将松辽盆地 He 气分为三种成因类型（表 3-7）：①壳源型氦，${}^3He/{}^4He$ 为 $1.25×10^{-7}$～$1.37×10^{-6}$，R/R_a 为 0.09～0.98；②壳幔混合型氦，${}^3He/{}^4He$ 为 $1.77×10^{-6}$～$2.66×10^{-6}$，R/R_a 为 1.26～1.9；③幔源型氦，${}^3He/{}^4He$ 为 $2.94×10^{-6}$～$6.94×10^{-6}$，R/R_a 为 2.1～4.96。在除了芳深 9 井幔源成因的氦含量较高外，壳源和壳幔混合成因的氦含量均相对较低。因此可以认为目前已发现的 He 含量较高的氦气皆为幔源成因或以幔源成因为主，当 He 含量远小于 0.01% 的则为壳源成因。对比可以发现，在已发现的 CO_2 气藏或高含 CO_2 气藏如芳深 9、万金塔、孤店、乾安和红岗气藏中的 He 皆为幔源成因或以幔源成因为主，幔源 CO_2 与 He 具有同源性，两者在分布上具有较好的一致性。

表 3-7 松辽盆地氦气同位素分析数据表

井号	层位	井段 /m	$\delta^{13}C_1/‰$	${}^{40}Ar/{}^{36}Ar$	${}^3He/{}^4He$	R/R_a	He 成因
朝 51	K_2y^1	700～703.8	−52.3	341	$1.25×10^{-7}$	0.09	
朝 57	K_2y^1	643.4～646.6	−53.85	318	$1.26×10^{-7}$	0.09	
三 2	K_1q^4		−31.38	550	$1.43×10^{-7}$	0.1	
朝 92-76	K_1q^4	950～1072	−34.35	504	$2.88×10^{-7}$	0.21	
杜 402	K_2qn^{2-3}	1097.6～1250.4	−52.04	707	$9.50×10^{-7}$	0.68	壳源为主
升 81	K_1q^4	1271.4～1321	−35.69	1031	$1.01×10^{-6}$	0.7	
葡浅 7	K_2n^3	401.5～411.2	−60.54	1047	$1.07×10^{-6}$	0.76	
龙 51-24	K_2y	1488.4～1579.4	−48.3	1019	$1.23×10^{-6}$	0.88	
升 58	K_1q^{2-3}		−29.4	1251	$1.37×10^{-6}$	0.98	
芳深 4	K_1d			2044	$1.37×10^{-6}$	0.98	
杏 5-3-4	K_2n^1	900～1000		1293	$1.77×10^{-6}$	1.26	
塔 30-25	K_2n^1	1153～1183	−48.99	672	$1.65×10^{-6}$	1.28	壳幔混合
杏 5-3-2	K_2y	900～1200	−48.8	1462	$1.88×10^{-6}$	1.34	
古 31	K_2n^{3-5}	1201.4～1213.2	−50.7	448	$1.90×10^{-6}$	1.36	

续表

井号	层位	井段 /m	$\delta^{13}C_1$/‰	$^{40}Ar/^{36}Ar$	$^3He/^4He$	R/R_a	He 成因
喇 9-213	K_2n^1—K_2qn^3	952.6～1192.8	−50.33	729	2.41×10^{-6}	1.72	
塔 301	K_2n^1	1243.6～1306.2	−47.9	762	2.66×10^{-6}	1.9	壳幔混合
长深 1-2	K_1yc	3838	−25		2.65×10^{-6}	1.90	
喇 6-209	K_2n^1—K_2qn^3	935.2～1202	−50.61	1066	3.05×10^{-6}	2.17	
芳深 9	K_1yc	3602～3623	−27.25		4.50×10^{-6}	3.21	
长深 1	K_1yc	3754	−20.78		2.94×10^{-6}	2.1	
长深 1	K_1yc	3594	−23		2.88×10^{-6}	2.06	
长深 1-1	K_1yc	3739	−22.2		2.93×10^{-6}	2.09	
长深 1-1	K_1yc	3880.0	−22.4		2.94×10^{-6}	2.10	幔源为主
乾深 1	K_1q^4	2176.2～2185.2			4.43×10^{-6}	3.16	
孤 9	K_1q^4	1572.4～1580.2	−43.97		4.51×10^{-6}	3.22	
孤 12	K_1q^4	1623.4～1648.2	−43.7		4.53×10^{-6}	3.24	
万 5	K_1q^3	740	−38.66		4.67×10^{-6}	3.34	
万 2	K_1q^3	838.8～863.4			6.87×10^{-6}	4.91	
万 6	K_1q^3	603	−40.14		6.94×10^{-6}	4.96	

第四章

含CO$_2$气藏特征与成藏过程

　　松辽盆地在深、中、浅层均发现了含CO$_2$气藏，储气层主要为火山岩和碎屑岩类。气源主要来自幔源岩浆脱气，通过深大断裂的导通作用，在白垩系登娄库组二段和青山口组一段泥质岩区域盖层控制下，形成了两套成藏组合。由于所发现的CO$_2$气藏成藏地质条件差异，发育多种气藏类型，成藏过程也有不同特点。本章通过成藏组合和典型CO$_2$气藏的剖析，阐述含CO$_2$气藏的成藏过程和成藏模式。

第一节　含CO$_2$天然气成藏组合和气藏类型

一、含CO$_2$天然气成藏组合

　　通过对所发现的CO$_2$气藏分布的层位和与区域盖层的关系分析可以看出，松辽盆地CO$_2$气藏从中、浅层到深层均有分布，主要分布于深层营城组和登娄库组—泉头组，营城组除了徐深气藏、万金塔气藏为砂砾岩储层外，大部分都是发育于火山岩储层中，多数气藏营城组火山岩储层之上发育以泥质岩为主的盖层，层位从营城组—登娄库组二段，形成一套稳定的区域盖层，在营城组储层中含CO$_2$较高，由于该套区域盖层的存在，如果没有后期的构造破坏，中、浅层CO$_2$含量不会很高，如徐深气田、长深1气藏，CO$_2$主要分布于营城组。登娄库组和泉头组主要是碎屑岩类储层，如万金塔气田、孤店、红岗气田，主要受青山口组一段区域盖层和泉头组局部盖层的控制。

　　由上可见，尽管气藏层位在不同的地区有所差异，但总的格局没有变化，所发现的CO$_2$基本上被控制在登娄库组和青山口组两套区域盖层之下，含CO$_2$气藏具有两套成藏组合。一套是下部火山岩类成藏组合，该组合除了徐深气田和万金塔气田在营城组四段砂砾岩中存在CO$_2$气藏外，主要储集于深层的火山岩体中，以登娄库组二段为主的泥质岩为区域盖层；另一套是上部碎屑岩类成藏组合，该组合CO$_2$气藏的储层为砂岩，青山口组一段为区域性盖层，泉头组泥岩为局部盖层，该套组合受长期发育的深大断裂和反转期大断层

控制，断裂沟通深部来源 CO_2（图 4-1）。

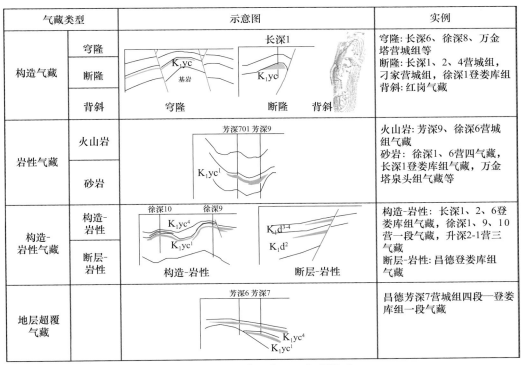

图 4-1　松辽盆地区含 CO_2 气藏成藏组合

二、含 CO_2 天然气藏类型

通过对松辽盆地含 CO_2 气藏类型统计与分析，气藏类型多样，可以归纳出构造气藏、岩性气藏、构造 - 岩性气藏和地层超覆气藏四类（图 4-2）。

气藏类型		示意图	实例
构造气藏	穹隆	长深1　基岩　K_1yc　K_1yc 穹隆　断隆　背斜	穹隆：长深6、徐深8、万金塔营城组等 断隆：长深1、2、4营城组，刁家营城组，徐深1登娄库组 背斜：红岗气藏
	断隆		
	背斜		
岩性气藏	火山岩	芳深701 芳深9　K_1yc^1	火山岩：芳深9、徐深6营城组气藏 砂岩：徐深1、6营四气藏，长深1登娄库组气藏，万金塔泉头组气藏等
	砂岩		
构造-岩性气藏	构造-岩性	徐深10　徐深9　K_1yc^4　K_1yc^1　K_4d^{3-4}　K_1d^2 构造-岩性　断层-岩性	构造-岩性：长深1、2、6登娄库组气藏，徐深1、9、10营一段气藏，升深2-1营三气藏 断层-岩性：昌德登娄库组气藏
	断层-岩性		
地层超覆气藏		芳深6 芳深7　K_1yc^4　K_1yc^1	昌德芳深7营城组四段—登娄库组一段气藏

图 4-2　松辽盆地含 CO_2 气藏类型

（一）构造气藏

构造控制的气藏普遍发育，按构造形态，可以有穹隆气藏、断隆（鼻）气藏和背斜气藏。

穹隆气藏是由于火山岩喷发（中心式）、基岩或侵入体隆起形成的穹隆形构造，在构造高部位聚集了天然气，这种类型在含 CO_2 气藏比较常见，主要是含 CO_2 气藏多与火山岩有关，由于火山岩的喷发形成的火山地貌被沉积埋藏形成。如长深6、徐深8、万金塔营城组气藏等属于这类气藏。

断隆（鼻）气藏是火山岩沿基底深大断裂喷发或者先期喷发的火山岩被后期断裂切割形成的，火山岩顶面形成了类似断鼻的构造形态，在火山岩顶部形成的气藏，气藏一侧由断层控制。这种类型也是含 CO_2 气藏多见的一种气藏类型，如长深1、2、4营城组气藏，刁家营城组气藏，徐深1气藏。

背斜气藏有红岗气藏。

（二）岩性气藏

主要由岩性控制的气藏，构造控制不明显，也是含 CO_2 气藏常见的类型。这类气藏可以是火山岩类气藏，也可以是碎屑岩类气藏。火山岩类岩性气藏如芳深9、徐深6营城组气藏较为典型，不受构造控制；砂岩岩性气藏如徐深1、6营城组四段气藏，万金塔泉头组气藏等，受砂体控制。

（三）构造岩性气藏

这类气藏主要存在于营城组、登娄库组中，主要受构造、岩性双重作用控制。可分两种，一种是正向地貌控制的气藏，一种是断层和砂体共同控制的气藏。前者如长深1、2、6登娄库组气藏，徐深1、9、10营城组一段、四段气藏，升深2-1营城组三段气藏；后者如昌德登娄库组气藏。

（四）地层超覆气藏

主要见于芳深6、芳深7营城组四段—登娄库组一段砂砾岩超覆气藏。营城组末期和登娄库组早期地层超覆气藏，营城组末期和登娄库组早期处于断陷盆地向拗陷盆地的转换期，在古隆起斜坡上形成多个近物源、快速堆积的冲积扇体、辫状河三角洲，由断裂和基岩顶、营城组顶面风化壳提供良好的运移通道，形成以侧向运移为主的地层超覆气藏。

第二节　典型含 CO_2 气藏地质特征

松辽盆地含 CO_2 气藏由于分布地区和层位的不同，造成了气源、储集层及圈闭类型、成藏过程的一些差异。针对已发现的含 CO_2 气藏，本节重点剖析徐深气田、昌德气田、长深气田、刁家（德深5）气田和万金塔气田等典型含 CO_2 气藏，深入认识松辽盆地含 CO_2 气藏的形成条件、储盖组合、圈闭类型、CO_2 气的成因及分布特征等，并将其与相伴生的常规有机成因烃类气在地质、地球化学特征及成藏过程上进行对比，为建立含 CO_2 气藏成藏模式和分布预测奠定基础。

一、徐深气田

徐深气田位于松辽盆地北部深层构造单元东南断陷区徐家围子断陷徐中构造带上，发现井为徐深 1 井。2002 年，对营城组气层进行测试获得最高为 $118.48 \times 10^4 \text{m}^3/\text{d}$ 的高产气流。徐深气田包括徐深 1、徐深 8、徐深 9 和升深 2-1 区块，截至 2008 年年底，在营城组探明含气面积为 110.97km^2，探明地质储量为 $1018.68 \times 10^8 \text{m}^3$，其中，徐深 10、19、28 井营城组气藏为高含 CO_2 气藏，CO_2 含量最高可达 90%，CO_2 地质储量为 $33.2 \times 10^8 \text{m}^3$。

（一）气田基本特征

1. 圈闭及储盖特征

徐深气田位于徐中火山岩隆起带，该隆起带具有火山活动与构造运动双重成因机制。火山机构与构造圈闭的形成具有继承性的关系，近火山口相带也是储层发育带，可形成良好的储集体。基底大断裂既是岩浆喷发的通道，也是天然气运移的通道，对火山岩气藏的形成具有重要控制作用。

徐深气田营城组顶面由北向南发育五个局部构造。北部汪深 1 区块和升深 2-1 区块分别以地层超覆、穹隆构造同处于以海拔 –2800m 等深线形成的构造圈闭内，汪深 1 区块高点海拔为 –2620m，构造幅度为 90m，圈闭面积为 26.02km^2（图 4-3）；升深 2-1 区块高点海

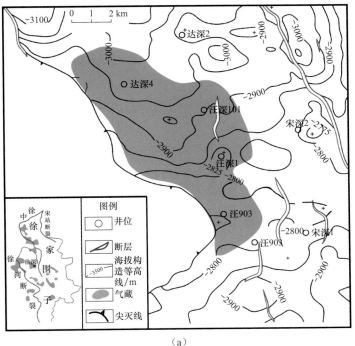

（a）

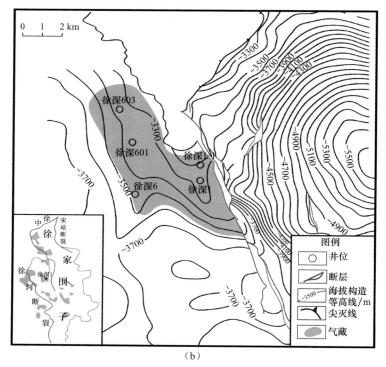

（b）

图4-3　徐深气田汪深1井区（a）和徐深1井区（b）气藏平面图

拔为 –2716m，构造幅度为 100m 左右，圈闭面积约为 42km²。中部徐深 1 区块所在的鼻状构造，高点海拔 –2950m，构造幅度为 400m，圈闭面积为 10.9km²（图 4-3）。徐深 2 井区发育有一穹隆型构造，高点海拔为 –3500m，最低 –3625m，圈闭幅度为 125m，圈闭面积为 7.27km²。宋西断裂东侧主要为单斜构造，沿断裂分布两个面积较小的半背斜构造。南部丰乐低隆起，深层 T_3 至 T_5 各层构造形态继承性良好，总体上表现出不完整的东南高、北西低洼向斜形态。最大埋深达 –3800m，位于徐深 7 井西南及东北方向，最浅埋深约 –2540m。

徐深气田储气层主要是营城组一段、营城组三段火山岩和营城组四段砾岩。其中，营城组四段砾岩岩性为厚层块状砾岩夹薄层砂岩及粉砂岩，主要为辫状河流相、辫状三角洲相和湖相沉积。砾岩孔隙度为 0.8%～10.1%，平均为 4.7%；渗透率为 0.04～5.88mD，平均渗透率为 0.57mD，与火山岩储层相比，具有低孔隙度、高渗透率的特点。

徐深气田营城组一段和营城组三段火山岩岩石类型有火山碎屑岩和火山熔岩两大类，气田北部以火山碎屑岩为主，南部为火山碎屑岩与熔岩互层；岩相主要喷溢相和喷发相，下部旋回喷溢相较发育，上部旋回喷发相较发育。徐深气田火山岩岩性主要包括流纹质晶屑凝灰熔岩、流纹质岩屑凝灰岩、安山质晶屑凝灰熔岩。钻井揭示火山岩厚度为 77～989m，平均厚度为 367m。厚度最小的徐深 1-1 井靠近升平古凸起，厚度最大的徐深 3 井位于断陷中部的火山机构上。总体上，断陷中部厚度大，向边部减薄；近火山口厚度大，远火山口区带厚度小。

登娄库组二段，发育灰绿色泥岩、粉砂质泥岩和砂岩互层，是一套以泥质岩类为主的地层，可作为徐深营城组气藏的区域盖层，徐深 8 井钻遇该套地层泥质岩累厚为 87～178m，单层最大厚度达 16m。

2. 气藏特征

1）营城组四段砂砾岩气藏

徐深 1、6、601、7 等井在营城组四段砾岩储层获得工业气流。营城组四段砾岩储层位于营城组一段火山岩气藏之上，具有聚集天然气成藏的有利条件，储层大面积连片，天然气分布受储层物性控制。以徐深 1 区块为例，从该气藏构造特征来看，徐深 6、601 等井无明显构造圈闭。应用徐深 6 井测试压力资料，测试井深 3492.75m，压力 38.48MPa，推测气水界面位于 −3580m，已经远低于该井火山岩储层测井解释的气水界面 −3494m。营城组四段砾岩气层分布已经超出构造圈闭范围，具有岩性气藏的特点（图 4-4）。

2）营城组火山岩气藏

营城组火山岩气藏流体分布具有明显的上气、下水的特点。徐深气田已完钻的井中，除位于构造高部位的徐深 1 井、徐深 601 井和徐深 603 井火山岩储层产纯气外，其余井在纵向上，试气或综合解释均为上部产气（或气水同产）、下部产水。在平面上，徐深气田南部徐深 1 区块构造位置最高，产能也最高，高部位的 3 口井产纯气；位于低隆起的徐深 8、徐深 9 井区块构造位置较高，产能较高，但下部含水；中部的徐深 4、徐深 2 等区块构造位置最低，则产能低，气水分异差。总之，整体上具有构造高部位气柱高度大、富集高产，低部位气柱高度小、气水分异差的特点，显示出构造对气水分布的控制作用（图 4-4、图 4-5）。

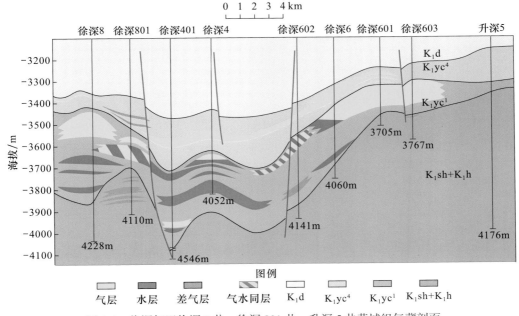

图 4-4 徐深气田徐深 8 井—徐深 801 井—升深 5 井营城组气藏剖面

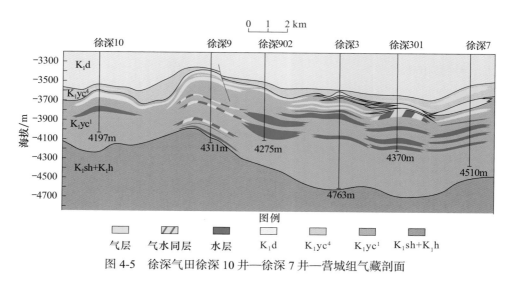

图 4-5 徐深气田徐深 10 井—徐深 7 井—营城组气藏剖面

徐深气田南部各区块没有统一的气水界面，含气高度超出构造圈闭，岩性圈闭是火山岩气藏成藏的主控因素。火山岩储层非均质性强、横向变化快、错迭连片，但连通性较差。徐深 1 井与徐深 1-1 井相距 1.2km，试采结果不能证实其连通。岩性非均质导致气水分异差，尤其对于构造低部位的井（如徐深 401 井）及储层物性差的井（如徐深 2 井）。各区块间及区块内各井测试结果均表明没有统一的气水界面（表 4-1），测试结果已证实兴城北部的气水界面较南部各区块高，营城组一段火山岩气藏类型为构造 - 岩性气藏。

徐深气田北部升深 2-1 区块火山岩气藏受构造控制作用明显。含气面积内的 9 口井中有 7 口完成了试气，均具有上气、下水的特点，位于构造低部位的升深 4 井、卫深 3 井、升深 201 井、升深 203 井以水层为主。测井解释及试气结果表明，各井气水界面接近一致，说明构造对含气性起主要控制作用。由于火山岩储层平面相变快，物性差异较大，各井气水界面不完全一致，个别井（升深 2-12 井）水顶要高于其他井的气底。综合分析认为，升深 2-1 区块营城组三段气藏总体上以构造控制为主，岩性也起一定的控制作用，气藏类型为岩性 - 构造气藏（图 4-6）。

表 4-1 气水界面确定依据表

区块	层位	气藏类型	气水界面深度 /m		
			测井解释	试气验证	选值
徐深 1	营城组一段	构造 - 岩性	3740（徐深 6）	3658	3658
			3755（徐深 5）	3755	3755
徐深 8	营城组一段	构造 - 岩性	3874	3874	3874
徐深 9	营城组一段	构造 - 岩性	4060（徐深 301）	3950～4010	4030
升深 2-1	营城组三段	岩性 - 构造	3129（升深 202）	3018～3090	3010
			3132（升深 2-1）	3132～3152	
			3010（升深 201）	3010	

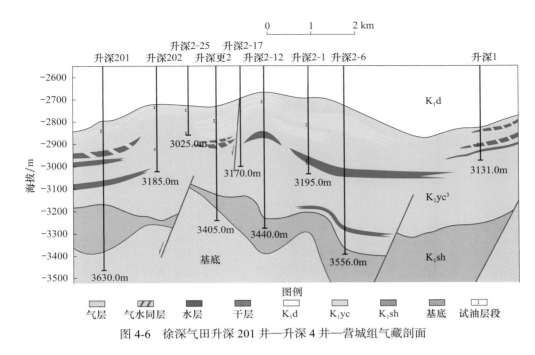

图 4-6 徐深气田升深 201 井—升深 4 井—营城组气藏剖面

（二）天然气地球化学特征及成因

1. 组分特征

徐深气田天然气组分多数井以甲烷为主，甲烷含量一般为 73%～95%，气藏的 CO_2 含量差别比较大，CO_2 含量最大的井有徐深 19 井、徐深 10 井、徐深 28 井，CO_2 含量在 80% 以上；徐深 8 井营城组气藏 CO_2 含量也较高，为 22.77%，其余气藏 CO_2 含量较低。徐深 1 气藏 CO_2 含量为 0.22%～5.77%，平均含量为 1.68%，徐深 9 区 CO_2 含量为 2.51%～93.85%，平均含量为 4.68%，升深 2-1 气藏 CO_2 含量为 0.39%～3.17%，平均含量为 2.02%。

2. 碳同位素特征

徐深气田甲烷碳同位素多数大于 –30‰，只有徐深 19 井、徐深 28 井、徐深 601 井、徐深 602 井小于 –30‰，碳同位素系列完全倒转或部分倒转，表明烃类气是以高成熟煤成气或混合气为主的有机成因气，部分井可能含有无机成因烃类气。徐深 6 井和徐深 9 井 CO_2 同位素为 –11.37‰，CO_2 含量低于 5%，为有机成因；其余井 CO_2 同位素均大于 –8‰，为幔源 - 岩浆成因（表 3-2）。

（三）气田中 CO_2 及烷烃气分布特点及成因解释

徐深气田是有机气和无机气混合的典型气田，烃类气和 CO_2 的分布极为不均衡，在同一构造背景下，成藏基本地质条件也相差无几，CO_2 含量除了个别井含量高外，多数气井普遍不高，主要还是以烃类气为主，在徐家围子断陷中出现了局部富集 CO_2 的格局。出现这一现象的原因是徐家围子断陷是烃源岩发育的断陷，位于生烃中心及其周边的构造高部位有利于烃类的聚集，如徐深 1 气藏、升深 2-1 井区、徐深 9 气藏等属于以烃类气聚集为主的气藏；

而高含 CO_2 的徐深 10、19、28 井营城组气藏主要受到控陷断裂系统的控制，气藏主要分布于徐中、徐西断裂附近。地震资料解释表明，徐深 10、19 火山岩体为受徐西断裂控制的、具有独立火山通道的裂隙式 - 中心式喷发（图 4-7、图 4-8）；徐深 28 火山岩体为受徐中断裂控制的、具有独立火山通道的裂隙式 - 中心式喷发，这种喷发方式所具有的火山通道相成为 CO_2 优势运移通道。喜马拉雅期幔源 CO_2 沿着古火山通道向上运移，在登娄库组二段良好的区域性盖层封隔之下，使 CO_2 主要聚集于营城组储层中，形成以 CO_2 为主的气藏。而徐深气田中其他火山岩体主要是以裂隙式喷发为主，由于在构造上位于中央断隆带，紧邻洼陷中心，气源条件优越，为烃类气优势运聚部位，则以聚集烃类气为主，部分火山岩体中 CO_2 含量较高，如徐深 8 井 CO_2 含量达 20% 左右。

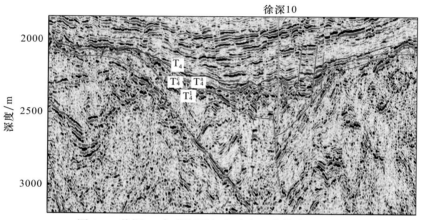

图 4-7　徐深 10 气藏断裂组合及火山岩体喷发模式

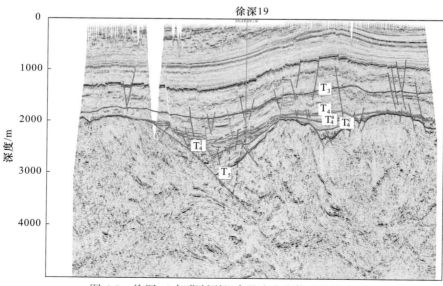

图 4-8　徐深 19 气藏断裂组合及火山岩体喷发模式

二、昌德气田

昌德气田位于松辽盆地北部古中央隆起带中段宋芳屯构造（昌德气藏）及其东侧徐家围子断陷西翼斜坡地带上（昌德东气藏）（图4-9），主要目的层为下白垩统登娄库组砂砾岩和营城组火山岩气层，该区天然气成因类型十分复杂，既有有机成因天然气，又有无机成因天然气，并在昌德东芳深9、芳深7、芳深6、芳深701等井的营城组火山岩储层中发现了高含CO₂气藏，CO₂含量最高达90%以上。

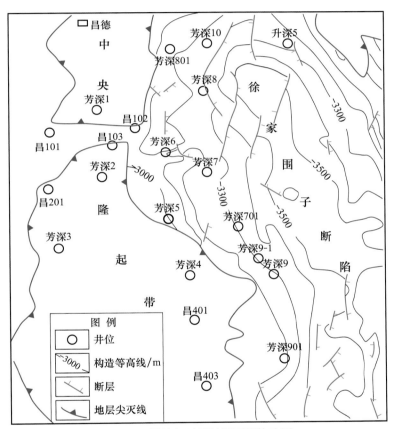

图 4-9　昌德气田营城组面顶构造图

（一）气田基本特征

1. 圈闭及储盖特征

从营城组顶面构造图上可知，该区西部为基岩凸起，是一个继承性持续发育的隆起，也是宋芳屯构造群主体部分，被中部昌101井—102井一线的冲刷沟谷分割成南北两部分；东部表现为NW向伸展的向斜，最深处4100m，构造形态相对简单，发育一些局部高点，地层向西向基岩凸起上发生尖灭（图4-9）。登娄库组一段顶面保持了营城组顶面的构造形态，但昌101井—102井一线的冲刷沟谷宽和深度都进一步加大。该区普遍接受登娄库组二段沉积，西部芳深2井区发育一局部背斜构造，地层向东倾覆。

昌德地区西部发育一条控陷断层（徐西断裂），靠近断陷边界断裂区伴生断层密集分布，倾向均为东倾，与边界断裂倾向一致，一般延伸长度在1km以下，断距5～30m。北部向斜区分布的NNE向断层，延伸长度为2～6km，断距为40～100m，向下断开沙河子组，向上断至青山口组，为长期活动的断层。南部主要发育延伸长度1～2km的SN向断层，分布较密。区内断层发育具有两个特点：一是发育方向与控陷断层相近，主要为NNW向；二是断层多发育在靠近控陷断层部位。断层的发育为气体的运聚提供了通道，也控制了储层的裂缝发育，改善了储层的储集和渗流能力。

气田位于基岩隆起上发育的继承性隆起构造，且位于断陷边界，在隆起部位缺失部分地层。基底为泥板岩、千枚岩等变质岩和花岗岩等侵入岩，下白垩统沙河子组局部发育，与下伏基底为不整合接触，岩性以暗色泥岩为主，夹泥质砂岩、砂砾岩。营城组一段，岩性以泥质粉砂岩、杂色砂砾岩夹火山喷发岩为主，储层为火山岩；缺失营城组二段和营城组三段；营城组四段致密的火山碎屑岩可作为局部盖层。登娄库组一段与下伏下白垩统呈不整合接触，地层厚度为20～65m，岩性主要为一套杂色砾岩和砂砾岩层，局部夹有少量粗砂岩和细砂岩，登娄库组二段一般厚为80～120m，岩性以暗色泥岩为主，为较好的区域盖层。泉头组一段和泉头组二段地层总厚为300～500m，以滨浅湖、河流相的暗紫色泥岩为主，夹泥质粉砂岩、粉砂岩，分布稳定，为气藏的另一套区域盖层。

营城组一段以酸性火山岩及火山碎屑岩储层为主，分布广泛。该段火山岩相以爆发相和喷溢相为主，火山通道相主要分布在控陷断裂带附近，岩性主要为中酸性喷发岩。通过对芳深901井、芳深9井、芳深701井、芳深7井及芳深6井火山岩特征追踪预测，发现该区火山岩大面积分布，其中以爆发相、喷溢相为主，物性好的火山岩储层以爆发相为主，在芳深701井、芳深9井附近较发育，尤以芳深9井及其周边厚度最大。

营城组一段火山岩岩性为以流纹质晶屑凝灰岩、沉凝灰岩为主的酸性火山岩，储层岩性为流纹质晶屑凝灰岩。芳深9井火山岩储层测井解释孔隙度最大为16%；芳深9-1井岩心分析资料统计结果显示，储层孔隙度最大可达9.4%，储层基质渗透率较低，一般为$0.001×10^{-3}$～$0.13×10^{-3}$ μm^2。上述岩心分析主要反映基质岩块的物性特征，分析认为，凝灰岩溶蚀孔隙发育，角砾岩孔隙以火山喷发的晶屑之间的晶间孔及微裂缝为主，溶蚀孔隙不发育。

下白垩统营城组一段火山岩储层主要分布在芳深9井、芳深701井附近，尤以芳深9井周围最为发育。火山岩储层最厚处位于芳深9井以北，超过45m。爆发相火山岩体主要分布于芳深701井与芳深9区块，储层厚度也最大。芳深7井钻遇厚度只有10m左右的凝灰岩、沉凝灰岩，向南部逐渐加厚，南部受芳深9与芳深901井之间的EW向鼻状隆起遮挡，芳深901井已在爆发相火山岩体分布区外，营城组一段火山岩为沉凝灰岩。

登娄库组一段在昌德东地区较为发育，为主要产气层。该段主要为冲积扇相的辫状河道沉积，单层厚度一般为 15.0～45.0m，平均单砂体厚度为 18.5m，平均单层有效厚度 10.9m。储层以杂色砾岩、砂砾岩、含砾砂岩、泥质粗砂岩、粉砂岩为主，砾石以石英酸性喷发岩岩块、花岗岩岩块为主，分选差、磨圆度低，砾石直径一般为 2.0～20.0mm，最大可达 100.0mm。胶结物以粗砂质、细砂质为主；岩心分析孔隙度为 4.8%～7.0%，平均 5.4%；水平渗透率为 $0.25 \times 10^{-3} \sim 5.87 \times 10^{-3} \, \mu m^2$，平均为 $4.29 \times 10^{-3} \, \mu m^2$；垂向渗透率一般为 $0.07 \times 10^{-3} \sim 1.63 \times 10^{-3} \, \mu m^2$，平均为 $0.64 \times 10^{-3} \, \mu m^2$。

登娄库组三段和登娄库组四段沉积受到来自北部的黑鱼泡、宋站两个物源的影响，沉积中心位于昌德地区南部。以干旱气候条件下的泛滥平原相和三角洲分流平原亚相沉积为主，气层单砂层厚度较薄，一般为 0.8～5.6m，平均单砂层厚度为 3.5m，平均单层有效厚度 1.5m，气层砂岩主要成分为岩屑、长石及石英，属混合砂岩类型。粒径一般为 0.5mm，其中，0.1～0.5mm 的粒径占 60% 左右，粒度中值为 0.125mm，以细粒砂岩为主，分选较差，泥质含量为 4.8%，砂岩胶结类型以薄膜 - 再生式为主，孔隙多具次生加大现象，孔隙类型一般为缩小的线状粒间孔。孔喉半径为 0.1～0.75 μm，孔隙度一般为 5.0%～10.0%，渗透率一般为 $0.01 \times 10^{-3} \sim 1.0 \times 10^{-3} \, \mu m^2$，孔隙压实率平均为 11.0%，属致密砂岩孔隙型储层。

2. 气藏特征

昌德气田气水分布复杂，主要有三套含气层系：登娄库组三段和四段砂岩储层、登娄库组一段—营城组四段砂砾岩储层和营城组一段火山岩储层。不同含气层系的分布特征和气藏类型差异较大。登娄库组三段和四段气层受断层、岩性控制，构造对天然气的聚集具有一定的控制作用，气层分布于构造高部位，水层分布于构造低部位。而登娄库组一段—营城组四段砂砾岩储层测井解释及试气均未见水层，为地层岩性气藏。营城组一段火山岩储层测井及试气均未见水层，且无明显构造圈闭，为火山岩岩性气藏（图 4-10）。

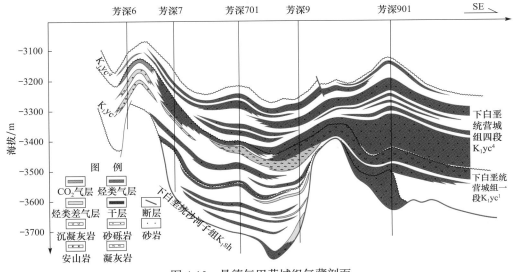

图 4-10　昌德气田营城组气藏剖面

（二）天然气地球化学特征及成因

一些学者对昌德气田天然气组分进行了分析（戴金星等，1995；郭占谦等，1996；霍秋立等，1998；张晓东等，2000；杨玉峰等，2000；庞庆山等，2002）。数据统计分析表明，平面上昌德和昌德东地区的天然气组分有一定的差别：昌德地区烃类气中 CH_4 含量为15.03%～94.81%，但一般为82%～95%，只有少数井样品的甲烷含量小于50%，这些甲烷含量低的气样主要是由于混入了大量的非烃气体所致，如昌102基底3310～3386m井段中 N_2 含量为52.7%，昌103井登娄库组三段2970～3005.4m井段 N_2 含量为51.18%，芳深4井基底3134～3170m井段 CH_4 含量仅为15.03%，非烃气含量高达80%；重烃气含量很低，C_2^+ 平均为1.44%，干燥系数 $C_1/(C_1+C_2)$ 平均值为98.68，气体较干；CO_2 含量一般为0.09%～0.94%。而昌德东地区的芳深7、芳深701、芳深9井区的营城组一段火山岩含有大量 CO_2，含量为39.95%～90.79%，构成了 CO_2 与烃类气混合气藏；其他井甲烷含量85.66%～97.53%，平均为91.37%，重烃含量较低，C_2^+ 平均为2.04%，干燥系数 $C_1/(C_1+C_2)$ 平均值为98.16，气体以较干的烃类气为主（表3-2）。

昌德气田烃类气体的碳同位素偏重，甲烷碳同位素范围为 –29.01‰～–16.70‰，平均值为 –25.1‰。碳同位素值的分布在不同地区也存在一定差异：昌德地区甲烷碳同位素范围在 –26.07‰～–16.7‰，平均值为 –21.67‰；而昌德东地区甲烷碳同位素范围在 –29.01‰～–23.6‰，平均值为 –26.69‰，相对昌德地区较轻。

昌德气田中烃类气具有异常重的碳同位素，甲烷同位素大于 –30‰，并且多数具有负碳同位素系列，或碳同位素系列发生倒转（图4-11），表明该区天然气成因复杂。同样，在松辽盆地深层其他地方也多见到这种甲烷碳同位素异常重及碳同位素系列发生倒转的现象。关于这种烃类气的成因，一种原因是无机成因烃类气或有大量无机成因烃类气的混入；另一种原因是高成熟的煤成气，不同成熟度或不同类型天然气的混合、天然气的垂向渗漏所致。

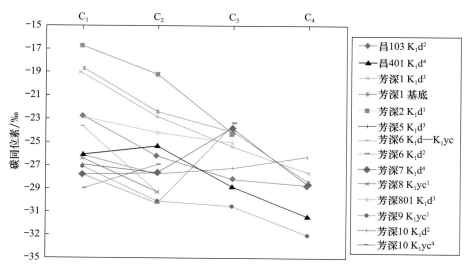

图4-11　昌德气田烷烃气碳同位素系列连线对比图

高含 CO_2 气主要分布在芳深 7 井、芳深 701 井、芳深 9 井、芳深 9-1 井的营城组火山岩储层中。芳深 9 井 CO_2 含量最高，含量为 88.67%～90.8%，其次为芳深 9-1 井、芳深 701 井、芳深 7 井和芳深 6 井，CO_2 含量分别为 89.3%、84.8%、39% 和 15.32%。CO_2 碳同位素为 $-6.61‰$～$-4.06‰$，为无机成因。芳深 9 井天然气 $^3He/^4He$ 值为 3.9×10^{-6} 和 4.5×10^{-6}，与万金塔 CO_2 气藏伴生氦气相似，也与五大连池幔源氦气（4.17×10^{-6}）相似，说明昌德东 CO_2 为幔源成因。芳深 9 井天然气中 $CO_2/^3He$ 值为 1.91×10^9～1.93×10^9，与全球范围内上地幔所生成的原始岩浆所具有的 $CO_2/^3He$ 值一致，更进一步证明了昌德东气藏 CO_2 为幔源成因，由上地幔直接脱气形成。

（三）气田中 CO_2 与烷烃气分布特征及成因解释

以往，一些学者将芳深 9、芳深 9-1、芳深 701、芳深 7 和芳深 6 井区块统称为昌德东气藏（霍秋立等，1998；张晓东等，2000；庞庆山等，2002）。通过研究，发现芳深 9 井—芳深 9-1 井—芳深 701 井区和芳深 6 井—芳深 7 井区，无论是天然气组分、碳同位素特征，还是温度、压力变化系统都具有明显不同的特征，将其归于同一气藏理由不太充分。其一，CO_2 含量达到 60% 以上才称之为 CO_2 气藏，按此标准，只有芳深 9 井、芳深 9-1 井、芳深 701 井 CO_2 含量大于 60%，可称之为 CO_2 气藏，而芳深 7 井、芳深 6 井 CO_2 含量均小于 60%，分别为 39.9% 和 15.32%，只能称为高含 CO_2 气藏；其二，从实测地层温度和压力数据分析，芳深 9 井、芳深 9-1 井、芳深 701 井为同一温度、压力系统，而芳深 6 井、芳深 7 井则处于另一温度、压力系统（图 4-12）；其三，火山岩相及储层预测显示，芳深 6 井—芳

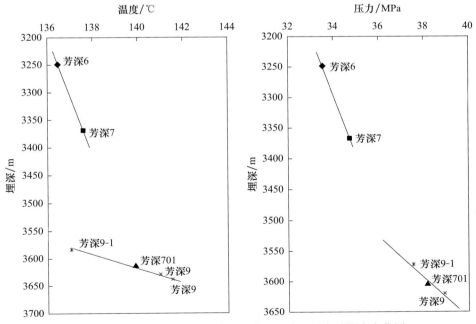

图 4-12　芳深 6、7 井区和芳深 9 井区温度、压力随深度变化图

深 7 井和芳深 9 井—芳深 701 井分别处在两个不同的火山喷发岩体上，其间被远源火山碎屑沉积分割，由于凝灰岩比较致密，可能将两者分割开来成为不同的储集系统。

从芳深 9 井至芳深 9-1 井、芳深 701、芳深 7、芳深 6 井构造部位逐渐变高，但 CO_2 含量却出现有规律的减小（图 4-13）。一些学者认为这是因为芳深 7 井和芳深 6 井的 CO_2 是从芳深 9 井运移而来，其亲水性及重力分异作用使得 CO_2 含量随着运移距离的增加而减少，幔源 CO_2 气源位于芳深 9 井处，在该井附近地区存在气源断裂或火山脱气口（霍秋立等，1998；张晓东等，2000）。谈迎等（2005）认为这种 CO_2 含量的差异是幔源火山岩吸附气脱气作用造成的。作者的观点是：造成 CO_2 含量变化的原因，是 CO_2 从构造低部位向高部位运移分馏的结果，但发生于两个不同的气藏中。通过对两个气藏 CO_2 含量随深度变化分析，芳深 9—芳深 701 气藏与芳深 7—芳深 6 气藏中的变化趋势不一致，说明了这两气藏为彼此分割的独立气藏（图 4-13）。由于每个气藏中的所有井都处于同一压力系统，彼此相互连通，CO_2 含量变化只能是 CO_2 从低部位向高部位运移和重力分异造成的，并非不同岩性火山岩吸附气脱气作用造成。据此可知，昌德东地区具有两个幔源 CO_2 气释放点，其一位于芳深 9 井附近，另一个位于芳深 7 井附近。芳深 9 井区火山岩相 - 火山机构预测结果也恰好说明了这点，幔源 CO_2 气释放点紧靠深大断裂且位于火山口附近。

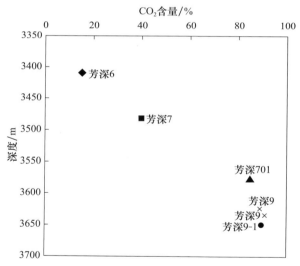

图 4-13　昌德东地区营城组火山岩储层中 CO_2 含量随深度变化

芳深 9 井区与芳深 6 井区营城组火山岩气藏天然气组分和同位素差异，主要是由火山岩体与主控深大断裂的组合配置关系决定的（图 4-14）。芳深 9 井区主控断层徐西断裂断层倾角较缓，火山岩体以中心式喷发为主，有独立的火山通道，沙河子组生成的煤成气并不能有效地通过断层进入该火山岩体，而喜马拉雅期深部岩浆热液活动导致深部高压且富含 CO_2 的热液流体顺着火山通道裂缝进入该火山岩体中形成 CO_2 气藏聚集。芳深 6 井区主控断层徐西断裂倾角较陡，火山岩体受徐西断裂控制呈裂隙式喷发，一方面，沙河子组生成的煤成气能通过断层进入该火山岩体储层中，另一方面喜马拉雅期岩浆热液活动也可使CO_2热液流体通过断裂或火山通道裂缝系统进入该火山岩体中，从而形成含CO_2气的混合气藏。部分CO_2气通过断裂进入上部登娄库组储层中，如芳深7井K_1d^2段试气CO_2含量为10.9%左右。

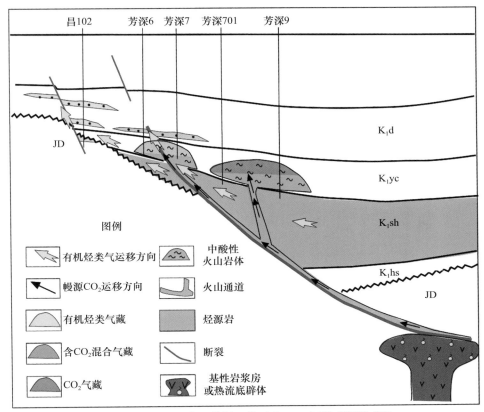

图4-14　芳深9井和芳深6井区含CO_2气藏成藏模式图

三、长深1气藏

长深1气藏位于长岭断陷中部凸起带哈尔金控陷断裂的陡坡带上，发现井为长深1井。2005年，长深1井在营城组3544.90～3900.66m测试获得日产$46.12\times10^4m^3$的工业气流，CO_2含量平均为27%。长深1气藏天然气探明地质储量为$551.87\times10^8m^3$，其中CO_2储量为$145.09\times10^8m^3$。

（一）气藏基本特征

1. 圈闭及储盖特征

长深1区块营城组三段顶面构造表现为西倾的断鼻构造，构造顶部宽缓，西翼较陡，最大圈闭线为–3725m，高点海拔为–3400m，幅度为325m，圈闭面积为$93.47km^2$（图4-15）。

构造东部受哈尔金断层控制，断层呈 NE 走向，延伸长度为 20km，断距为 20～220m，具有南大北小的特点。构造翼部南部断层发育较少，北部发育 10 条近 SN 走向的断层，断层延伸长度为 2～6km，断距为 20～30m。

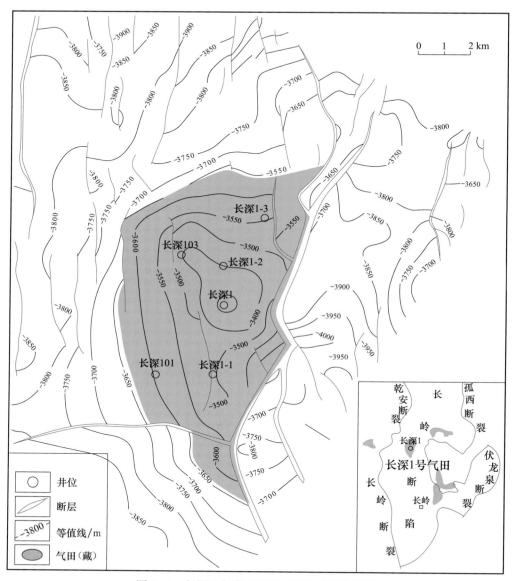

图 4-15 长深 1 气藏营城组三段构造等值线图

长深 1 气藏烃源岩主要为沙河子组湖相泥岩和煤层，储层为营城组火山岩和登娄库组砂岩，盖层为登娄库组下部泥岩和泉头组一段泥岩，发育上、下两套不同的成藏组合（图 4-16）。

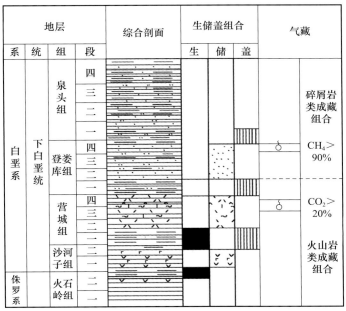

图 4-16 长深 1 气藏生储盖组合图

营城组一段火山岩储层主要为酸性、中酸性火山岩，具有较好的储集能力。长深 1 井钻遇火山岩 365m。主要岩性由爆发相和溢流相组成，包括流纹岩（长深 1 井）、晶屑凝灰岩（长深 1-3 井）、熔结凝灰岩（长深 1-3 井）。

长深 1 气藏钻井揭示营城组火山岩为 206～374m，岩性主要为流纹质晶屑熔结凝灰岩和流纹岩，孔隙较发育，孔隙度最大 23%，一般为 3%～9%，平均为 6.64%；渗透率最大为 17.31mD，一般小于 0.05mD，平均为 0.66mD，测井解释孔隙度为 3%～24%，平均孔隙度为 5.7%，具有较好的孔渗性，为深层相对好的储层。

登娄库组发育的辫状河砂体为主要碎屑岩储层，岩性以粉、细砂岩为主，局部含砾，岩石类型多为细中粒岩屑长石或长石岩屑砂岩，岩石矿物成熟度较高，石英含量为 28%～40%，长石为 27%～31%，岩屑为 29%～35%，岩屑成分主要为火山岩，分选较好，磨圆呈次棱 - 次圆状，接触关系以点、线接触为主。石英加大发育，方解石、含铁方解石孔隙式胶结，分布较均匀，个别岩屑被彻底交代。受石英加大、长石加大及胶结物充填的影响，岩石孔隙发育较差，局部见弯曲状溶蚀缝。粒内溶孔和粒间溶孔较发育，面孔率为 0.5%～2.5%，岩心分析孔隙度为 2.1%～7.1%，渗透率为 0.08～7.3mD，为低孔、低渗储集层。

长深 1 营城组气藏主要的盖层是登娄库组下部泥岩，累计厚度为 66～152m，占地层厚度的 30%～49%。在营城组之上覆盖了 15～40m 厚的泥岩为其直接盖层，气藏直接盖层泥岩质纯、性软、厚度大，分布稳定，向构造翼部有加厚的趋势，为营城组火山岩天然气聚集起到良好的封盖作用。

2. 气藏特征

营城组火山岩气藏天然气分布受储层物性和构造双重控制。构造高部位的长深 1 井、长深 1-2 井、长深 103 井含气井段长，气柱高，构造低部位的长深 1-3 井含气井段小，气柱低。

天然气分布受储层非均质性影响较大。近火山口的火山岩储层物性好，含气饱满，远离火山口的火山岩储层物性差，含气饱和度低。如长深 1 井火山岩含气饱满程度较长深 1-3 井高。纵向上天然气的分布受火山岩的相带和储层岩性的控制，一般溢流相的原地溶蚀角砾岩和上部亚相的流纹岩含气较饱满，含气饱和度为 70%～80%，溢流相的中部亚相和爆发相的熔结凝灰岩物性差，束缚水饱和程度高，含气性差，含气饱和度为 30%～50%。

由于火山岩储层裂缝发育，裂缝内流体较活跃，产生的次生孔隙沿断裂呈串珠状分布。断裂沟通了原生孔隙和次生孔隙，改善了火山岩储层物性，加上 CO₂ 气体的存在，导致溶蚀孔缝比较发育，改善了火山岩的总体储集性能和连通性，使气藏具有统一的气水界面，属于同一个气水系统。气藏东部受 NE 走向的断层控制，翼部受构造控制，底水特征明显，电阻率具有明显的台阶。综合地质录井、地层测试和测井解释成果，确定气水界面深度为 −3643m，最大气柱高度为 260m。天然气分布主要受构造控制，气藏类型为底水构造气藏（图 4-17）。

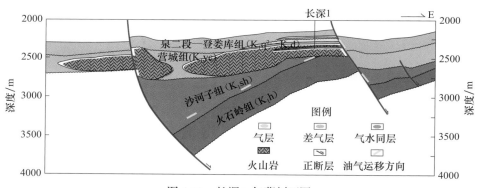

图 4-17 长深 1 气藏剖面图

登娄库组砂岩气藏有 5 口井钻揭，均见到较好的气测显示。长深 1-3 井和长深 103 井试气结果未产水，测井解释也未见明显的水层。天然气分布主要受储层砂体分布控制，同一构造的探井，含气井段和饱满程度受砂体发育程度不同而有所差异，如位于长深 1 区块构造高部位的长深 1 井、长深 1-2 井登娄库组辫状河道发育相对较差，含气层厚为 110～130m，含气饱和度为 30%～50%；处于构造较低部位的长深 1-3 井、长深 1-1 井登娄库组位于辫状河主河道发育区，含气层厚为 142～147m，含气饱和度为 60%～65%，含气性明显因为砂体的发育而优于构造高部位含气层。长深 1 区块天然气主要分布于 I～Ⅳ砂组，同一砂组的砂岩，井间岩性变化快，含气性变化大。由此可见，登娄库组天然气分布主要受岩性控制，气藏类型为岩性气藏。

（二）天然气地球化学特征及成因

1. 组分特征

长深 1 井、长深 1-2 井、长深 103 井等天然气组分数据表明，在气水界面之上或气水界面之下较浅深度内天然气组分数据基本一致，是以烃类气为主的混合气；气水界面之下较深的层段中 MDT 测试天然气组分中 CO$_2$ 含量很高，反映的应是水层中溶解气的组分。这是因为 CO$_2$ 在水中的溶解度远大于甲烷，CO$_2$ 在水层中多以水溶气的形式存在，比甲烷有优势，在水层中溶有大量 CO$_2$，从而造成气水界面以下含有较多的 CO$_2$。

此外，不同气藏天然气组分有明显不同。营城组火山岩气藏中甲烷含量为 61.78%～77.76%，平均为 67.71%，CO$_2$ 含量为 13.74%～31.91%，平均为 24.88%，干气特征，CO$_2$ 含量较高，为高含 CO$_2$ 气藏；登娄库组砂岩气藏甲烷含量为 92.06%～92.68%，平均为 92.37%，CO$_2$ 含量为 0.34%～0.73%，平均为 0.54%，具干气特征，CO$_2$ 含量很低，为纯的烃类气藏（表 3-2）。

2. 碳同位素特征

通过对长深 1 营城组火山岩气藏 11 个样品天然气同位素分析统计，甲烷碳同位素 $\delta^{13}C_1$：–26.5‰～–18.32‰，乙烷碳同位素 $\delta^{13}C_2$：–27.02‰～–20.73‰，CO$_2$ 碳同位素 $\delta^{13}C_{CO_2}$：–11.90‰～–4.63‰。根据甲烷碳同位素、乙烷碳同位素和干燥系数（C$_1$/C$_2$+C$_3$）划分成因类型图版，营城组气藏烃类气主要分布在煤成气区域，极少点分布无机气和煤成气区；甲烷氢同位素 δD_1 为 –297‰～–192‰，乙烷氢同位素 δD_2 为 –154‰，具有 $\delta D_1 < \delta D_2$，且氢同位素较重的特征，判断应为高成熟煤成气；CO$_2$ 碳同位素普遍大于 –8‰，个别小于 –10‰的样品是位于水层中，这是因为从水层中解析出来的 CO$_2$ 经受了较强的同位素分馏作用，从而使 CO$_2$ 碳同位素降低。利用 CO$_2$ 含量和 CO$_2$ 碳同位素成因类型鉴别图版，长深 1 井营城组 CO$_2$ 主要分布在无机 CO$_2$ 区；氦同位素 ^{3}He/^{4}He 为 $2.65×10^{-6}$～$2.94×10^{-6}$，$R/R_a > 1$，表明是典型的幔源气。综上所述，营城组火山岩气藏中为有机成因高成熟煤成气与无机成因 CO$_2$ 气组成的混合气藏，且以烷烃气为主。

登娄库砂岩气藏为典型干气，干燥系数 C$_1$/C$_{2+3}$ 为 33.24～53.26，为典型的煤成气特征。虽然没有碳同位素测试数据，但据其与下伏火山岩气藏的伴生关系，推测其中烷烃气也为高成熟的煤成气。

（三）CO$_2$ 和烷烃气分布特征及成因解释

长深 1 气藏具有两个明显的特征：一是长深 1 气藏发育有深部营城组气藏和登娄库组中浅层气藏，这两个不同层位的气藏，除储集层岩性不同外，还存在明显的 CO$_2$ 含量上的差异，营城组气藏 CO$_2$ 含量一般为 13.74%～31.91%，平均为 24.88%，烃类气甲烷含量为 61.78%～77.76%，平均为 67.71%；登娄库组气藏是以甲烷为主的烃类气，甲烷平均含量为 92.37%，CO$_2$ 含量平均只有 0.54%。另外，长深 1 营城组气藏与相邻的长深 2、4 井营城组气藏相比，CO$_2$ 含量也较低。以上特征是由以下两方面原因引起。①CO$_2$ 运移通道发育程度造成营城组和登娄库组 CO_2 含量的差异。根据地震剖面的解释,推测长深1火山岩是属于以中心式喷发为主的火山岩体,不完全受哈尔金断裂的控制。由于火山通道相发育裂缝,从而可以成为气体运移通道之一,幔源 CO_2 主要通过火山通道运移至火山体储层聚集,由于登娄库组下部的泥岩盖层封隔而难以继续向上部地层运移(图4-18)。而烃类气则由于哈尔金断裂的沟通,可分别运移进入营城组和登娄库组储层中。 CO_2 以古火山通道为运聚通道且古火山通道与哈尔金断裂不重合,是造成长深1气藏营城组和登娄库组中 CO_2 含量差异大的原因。② CO_2 运聚成藏期要晚于烃类气成藏期也是原因之一。喜马拉雅期,古火山通道运聚时哈尔金断裂已不再活动,因而, CO_2 未上运到登娄库组储层中。

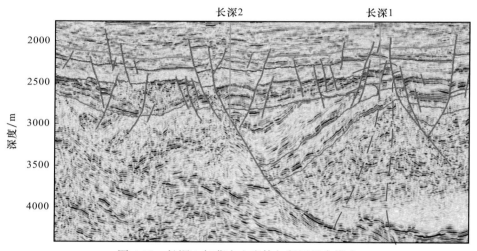

图4-18   长深1气藏火山岩体与断层组合模式

营城组气藏 CO_2 含量不是很高,仍以烃类气为主,这主要是与长深1气藏所处的构造部位有关。长深1气藏所处的哈尔金古隆起,是一个长期继承性的古隆起,位于乾安次洼和黑帝庙次洼中天然气长期运移的优势方向上,具有得天独厚的烃类气聚集条件,有利于烃类气的聚集。在烃类气大量聚集之后,喜马拉雅期 CO_2 沿着古火山通道,充注进入营城组火山岩储层中,使得烃类气和 CO_2 在营城组火山岩储层中发生混合,但烃类气的总量相对于 CO_2 占优势,从而形成以烃类气为主、 CO_2 为次的混合气藏。

四、长深2、4、6、7气藏

长深2、4、6、7气藏天然气组分分析表明, CO_2 含量均超过90%,属 CO_2 气藏。这些气藏具有与长深1气藏相似的成藏地质条件,在此简单论述。

(一)长深2气藏

长深2气藏位于前神字井构造,为一短轴穹隆构造,与长深1气藏相邻(图4-18)。长深2井营城组火山岩3791~3809m,测试获得日产气 $13×10^4m^3$ 的高产气流, CO_2 含量高达98%。

1. 气藏基本特征

长深 2 气藏与长深 1 气藏具有相似特征，主要烃源岩为沙河子组。储层也发育登娄库组碎屑岩和营城组火山岩两种类型，登娄库组碎屑岩储层主要为河流相砂体，岩性为泥质粉砂岩、粉砂岩、细砂岩；营城组火山岩储层主要为爆发相空落沉积，岩性以酸性流纹质熔结凝灰岩、火山凝灰角砾岩和玄武岩为主，孔隙度为 0.8%～12.8%，渗透率为 0.01～0.34mD，测井解释孔隙度一般为 2%～9%，最大为 11%，比长深 1 井物性要差。长深 2 井登娄库组底部发育 2～6m 薄层泥岩和粉砂质泥岩，为营城组气藏的直接盖层。

长深 2 气藏储层为营城组火山岩和登娄库组砂岩，盖层为登娄库组底部泥岩和泉头组一段泥岩，也可分出营城组火山岩和登娄库组砂岩两套储盖组合。

据对长深 2 气藏断裂系统分析，长深 2 井气藏发育前神字井控陷断裂，前神字井断裂规模大，具有断陷期活动和长期活动的特点，向下收敛于拆离带中，为幔源 CO$_2$ 上运通道（图 4-18）。

2. 天然气地球化学特征及成因

长深 2 井天然气组分分析表明，营城组天然气组分 CO$_2$ 含量超过了 98%，甲烷碳同位素 $\delta^{13}C_1$：$-17.4‰$～$-15.9‰$，CO$_2$ 碳同位素 $\delta^{13}C_{CO_2}$：$-7.3‰$～$-5.7‰$。登娄库组甲烷碳同位素 $\delta^{13}C_1$：$-19.2‰$，乙烷碳同位素 $\delta^{13}C_2$：$-24.8‰$～$-24.4‰$，CO$_2$ 碳同位素 $\delta^{13}C_{CO_2}$：$-7.5‰$～$-5.9‰$。由此判断，营城组和登娄库组 CO$_2$ 主要是无机幔源成因气。

3. CO$_2$ 和烷烃气分布特征及成因解释

通过对长深 2 气藏的剖析，可以发现两个比较特殊的地质现象，一个是长深 2 气藏与长深 1 气藏相邻，成藏地质条件接近，但 CO$_2$ 含量远高于长深 1 气藏；另一个是长深 2 气藏也发育有营城组气藏和登娄库组气藏，但这两个气藏均含有高浓度的 CO$_2$。这是由于前神字井构造长期位于哈尔金构造低部位（图 4-18），烃类气更有利于向高部位的构造聚集，从而造成前神字井构造中没有聚集烃类气，喜马拉雅期 CO$_2$ 沿前神字井断裂和古火山通道，充注进入储层形成纯 CO$_2$ 气藏。由于长深 2 气藏的 CO$_2$ 运聚通道是前神字井断裂，该断裂断穿营城组和登娄库组储层，有利于 CO$_2$ 进入这两套储层；同时长深 2 井营城组气藏之上仅发育 2～6m 的薄盖层，其盖层条件比长深 1 井要差，致使 CO$_2$ 向上扩散，使登娄库组气藏也富含 CO$_2$。

（二）长深 4 气藏

长深 4 气藏位于神北构造，为破断层复杂化的短轴穹隆构造，圈闭面积为 8.3km^2，幅度为 75m。长深 4 井深 4313～4320m，8mm 油嘴日产气 2.83×10^{4}m^3，营城组 CO$_2$ 含量高达 98%，登娄库组也高含 CO$_2$，含量也达 98%。

1. 气藏基本特征

长深 4 气藏与长深 2 气藏地质特征相似，同受前神字井断裂控制。储层也发育登娄库组碎屑岩和营城组火山岩两种类型。登娄库组储层主要为河流相砂岩，岩性为粉砂岩、细砂岩。营城组火山岩是气藏的主要储层，其顶部深度为 4260m，由上往下发育三个序列：第一序列表现为顶部为一薄层流纹质火山角砾岩，下部为凝灰质泥岩，砾岩和粉砂岩不等厚互层；第二序列为多套厚层酸性流纹岩、英安岩夹薄层酸性凝灰岩、火山角砾岩，在每套溢流相的顶部发育一套厚度不等的原地淋滤角砾岩；第三序列为酸性的火山角砾、凝灰岩、凝灰角砾岩夹薄层的英安岩、沉凝灰岩。长深 4 井物性分析，产气层的孔隙度为 1.0%～8.3%，测井解释孔隙度一般为 3.5%～12%。在登娄库组底部发育辫状河以泥岩为主的地层，泥岩累计厚度约 60m，可作为营城组的盖层。

长深 4 气藏储层为营城组火山岩和登娄库组砂岩，盖层为登娄库组底部泥岩和泉头组一段泥岩，也可分营城组火山岩和登娄库组砂岩两套储盖组合。

2. 天然气地球化学特征及成因

长深 4 井天然气组分分析表明，营城组天然气组分 CO_2 含量为 98.63%～99.27%，基本上都是 CO_2，与长深 2 井属于同一来源的 CO_2，主要是无机幔源成因气。

3. CO_2 和烷烃气分布特征及成因解释

长深 4 气藏与长深 2 气藏的共性特征是营城组气藏和登娄库组气藏 CO_2 含量相当高，烃类气很少，主要原因是该气藏也是长期位于哈尔金古隆起的低部位，烃类气聚集条件差；前神字井断裂为幔源 CO_2 运移提供通道，使得 CO_2 强充注至营城组火山岩储层和登娄库组储层中，形成纯 CO_2 气藏。

（三）长深 6 气藏

长深 6 气藏位于黑帝庙构造，为穹隆构造，营城组顶面 T_4 高点海拔为 –3650m。长深 6 井深 3724～3733m，14mm 油嘴测试日产气 15.06×10⁴m³，营城组 CO_2 含量在 97% 以上。

1. 气藏基本特征

长深 6 气藏营城组主要为火山岩，登娄库组底部发育以泥岩为主的地层，泥岩累厚度约 60m，可作为营城组的盖层。长深 6 井产气层主要为营城组火山角砾岩和火山熔岩，物性分析的孔隙度为 2.4%～7.3%，测井解释孔隙度一般为 3.5%～12%。

长深 6 气藏储层为营城组火山岩和登娄库组砂岩，登娄库组底部泥岩为营城组火山岩盖层，泉头组一段泥岩为登娄库组盖层，发育营城组火山岩和登娄库组两套储盖组合。

2. 天然气地球化学特征及成因

长深 6 井营城组天然气组分 CO_2 含量超过了 97%，甲烷碳同位素 $\delta^{13}C_1$：–26‰～–16.8‰，CO_2 碳同位素 $\delta^{13}C_{CO_2}$：–6.9‰～–6.2‰。营城组天然气主要是无机幔源成因气。

3. CO_2 和烷烃气分布特征及成因解释

长深 6 井气藏营城组基本为纯的 CO_2 气藏，登娄库组尚未有天然气的发现，显示出与长深 2、4 气藏的差异。这与断裂的不发育及 CO_2 运移通道有关。从地震剖面解释，长深 6 火山岩体为中心式喷发，具有独立的火山通道，且火山岩体远离控陷断裂。推测深部幔源 CO_2 主要是以古火山通道为运移通道进入到营城组成藏。断裂未起到 CO_2 运移通道的作用，且在

CO₂运聚之前已不再活动，没能将CO₂导通到登娄库组储层中成藏。

（四）长深7气藏

长深7气藏位于孤西次凹北4号构造，为断隆构造，T₄高点海拔为-3500m。长深7井钻井过程中出现两次井喷或井涌，气测录井CO₂含量最高达到75.2%，CH₄含量最大仅为0.37%。

1. 气藏基本特征

长深7井钻揭营城组火山岩厚度160m，以中-酸性的英安岩为主，含少量粗面质安山岩，主要发育溢流相，顶部发育少量爆发相沉积，火山岩储层为溢流相的顶部和下部局部层段，物性较差，孔隙度为2%～6%，FMI测试火山岩段上部裂缝相对发育，局部层段微裂缝发育。登娄库组岩性为细砂岩、粉砂岩和泥岩，砂岩孔隙度测井解释小于8%，泥质含量高，渗透率普遍较低，主要为辫状河-曲流河心滩或河道相沉积，底部发育辫状河以泥质岩为主的地层，泥岩累计厚度约为10m，可作为营城组的盖层。

长深7气藏储层为营城组火山岩和登娄库组砂岩，登娄库组底部的泥岩为营城组火山岩气藏的盖层，泉头组一段泥岩为登娄库组盖层，发育营城组火山岩和登娄库组两套储盖组合。

2. 天然气地球化学特征及成因

长深7井营城组天然气气测组分中CO₂含量达99.45%，根据CO₂含量及相邻气藏的特征，判断其为无机幔源成因气。

3. CO₂和烷烃气分布特征及成因解释

该区位于孤西基底大断裂控制的陡坡带，在陡坡带附近形成近物源的粗粒碎屑物，这种碎屑物分选差、物性差，有效阻止了洼陷中心烃源岩生成油气向陡坡带的运移，加上孤西断裂长期活动，保存条件差，不利于烃类气的聚集。长深7井CO₂气藏的形成受断陷期强烈活动和后期长期活动的孤西基底断裂的控制。孤西断裂具有长期活动的特点，规模较大，向上断至浅层，在反转期部分发生反转，向深部收敛于拆离带，是幔源CO₂上运的通道。喜马拉雅期幔源CO₂沿着孤西基底大断裂运移，进入营城组火山岩储层形成CO₂气藏，另外，在长深7气藏上方的孤店反转构造带上也发现了高含CO₂混合气藏，推测也是幔源CO₂沿着孤西反转基底大断裂向上运聚的产物。

五、刁家气田

刁家气田位于东部断陷带德惠断陷东部，包括德深5区块和德深7区块。德深5井在营城组获得日产天然气200～350m³，CO₂含量为90%～99%，为CO₂气藏。

（一）气田基本特征

刁家气田德深5井区位于次洼斜坡上的由德东控陷断层控制的断鼻构造，圈闭面积为180km²，高点海拔为-2500m，幅度为200m，德深5井位于NE向展布的刁家水下扇体上（图4-19、图4-20）。控藏断裂为德东控陷基底大断裂，该断裂断穿营城组，在断陷期持续活动，拗陷期停止活动，规模较大，向下变缓收敛于拆离带中，是该区火山岩上涌和 CO_2 上运的主要通道（图4-20）。

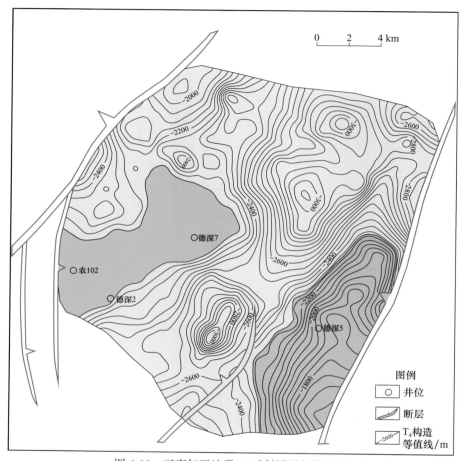

图4-19　刁家气田地震 T_4 反射层局部构造图

德深5井营城组中下部为火山岩类储层，主要为英安岩、凝灰岩，由于风化剥蚀程度中等-强，孔隙式胶结，储集空间主要为原生孔隙和裂缝，可作为储层，气层主要储于火山岩类储层中，营城组气藏主要盖层是营城组顶部的泥岩，泥岩单层厚度较大，岩性压实作用强，具有较好的封盖性。

（二）天然气地球化学特征及成因

刁家气田德深7气藏和德深5气藏组分相差比较大，德深7气藏中德深2井天然气组分中，甲烷含量较高，为81%～87%，CO_2 含量为8%～11%，德深7井气测也显示以烃类气为主；德深5井气藏 CO_2 含量高达98%，基本上都是 CO_2，CO_2 为无机成因幔源气。

（三）气藏中 CO_2 与烷烃气分布特征及成因解释

刁家气田德深7气藏和德深5气藏营城组气藏天然气组分差别很大，德深5井气藏的

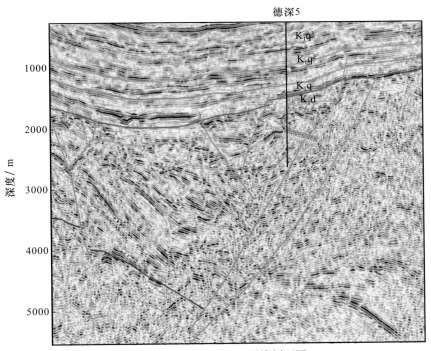

图 4-20　刁家气田 538 测线剖面图

CO₂ 远远高于德深 7 气藏，出现这种差异可能与断裂的沟通情况有关，德深 7 气藏临近烃源岩，远离德东大断裂，发育油源断裂，但没有直接的、更深的断裂，因此有利于气藏烃类气的充注，而不利于 CO₂ 的充注；德深 5 气藏靠近德东基底大断裂，德东基底大断裂规模大，向下收敛于拆离带，更有利于幔源 CO₂ 的沟通而使其形成 CO₂ 气藏（图 4-20）。

六、万金塔气田

万金塔气田位于东南隆起区德惠断陷万金塔构造，有 7 口井揭示 CO₂ 气藏，天然气富集层位为泉头组三段和营城组。发现井是由吉林省石油会战指挥部 1977 年钻探的万 2 井，并于 1980 年在泉头组三段获日产 CO₂ $13.13 \times 10^4 m^3$。1978～1983 年，地质矿产部钻探了万 4 井、万 5 井，均见高含 CO₂ 气流；1988 年，在万 6 井测试获工业 CO₂ 气流；1993～1996 年，万 101 井、万 106 井和万 111 井单井日产天然气 0.5×10^4～$13.1 \times 10^4 m^3$，天然气组分以 CO₂ 为主，CO₂ 占 89%～99%。

（一）气田基本特征

1. 圈闭及储盖特征

万金塔构造为一被断层复杂化的 NE 向穹隆背斜，是在古生界变质岩断块及火山岩体基础上发育起来的披覆构造。在晚侏罗世，受燕山运动的影响，伴随断裂活动和岩浆活动，形成 NE 向地垒雏形；下白垩统泉头组沉积时期，构造呈现顶薄翼厚的特点；青山口组至嫩江组沉积时期，构造继续发育，构造幅度加大；嫩江组末期，强烈构造运动使构造进一步抬升，使其顶部嫩江组三段、嫩江组四段、上白垩统遭受剥蚀，第四系不整合在嫩江组一段、嫩江组二段之上，形成现今构造形态。构造幅度上小下大，泉头组顶闭合幅度为100m，圈闭面积为44km²，下部构造层闭合幅度为200m，圈闭面积为30~35km²，两翼倾角下陡上缓，上部对称、下部不对称（戴金星等，1995）（图4-21）。

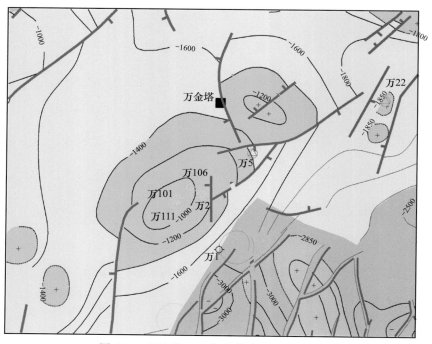

图4-21　万金塔CO_2气藏构造图（单位：m）

　　万金塔构造具有底辟构造的环状与放射状断裂系统。从区域特征看，该构造带为一区域重磁场梯度带，显示深部存在一条基底大断裂带——哈尔滨-四平断裂带，该断裂带不仅控制了上侏罗统火石岭组至下白垩统营城组的发育，同时又是嫩江组沉积末农安-四家子构造带形成的主要控制因素，是一个切割深度大、长期活动的大断裂。在地震剖面上，万金塔构造深部存在岩浆底辟体，表明该断裂带至少是一条切穿上地壳的断裂（图4-22）。因此，长期活动的大断裂对万金塔气藏的形成起主要控制作用。

　　气藏主要储气层为泉头组三段砂层和营城组砂岩。泉头组储层岩性为灰白-浅灰色粉、细砂岩，砂岩厚度分布厚薄不一，万1井砂层累计厚度32.4m，砂岩单层厚度可达5m以上，万1井以南地区砂岩层最为发育，砂岩与地层厚度比在20%~30%以上，万金塔气藏主体分布区与砂岩发育区基本相吻合；泉头组三段储层孔隙度平均为18.9%，渗透率平均为2.3×10⁻³μm²，为良好储层。营城组储气层主要发育于营城组一段，以粉砂岩、细砂岩和含砾粉砂岩为主，万17井物性分析有效孔隙度为3.3%~8%，渗透率0.01×10⁻³~0.47×10⁻³μm²，

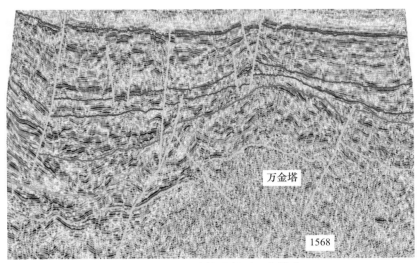

图 4-22 万金塔构造断层组合模式

万 111 测井解释出气井段（1382～1389m）孔隙度可达 18%，可见由于营城组储层埋藏较浅，仍具有一定的储集能力。

营城组气藏直接盖层是营城组上部砾岩和泥岩；泉头组储、盖配置关系较好，储气层之间的泥岩层发育，横向较稳定，厚度一般为 10～14m，可作为气藏的直接盖层，使各储气层之间互不连通，其中，泉头组三段上部泥岩层尤为发育，占地层厚度 60% 以上，其封闭性较好。上白垩统青山口组，为深湖-浅湖相沉积，泥岩厚度大于 100m，横向分布稳定，岩性致密，渗透性差，是深源气不易逾越的良好区域性盖层。

2. 气藏特征

气藏主要发育于泉头组和营城组。泉头组气藏位于泉头组一、二、三段，其中，泉三段为主要产气层；营城组气藏主要分布于断裂两侧。由下至上分为多个气层，各气层之间互不连通，有各自独立的水动力系统，说明各储层之间的泥岩夹层具有一定的封闭性，同时断层也起着侧向封闭作用。CO_2 的分布受断层控制，各气层 CO_2 主要分布在断层两侧。此外，气藏分布还受构造圈闭的控制，气水界面的展布与构造等高线基本一致（图 4-23）。

（二）气体地球化学特征及其成因

1. 组分特征

万金塔气田天然气中 CO_2 含量为 60%～99%，一般大于 85%，甲烷含量为 0.13%～37.53%，烃类气与 CO_2 气共存，但以 CO_2 为主。除万 2 井气层上部含甲烷较高外，一般甲烷含量小于 10%；重烃气含量为 0～2.12%，主要为乙烷，此外，还含一定量的氮气（0～2.57%）及微量氩、氦等稀有气体。

2. 碳同位素特征

万金塔气田甲烷碳同位素值 $\delta^{13}C_1$ 为 −45.37‰～−38.66‰，分布在油型气与煤成气混合

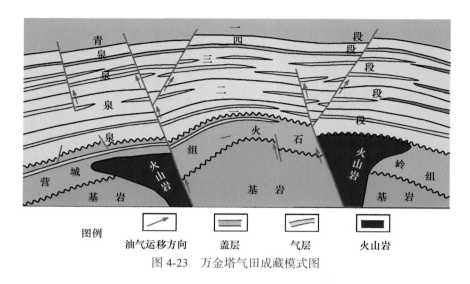

图 4-23 万金塔气田成藏模式图

区内，说明万金塔气田甲烷气主要是由下白垩统烃源岩生成的煤成气与油型气混合而成。

万金塔气田 CO_2 碳同位素值 $\delta^{13}C_{CO_2}$ 为 –8.83‰～–4.04‰，CO_2 碳同位素明显偏重，$\delta^{13}C_{CO_2} > $ –10‰，具有无机成因 CO_2 的特征。

万金塔气田高含 CO_2 天然气的氦同位素中普遍高含 ^3He，$^3He/^4He$ 值为（3.16±0.09）×10^{-6}～（6.94±0.20）×10^{-6}，R/R_a 为 2.26～4.96，明显有幔源氦的加入，从侧面说明 CO_2 主要也来源于地幔。

（三）CO_2 与烷烃气分布特征及成因解释

万金塔气田是以 CO_2 为主的气藏，呈多层分布的特点，主要分布于泉头组砂岩储层。这主要是因为万金塔构造所处的烃源条件相对较差，烃类气的充注较弱。但万金塔构造发育基底断裂，并且断裂在断陷期—拗陷期—反转期均有活动，尤其在反转期的活动有加强特点，因此，幔源 CO_2 以断裂为运移通道，聚集在泉头组物性比较好的储层中，并出现了多层位分布的格局（图 4-23）。

第三节 天然气成藏期次与成藏过程

对于松辽盆地高含 CO_2 气藏的成藏期次，特别是烃类气和 CO_2 的充注先后及时间上的认识争议仍较大。流体包裹体分析是探讨天然气成藏期次的重要手段。本节对已发现的典型火山岩高含 CO_2 气藏和碎屑岩高含 CO_2 气藏储层开展了系统的流体包裹体研究。通过镜下对包裹体岩相学观察、测温和成分的测试分析，搞清储层中包裹体期次、特征，确定烃类气和 CO_2 气的成藏次序及期次，重建高含 CO_2 气藏的成藏过程。

一、典型火山岩高含 CO_2 气藏包裹体特征及成藏期次

（一）火山岩中流体包裹体类型及岩相学特征

对火山岩储层而言，根据包裹体在火山岩中的存在状态，包裹体可以划分为熔融包裹体和流体包裹体。熔融包裹体又称玻璃质包裹体，一般可以见到气＋固两相，固相为未结晶或脱玻化的玻璃质硅酸盐，气相所占比例一般小于 50%；产状上，该类包裹体一般随机零散分布，因此成因上多属原生包裹体。这种包裹体反映的是岩浆冷却结晶成岩过程，不属于成岩、成藏研究的对象。此外，在火山岩储层中可见大量发育的流体包裹体，一般为气＋液两相，也有单一气相和单一液相。根据其成因，又可进一步分为赋存在石英斑晶中的原生流体包裹体（其中的气相组分反映了从火山岩浆中析出的气体组分）和赋存在成岩过程中各种自生矿物（如自生胶结物、裂缝愈合物、自生矿物、裂缝充填物）中的流体包裹体。对于油气成藏研究，研究的对象应是成岩过程中形成的各种类型的流体包裹体。因此，在火山岩流体包裹体研究中，一项十分重要和基础的工作是开展详细的岩相学观察，确定包裹体类型和分布特征，挑选出真正能反映成岩、成藏信息的流体包裹体，再进行均一温度和成分的测试工作。

通过对松辽盆地多口井火山岩储层中包裹体的分析表明，成岩流体包裹体主要赋存于各种不同的宿主矿物中，如石英斑晶的愈合缝、方解石胶结物、石英脉和方解石脉中。成分分析表明，成岩流体包裹体成分复杂，按成分可分为盐水包裹体、气烃包裹体（主要成分为 CH_4）、含 CO_2 气烃包裹体，此外还有少量的气液烃包裹体，反映了流体包裹体形成的多期性和复杂性。

1. 气液两相盐水包裹体

气液两相盐水包裹体主要沿切穿石英斑晶颗粒的愈合裂隙分布，一般气液比较小，无色透明，形状多不规则，主要呈带状、串珠状分布，大小一般在 $10\mu m$ 以上，大者可达 $30\mu m$ [图 4-24（a）、（b）]，其产状特点显示，该类包裹体属次生成因。此外，在溶蚀孔洞中自生的方解石胶结物中及方解石脉体中也见到少量伴生的气液两相盐水包裹体 [图 4-24（c）、（d）]。

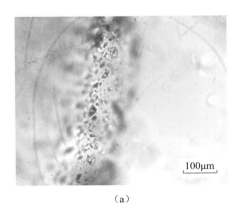

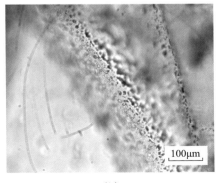

（a）　　　　　　　　　　　　　　　（b）

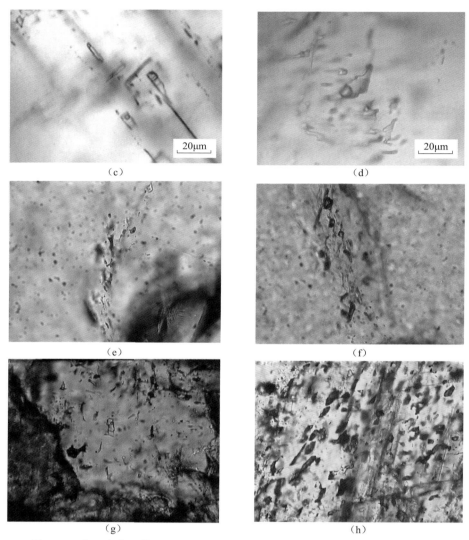

图 4-24　火山岩中石英裂纹、方解石胶结物和方解石脉中的盐水和气烃包裹体

（a）、（b）长深 1 井，石英斑晶裂纹中盐水包裹体；（c）徐深 23 井，3722.05m，方胶中的盐水包裹体；（d）徐深 28 井，4212.64m，方胶中盐水包裹体；（e）徐深 28 井，4209m，石英裂纹中气烃包裹体；（f）徐深 1 井，3444m，石英裂纹中气烃包裹体；（g）升深 2 井，2735m，方胶中气烃包裹体及伴生盐水包裹体；（h）长深 103 井，3727m，方解石脉中气烃包裹体

2. 气烃包裹体

气烃包裹体由气烃（主要成分为 CH_4）或盐水＋气烃组成，在透射单偏光下呈灰色或深灰色，在紫外光（UV）激发下基本不显荧光，气液比一般较大，且变化范围大，一般大于50%，气液比大于80%的包裹体整体呈灰黑色，气液比相对较小的能分辨出气相和液相，气相部分呈灰黑色。气烃包裹体在储层中较为发育，这与该区火山岩储层中主要储集天然气有

关。气烃包裹体主要分布在石英斑晶愈合缝［图 4-24（e）、（f）］、孔洞中自生方解石胶结物［图 4-24（g）］、方解石脉体［图 4-24（h）］中，多呈串珠状或带状分布。

3. 含 CO_2 气烃包裹体

典型的 CO_2 包裹体在室温下具有三相结构：最中间为 CO_2 气相，其次为 CO_2 液相，最外面是水相。在火山岩石英斑晶中的原生流体包裹体中通过成分测试，见到一些呈三相结构特征的 CO_2 包裹体，更多的包裹体气相都是 CH_4 与 CO_2 的混合物（图 4-25）。这是因为火山岩浆中富含 CO_2、CH_4 等气体，在火山岩浆喷发冷却结晶过程中，必然会在石英斑晶中捕获一些富含 CO_2 和 CH_4 的原生包裹体。一般来讲，任何一次油气成藏过程都会在储层中保留一些成藏的原始遗迹——流体包裹体。在 CO_2 气藏储层中应该有非常丰富的 CO_2 包裹体，但对松辽盆地高含 CO_2 的气藏储层流体包裹体研究结果并非如此。本书对松辽盆地 CO_2 气藏的 100 多个储层薄片在显微镜下进行了详细的观察研究，结果发现：不管气藏储层中 CO_2 含量高低如何，储层中都很少发现纯的 CO_2 包裹体，这与米敬奎等（2008）的观察结果是一致的。成分测试表明，少量气烃包裹体中含有 2%～6% 的 CO_2，为含 CO_2 气烃包裹体。

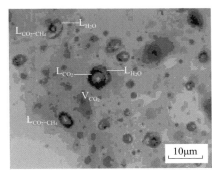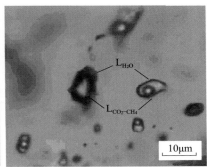

图 4-25　芳深 9 井火山岩中含 CO_2 气烃包裹体

L 为液相；V 为气相

4. 气液烃包裹体及残余储层沥青

通过大量的火山岩储层薄片观察，在徐深 1、徐深 9、德深 5 等井中发现了少量的气液烃包裹体。这些气液烃包裹体主要分布在孔洞中自生石英胶结物中，包裹体形状不规则，单偏光下为浅褐色，UV 激光下发浅蓝白色、蓝白色荧光［图 4-26（a）～（d）］，表明油气成熟度较高，为轻质液态烃，反映了比纯气烃包裹体更早期的油气充注和成藏过程。

此外，早期油气聚集和破坏过程也可反映在储层中的残余黑色沥青上。如在徐深 8 井营城组储层中，在火山岩晶粒与粒间方解石胶结物之间存在着残留的黑色干沥青，从其赋存产状可明显看出，早期原油的充注要早于粒间方解石胶结物的形成［图 4-26（e）］；在长深 1 井营城组火山岩储层中方解石与溶孔边缘之间也存在残余的黑色干沥青，同样表明，早期原油充注先于方解石胶结物形成［图 4-26（f）］；此外，在徐深 1 井营城组储层中，局部见到粒间残余黑褐色沥青［图 4-26（g）、（h）］，反映了早期油气聚集过程。

（二）流体包裹体成分特征

流体包裹体成分主要研究手段是通过激光拉曼光谱对单个包裹体的气相成分进行分析，以及对群体包裹体进行气体成分和碳同位素分析。

1. 流体包裹体气相组分特征

利用激光拉曼光谱对赋存于石英斑晶愈合缝、孔洞中自生方解石胶结物及晚期方解石脉体中的流体包裹体进行了成分测试。结果表明，无论是气烃包裹体还是伴生的盐水包裹体，其气相成分主要是 CH_4，多数包裹体中只检测出极微量的 CO_2 组分或基本不含 CO_2（图 4-27），仅在少量几个样品，如徐深 19 井、徐深 22 井营城组火山岩中的次生包裹体的 CO_2 组分含量超过 15% 以上。

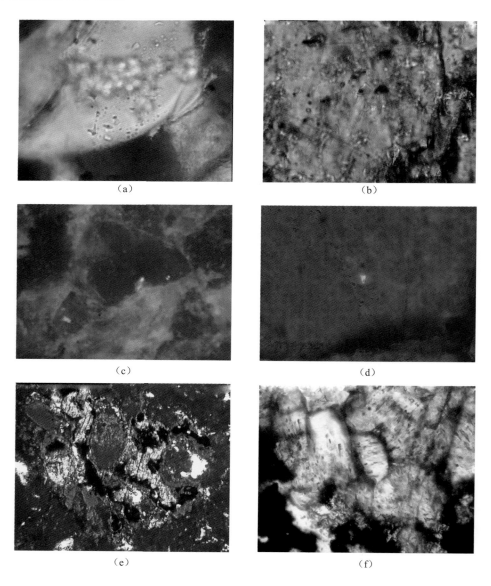

（a）

（b）

（c）

（d）

（e）

（f）

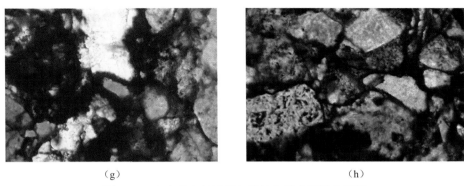

(g)　　　　　　　　　　　　　(h)

图 4-26　火山岩中气液烃包裹体和残余黑褐色沥青

（a）徐深 1 井，3451.70m，自生石英中浅褐色气液烃包裹体；（b）徐深 901 井，3895m，石英裂纹中浅褐色油气包裹体；（c）德深 5 井，2451.5m，石英裂纹中蓝白色荧光气液烃包裹体；（d）老深 1 井，2563.9m，石英裂纹中蓝白色荧光气液烃包裹体；（e）徐深 8 井，3437m，粒间残余黑色沥青，早于方解石胶结物形成；（f）长深 1 井，3575m，溶洞中方胶与溶洞边缘之间见黑色残余沥青；（g）、（h）徐深 1 井，3817.5m，粒间残余黑褐色沥青

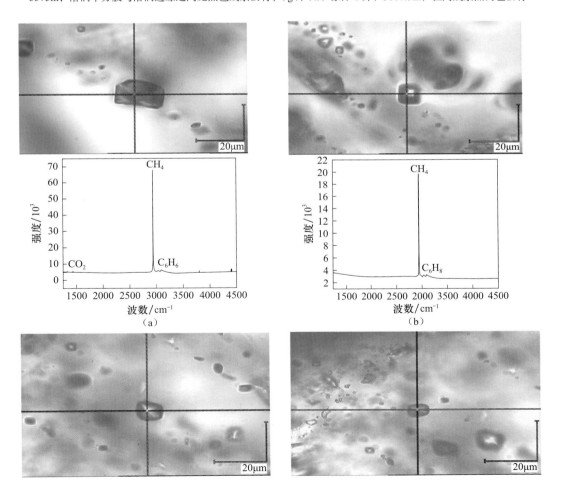

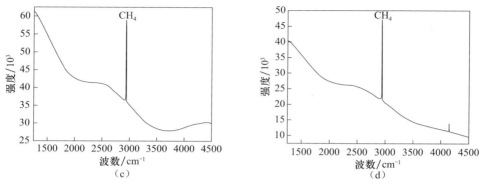

图 4-27 石英斑晶中沿裂隙发育的次生 CH_4 包裹体及其拉曼光谱谱图

从气相包裹体成分统计可以看出，包裹体中 CO_2 含量极低，多数小于 0.5%，甚至未检测出来（图 4-28）。这表明松辽盆地深层火山岩储层尽管发育高含 CO_2 气藏，但 CO_2 气藏储层中发育的主要包裹体类型为气烃包裹体，气体主要成分为 CH_4，CO_2 的组分含量也普遍较低，而且纯的 CO_2 包裹体基本不发育。

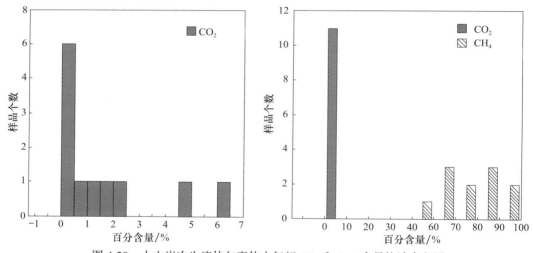

图 4-28 火山岩次生流体包裹体中气相 CO_2 和 CH_4 含量统计直方图

2. 流体包裹体气体碳同位素特征

米敬奎等（2008）对徐深气藏和长深气藏流体包裹体的气体碳同位素进行了测定（表4-2），结果显示包裹体中 CO_2 碳同位素 $\delta^{13}C_{CO_2}$ 为分布范围 −21.7‰～−13.4‰，显示 CO_2 来自壳源，与深层幔源无机 CO_2 碳同位素差别很大，后者分布于 −7.0‰～−5.41‰。从包裹体镜下观察及拉曼成分分析推断，壳源成因的包裹体中的 CO_2 可能与烃类气体同期同源形成，是与 CH_4 气体伴生的 CO_2 成分，而晚期伴随高热流的无机成因的包裹体在总体包裹体成分中占有的量很少，不足以影响 CO_2 整体碳同位素的特征。

表 4-2　松辽盆地典型井储层和包裹体中气体地化特征对比（据米敬奎等，2009）

井号	气体赋存状态	层位	主要组分含量 /%			$\delta^{13}C$/‰			R/R_a
			CH_4	C_2H_6	CO_2	CH_4	C_2H_6	CO_2	
徐深 1	井中	营城组	93.11	2.32	2.08	−26.5	−31.7	−4.1	2.02
	包裹体中	营城组	96.43	2.31	0.56	−27.0		−15.1	
长深 1-1	井中	营城组	77.30	1.75	14.00	−22.2	−26.9	−7.5	2.08
	包裹体中	营城组	96.46	3.34	0.20	−24.5		−14.7	
长深 1	井中	营城组	77.85	0.71	16.50	−20.8	−20.8	−5.3	2.94
	包裹体中	营城组	91.23	7.14	1.63	−22.9		−12.7	
长深 1-2	井中	营城组	18.56	0.44	77.81			−1.8	1.90
	包裹体中	营城组	90.87	3.15	1.56	−22.8		−14.7	
长深 103	井中	营城组	61.82	1.52	31.64	−22.7	−29.0	−11.4	
	包裹体中	营城组	99.56	0.23		−24.2	−27.1	−18.9	
芳深 1	井中	登娄库组	90.32	0.97	0.26	−18.7	−22.4		
	包裹体中	登娄库组	94.56	3.26	0.31	−18.8		−20.2	
芳深 2	井中	登娄库组	90.40	0.58	0.91	−16.7	−19.2		
	包裹体中	登娄库组	97.36	2.34	0.30	−17.1		−15.5	
芳深 7	井中	登娄库组	90.28	1.33	4.65	−23.7	−24.7		
	包裹体中	登娄库组	93.56	4.46	0.89	−24.3		−21.7	
芳深 701	井中	侏罗系	14.21	0.19	84.91	−25.9	−26.8	−5.9	
	包裹体中	侏罗系	93.46	2.64	1.23	−25.5		−13.4	
升深 7	井中	侏罗系	90.69	2.37	2.34	−26.6	−27.7	−6.7	
	包裹体中	侏罗系	98.54	0.54	0.92	−27.5	−25.0	−15.8	

注：R 为样品中的 $^3He/^4He$ 含量比；R_a 为标准大气中的 $^3He/^4He$ 含量比，其值为 1.4×10^{-6}。

（三）天然气成藏时间综合确定

天然气成藏时期的确定主要采取沉积埋藏史、热演化史和烃源岩成熟史相结合的正演方法，将流体包裹体均一温度的峰值与地层中地温演化历史结合起来，确定天然气的充注时间，然后结合其他地质、地化证据，综合确定天然气成藏时间及期次。对主要气藏营城组火山岩流体包裹体均一温度测定结果分述如下。

1. 长深 1 气藏

对长深 1 气藏营城组储层中的方解石胶结物和方解石脉中的包裹体进行了温度测试（图 4-29）。方解石胶结物中包裹体均一温度分布范围较广，表明方解石胶结物形成过程较长，跨越的温度范围较宽，为 76.3～142.1℃，说明天然气充注是一个长期而连续的过程；温度分布峰值区为 110～120℃，代表天然气的主成藏期。方解石脉中包裹体均一温度分布也较宽，

127.6～184.2℃均有分布，但峰值区为160～170℃，方解石脉中大量气烃包裹体的分布，也反映了一期天然气充注过程。

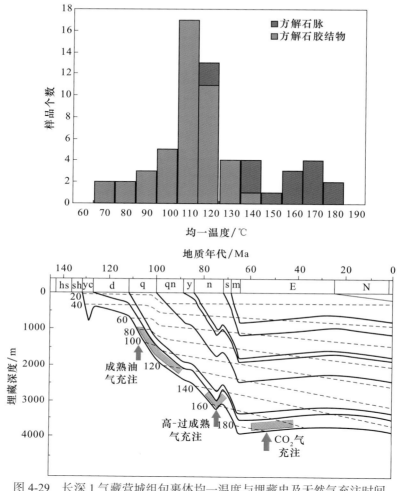

图4-29　长深1气藏营城组包裹体均一温度与埋藏史及天然气充注时间

从长深1井营城组温度演化史推断，天然气充注的时间是从泉头期一直持续到嫩江期，泉头组时期沙河子组开始生油气，但只有少量的天然气充注，当时并没有形成大规模的天然气藏；青山口组——姚家组沉积时期是烃类气体充注的主要时期，温度峰值区为110～120℃；方解石脉的均一温度峰值为160～170℃，对应于嫩江组沉积末期的抬升调整改造过程中形成的裂缝充填，方解石脉体中大量高含量气烃包裹体的发育反映该期是烃类气藏最终形成的时期，含气饱和度达到最大（图4-29）。在长深1-2井储层的石英脉中，发现了高含量CO_2包裹体，与其伴生盐水包裹体均一温度为160～180℃（图4-30）。从岩相学观察，石英脉晚于方解石脉形成，结合古地温演化，确定CO_2开始充注时期应是在古近纪以来。石英脉及高温热流体活动主要受到喜马拉雅期大量玄武岩浆活动的影响。

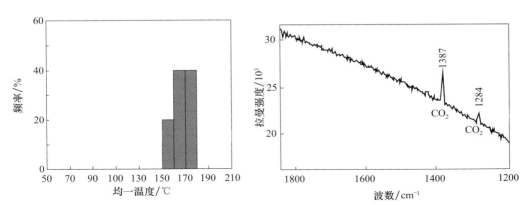

图 4-30　长深 1-2 井营城组含 CO_2 包裹体均一温度及激光拉曼光谱图

2. 徐深 1 气田

主要测定样品分布深度段为 3445~4210m，样品主要采自徐深 8 井、徐深 801 井、徐深 9 井、徐深 901 井、徐深 1 井和徐深 28 井。从石英斑晶愈合缝中的流体包裹体均一温度统计结果看，温度分布范围较宽，为 83.2~169.1℃，具有三个峰值，反映三期天然气充注过程。第一期峰值为 100~110℃，第二期峰值为 130~140℃，第三期峰值为 150~160℃（图 4-31）。方解石脉均一温度峰值为 160~170℃，与石英斑晶愈合缝的第三期温度相一致，应为同一期流体活动。结合徐深 1 井埋藏史、热史来看，天然气第一期充注早在泉头组沉积时期开始，第二期在青山口组—姚家组沉积时期天然气充注达到高峰，第三期在嫩江组沉积末期，反映烃类气的最后一期调整和充注（图 4-31）。徐深 1 井石英脉的均一温度为 181.3~184.2℃，对应于白垩系末—喜马拉雅早期，石英脉中发现有高含 CO_2 包裹体，可能指示了 CO_2 气体在喜马拉雅早期开始充注（图 4-31）。

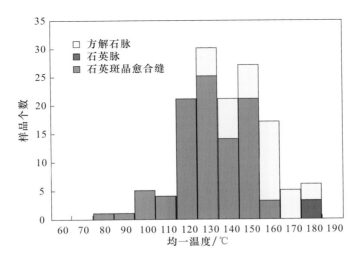

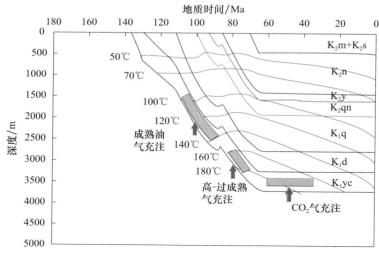

图 4-31　徐深 1 气藏营城组包裹体均一温度与埋藏史及天然气充注时间

3. 刁家气藏（德深 5 井）

测试样品的深度分布范围为 2360～2950m，深度分布范围较宽，采样井包括德深 2 井、德深 5 井和德深 7 井。从石英斑晶愈合缝中的流体包裹体均一温度峰值分布看，也可分为三期：第一期为 80～90℃；第二期为 120～130℃；第三期为高温的流体包裹体，均一温度为 150～170℃（图 4-32）。方解石胶结物测温数据较少，但其温度范围介于石英愈合缝的第一期和第二期之间，也记录了前两期天然气充注过程。结合沉积埋藏史及古地温史的演化，我们确定的成藏期与长深 1 气藏具有相似的特点，即烃类气从泉头期开始充注，一直持续到嫩江组末期，但有三个高峰期，一是在泉头组沉积时期，天然气开始充注，在青山口组—嫩江组沉积早期，天然气充注达到高峰，在嫩江组沉积末期，天然气再次充注，达到最大气藏规模（图 4-32）。在德深 5 井 2451m 营城组中发现有高含量 CO_2 包裹体，与其伴生盐水包裹体

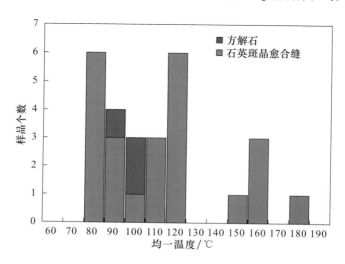

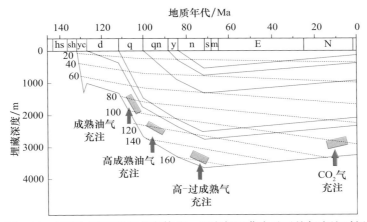

图 4-32 刁家气藏营城组包裹体均一温度与埋藏史及天然气充注时间

均一温度主要集中在 80~100℃（图 4-33），对应的地质时间应是新近纪（10Ma 左右），反映了幔源 CO_2 在新近纪开始充注。

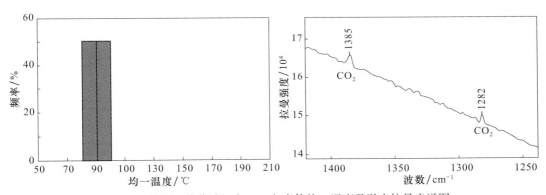

图 4-33 德深 5 井营城组含 CO_2 包裹体均一温度及激光拉曼光谱图

通过以上对典型营城组火山岩气藏包裹体均一温度及天然气充注时间的分析，作者可以确定松辽盆地烃类气成藏特征是在连续充注基础上的三期成藏，这可从包裹体的均一温度分布范围较广，但主要具有三个峰值区的特征上看出。第一期天然气充注发生在泉头组沉积时期，油气开始大量生成，发生成熟油气充注；第二期发生在青山口组—姚家组沉积时期，此时天然气进入生气高峰，发生天然气的大量充注，该期也是烃类气的主要成藏期，包裹体均一温度也主要集中在该期；第三期发生在嫩江组沉积末期，天然气高 - 过成熟，为烃类气的最后一期大规模调整和充注，方解石脉就是在嫩江组沉积末期的构造抬升运动中形成的。而 CO_2 的充注则晚于烃类气的充注，虽然 CO_2 包裹体不发育，但在少量的石英脉中还是发现了少量的高含量 CO_2 包裹体，从其赋存矿物形成期次晚和均一温度高的特征来看，可确定 CO_2 充注应开始于喜马拉雅早期或喜马拉雅晚期。

二、典型碎屑岩高含 CO_2 气藏储层成岩、包裹体特征及成藏期次

松辽盆地中浅层常规碎屑岩储层中也发现了 CO_2 气藏，主要分布在松辽盆地南部，如红岗、红岗北、大安、乾安西、乾安、孤店和万金塔 CO_2 气藏，CO_2 富集层位主要为青山口组、泉三段和泉四段储层。对这几个碎屑岩 CO_2 气藏的储层开展了详细的岩相学观察和包裹体分析，在其中都或多或少地发现了片钠铝石。片钠铝石是 CO_2 注入、运移或逸散的示踪矿物（高玉巧等，2005a）。

片钠铝石由加拿大矿物学家 Dawson 于 1874 年首次发现，故其英文名称为 dawsonite，译为片钠铝石。在片钠铝石 $NaAl(CO_3)(OH)_2$ 的氧化物成分比例中，Na_2O 占 21.52%，Al_2O_3 占 35.40%，CO_2 占 30.56%，H_2O 占 12.51%。作为一种自生矿物，片钠铝石形成于具有高 CO_2 分压的、富碱金属钠和活性铝及 pH 呈碱性的环境中，是唯一一种在 CO_2 分压升高条件下热力学性质稳定的矿物。当 CO_2 注入到沉积层时，形成的片钠铝石是稳定的，但随着 CO_2 在地层水中的溶解及在矿物中的贮存，分压减小，片钠铝石开始分解，而一旦形成矿物结晶析出，CO_2 就从气态变为固态永久储存下来。其形成过程是，当 CO_2 溶于地层水形成酸性流体后，首先交代富钠铝的长石类形成片钠铝石，从而消耗了大量的 CO_2，并导致溶液中 Na^+ 和 Al^{3+} 浓度增加，流体转为碱性，并引起片钠铝石的直接沉淀。

由于形成片钠铝石的 CO_2 与油气在空间上分布的一致性，片钠铝石及其共生的自生矿物将不可避免地携带油气注入、运移等成藏信息，解读这些地质信息显然对于油气的勘探开发具有重要意义。在含油 CO_2 气藏和油藏中，含片钠铝石砂岩记录了 CO_2 与油气双重充注。松辽盆地中浅层 CO_2 气藏中的片钠铝石记录了幔源 CO_2 充注事件，而油气包裹体则记录了油气充注事件，研究含片钠铝石砂岩的成岩序次和包裹体期次，有助于搞清油气与 CO_2 充注的先后次序。

（一）储层成岩特征及成岩序列

对孤店地区几口井的薄片鉴定和骨架碎屑成分统计表明，孤店地区泉四段含片钠铝石砂岩为长石砂岩和岩屑长石砂岩。其中，石英含量为 36%～72%；长石含量为 21%～55%，以钾长石为主，其次为斜长石；岩屑含量为 4%～25%。砂岩的粒度为细粒，分选性差 - 中等。胶结物与自生矿物主要为片钠铝石、铁白云石、次生加大石英、次生加大长石、高龄石及伊利石。研究表明，片钠铝石是含量最多的胶结物，占砂岩总体积的 5%～15%。片钠铝石的产状主要有两种：一种是部分或全部交代碎屑长石、石英、岩屑等，多呈板柱状、束状或放射状集合体 [图 4-34（a）～（c）]，当被完全交代时，往往呈上述碎屑颗粒的假相；第二种作为胶结物产于碎屑岩碎屑颗粒间的孔隙中，呈放射状、束状、菊花状、杂乱毛发状集合体，生长常受其他矿物的限制 [图 4-34（d）～图 4-34（h）]。其中，以孔隙充填形式发育的片钠铝石较为常见。

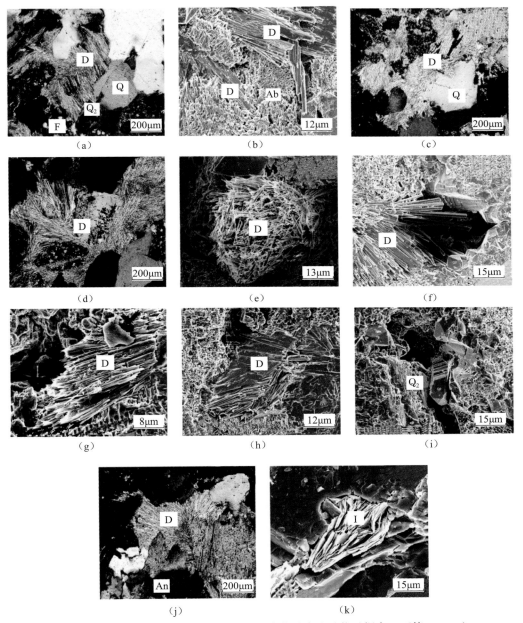

图4-34　孤店地区泉四段储层片钠铝石产状及自生矿物（据高玉巧等，2007）

（a）、（b）片钠铝石交代长石，（a）为正交偏光，（b）为扫描电镜；（c）片钠铝石交代石英（正交偏光）；（d）片钠铝石充填孔隙（正交偏光）；（e）、（f）、（g）、（h）扫描电镜下片钠铝石充填孔隙［（e）为杂乱毛发状，（f）为放射状，（g）为束状，（h）为片板状］；（i）次生加大石英（扫描电镜）；（j）铁白云石交代片钠铝石（正交偏光）；

（k）自生伊利石（扫描电镜）；D.片钠铝石；F.长石；Q.碎屑石英；Q₂.次生加大石英；Ab.钠长石；

An.铁白云石；I.伊利石

　　片钠铝石分布于次生加大石英后剩余的孔隙空间［图4-34（a）、（f）］，部分片钠铝石主要分布于长石溶蚀、溶解形成的孔隙之中［图4-34（b）］。铁白云石染色呈蓝色，通常分布在片钠铝石边缘，并见有铁白云石交代片钠铝石的现象［图4-34（j）］。这说明，以上三种自生矿物的形成顺序由早到晚依次为：次生石英加大、片钠铝石、铁白云石。样品中自生高岭石含量少，扫描电镜下几乎未见自生高岭石。自生伊利石多贴附在碎屑颗粒表面或生长于石英加大之后，在扫描电镜下呈菊花状，有的因保留了转化前高岭石的晶形而呈弯书页状［图4-34（k）］。由于自生高岭石、次生加大石英与长石溶蚀、溶解之间有密切成因关系，结合伊利石仍保留转换前高岭石的形态，可以推断长石溶蚀、溶解，高岭石形成和次生加大石英为同一酸性流体环境的产物，其形成应是准同时的，而伊利石形成于其后的碱性流体环境。根据上述含片钠铝石砂岩中的自生矿物共生序列，结合含片钠铝石砂岩现今地层水矿化度高、HCO₃⁻含量高、偏碱性的特点，可以归纳出该凹陷含片钠铝石砂岩的成岩共生序列，即CO₂注入之前形成的自生矿物组合主要为次生加大石英、次生加大长石、高岭石和伊利石；CO₂注入之后形成的自生矿物组合主要为片钠铝石和铁白云石。

　　对乾安油田几口井的下白垩统青山口组的含片钠铝石砂岩薄片观察和骨架碎屑成分鉴定，颗粒组分主要由石英长石、岩屑和少量的生物碎屑组成，为长石砂岩。骨架碎屑粒度多为微粒，少量为粉砂，磨圆度中等，分选中等-好，为颗粒支撑，基本无杂基。胶结物与自生矿物主要为片钠铝石、铁白云石、方解石、次生加大石英、自生黏土矿物（高岭石及伊利石）。偏光显微镜及扫描电镜下观察，片钠铝石的产状主要有三种：一种是部分或全部交代碎屑长石、石英、岩屑或石英次生加大边，多呈长柱状、片板状集合体出现；第二种作为胶结物产于碎屑岩碎屑颗粒间的孔隙中，呈放射状、束状、毛发状、菊花状集合体，其生长往往受其他矿物的制约，有时部分交代碎屑颗粒；第三种充填在碎屑矿物的溶洞或裂隙中，生长受到碎屑矿物的限制，呈纤维状集合体形式产出。该区片钠铝石的出现有单体放射状和凝块状，其中以凝块状产出尤为特别，凝块状片钠铝石呈大面积的连片出现，由多个单体放射状片钠铝石连接生长、交错接续，形成大面积的连片凝块状。单体放射状的核心为密集的微晶片钠铝石集合体，向外过渡为放射状集合体，继而与另外的单体放射状片钠铝石连接，形成连片的凝块状片钠铝石（图4-35）。

　　方解石以孔隙充填为主，局部见有连生现象，茜素红一S染色呈粉红色。方解石具有溶蚀迹象，并且往往被片钠铝石和铁白云石交代，在连生方解石中未见石英次生加大现象。以上事实说明，方解石是最早形成的自生矿物。石英次生加大边发育，片钠铝石分布于石英次生加大后剩余的孔隙空间内［图4-35（d）］，部分片钠铝石明显分布于长石溶蚀、溶解形成的孔隙之中。铁白云石通常分布在片钠铝石边缘，并见有铁白云石交代片钠铝石的现象［图4-35（e）］。说明以上三种自生矿物的形成顺序由早至晚依次为：石英次生加大，片钠铝石、铁白云石。因此，可以归纳出含片钠铝石砂岩的成岩共生序列依次为：方解石—自生高岭石、次生加大石英—片钠铝石—铁白云石（图4-36）。由成岩序列的研究可知，CO₂注入前

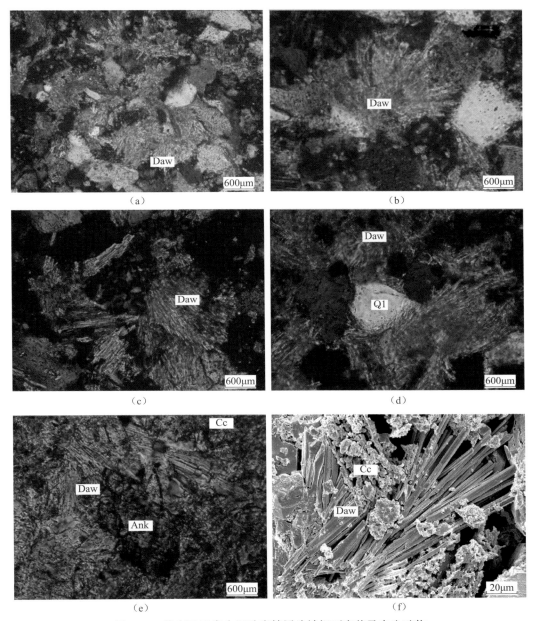

图 4-35　乾安地区泉头组砂岩储层片钠铝石产状及自生矿物

（a）片钠铝石大面积的连片凝块状生长（乾 1-7 井，埋深 1801.56m，正交偏光）；（b）菊花状生长的片钠铝石（乾
1-7 井，埋深 1801.56m，正交偏光）；（c）片钠铝石交代岩屑（乾 1-7 井，埋深 1802.57m，正交偏光）；（d）片钠铝
石晚于石英次生加大（乾 1-7 井，埋深 1802.57m，正交偏光）；（e）铁白云石交代片钠铝石；（f）扫描电镜下呈放
射状的片钠铝石（乾 1-7 井，埋深为 1791.97m）。Daw. 片钠铝石；Q1. 石英颗粒；Ank. 铁白云石；Cc. 方解石

形成的自生矿物主要为多期方解石、高岭石、次生加大石英，CO_2注入之后形成了片钠铝石和铁白云石。

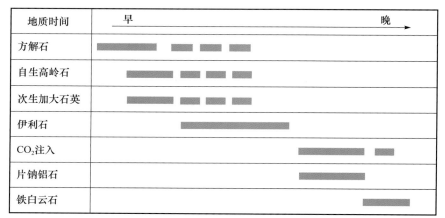

图4-36　松辽盆地南部乾安油田含片钠铝石砂岩的成岩共生序列

（二）成岩流体性质演化

成岩作用和自生矿物研究表明，该区含片钠铝石砂岩的孔隙流体的化学性质经历了由碱性到酸性，最后又回到碱性的变化历程。其中方解石、部分石英溶蚀为成岩早期碱性流体条件下的成岩序列；次生加大石英，溶蚀、溶解和高岭石沉淀为酸性流体条件下的成岩序列；片钠铝石和铁白云石为晚期碱性流体条件下的成岩序列。

1. 早期富 Ca^{2+} 碱性流体阶段

第一套组合，早期的泥晶方解石和等厚亮晶方解石，晚期连生方解石和孔隙充填方解石，代表了富 Ca^{2+} 的碱性流体阶段，方解石在碱性流体中易于沉淀。晚期的连生方解石和孔隙充填的方解石含量相对较少，其形成应为早期方解石随成岩作用强度加强而转化的产物。

2. 酸性流体阶段

第二套组合，高岭石和次生加大石英形成于酸性流体阶段。长石的溶蚀、溶解与酸性水淋滤作用有关，包括大气水和酸性地层水，油气的注入可形成酸性地层水环境。长石在溶蚀、溶解中，分离出大量的 Al^{3+} 和硅质物质，给高岭石和次生加大石英的形成提供了保证。以钾长石为例

$$4KAlSi_3O_8 + 2CO_2 + 4H_2O \longrightarrow Al_4(Si_4O_{10})(OH)_8 + 8SiO_2 + 2K_2CO_3$$

考虑到高岭石和次生加大石英与长石溶蚀、溶解之间的密切成因关系，可以推断长石溶蚀、溶解，高岭石和石英次生加大为同一酸性流体环境的产物。在酸性流体中，高岭石是稳定相。当埋深增加，温度升高，pH 增大，从酸性介质到碱性介质，若孔隙水富含 K^+，高岭石则转化成伊利石。可以推断，伊利石形成于酸性流体向碱性流体过渡或偏碱性流体环境。

3. 晚期碱性流体阶段

第三套组合，片钠铝石和铁白云石。在 CO_2 充注晚期，伴随弱酸性流体转变成碱性流体，如果孔隙中 CO_2 分压较高，则形成片钠铝石，否则形成铁白云石等。片钠铝石形成于含大量 Na^+、Al^{3+} 的碱性流体环境，现今含片钠铝石砂岩中的地层水呈碱性，总矿化度高，进一步说明成岩晚期的片钠铝石和铁白云石形成于碱性流体环境。

综上所述，研究区青山口组时期的流体演化经历了由碱性流体环境变为酸性流体环境，再由酸性流体向碱性流体或偏碱性流体过渡环境，最后再变为碱性流体环境的变化过程。CO_2 注入前的自身矿物分为两个组合：多期方解石组合，高岭石、次生加大石英组合。CO_2 注入之后形成了片钠铝石和铁白云石组合。

（三）储层包裹体特征及成藏期次

在松辽盆地登娄库组，青山口组和泉三段、泉四段碎屑岩含 CO_2 气藏储层中，发育两种类型与油气成藏作用有关的包裹体。第一种为无色、浅褐色 - 灰色的油气包裹体，气液比变化较大，在紫外光激发下发蓝白 - 黄白色荧光，主要沿石英裂纹分布，部分分布于方解石胶结物中，多为串珠状、群体分布（图 4-37）；第二种为含 CO_2 的气体包裹体，单偏下灰色 - 黑色，气液比较大，气泡很黑，不发荧光，主要分布在石英裂纹中（图 4-38）。激光拉曼光谱检测出 CO_2 峰（图 4-39），可能为晚期 CO_2 充注时形成。

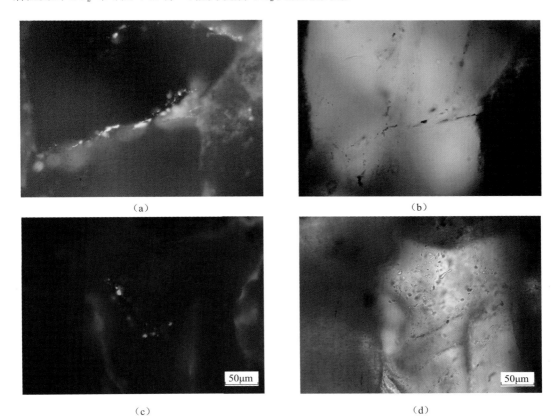

（a）

（b）

（c）

（d）

（e）   （f）

图 4-37　碎屑岩储层中的油气包裹体

（a）、（b）合 11 井，1207.8m，泉一段，石英裂纹中油气包裹体；（c）、（d）老深 1 井，2560.95m 登娄库组，石英裂纹中油气包裹体；（e）、（f）老深 1 井，2563.9m，登娄库组，石英裂纹中油气包裹体

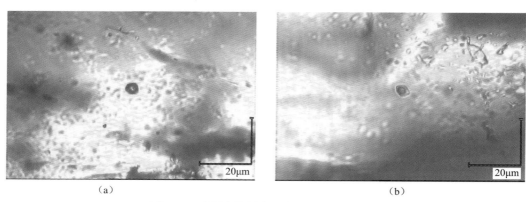

（a）   （b）

图 4-38　碎屑岩储层中的含 CO_2 气体包裹体

（a）孤 7 井，1578.5m，泉四段；（b）孤 9 井，1570.2m，泉四段

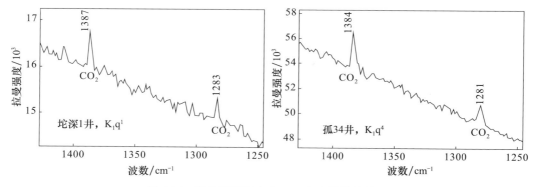

图 4-39　泉头组储层中含 CO_2 包裹体拉曼谱图

万金塔气藏的万 22 井泉头组气藏流体包裹体均一温度有三个峰值：85℃、135℃和155℃（图 4-40），由于泉头组长期浅埋，这三个温度在泉头组历史时期都没有出现过，代表的成藏期可能是伴随喜马拉雅期构造反转时，由断层及热液活动和热流异常引起的，代表了 CO_2 充注事件（图 4-40）。孤店气藏均一温度的统计峰值为 100℃和 160℃（图 4-41），这两个温度比地层在地质历史中的最高埋藏温度还要高，都代表高热流异常的产物（图 4-41）。由此推断，孤店气藏早期天然气充注较差，主成藏期是喜马拉雅期 CO_2 的充注。红岗气藏流体包裹体三个均一温度的峰值分别是 100℃、125℃和 165℃（图 4-42），这些温度值都高于历史上古地温值，从前面气藏的研究推断，天然气的充注主要是喜马拉雅期，并伴随着断层的反转及深部流体的活动。乾安气藏与红岗气藏特点相似，均一温度主要分布在 120℃（图4-43），也主要形成于喜马拉雅期。

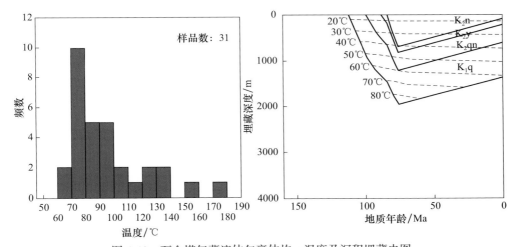

图 4-40　万金塔气藏流体包裹体均一温度及沉积埋藏史图

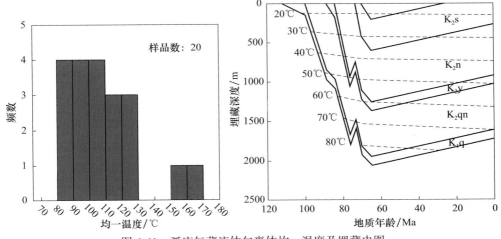

图 4-41　孤店气藏流体包裹体均一温度及埋藏史图

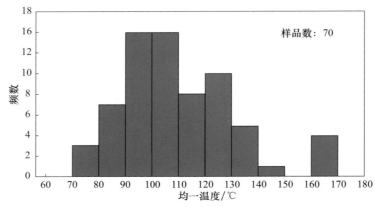

图 4-42　红岗气藏流体包裹体均一温度统计直方图

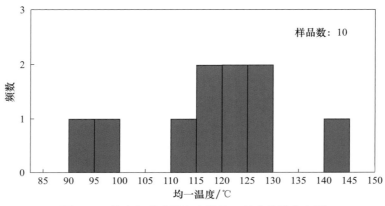

图 4-43　乾安气藏流体包裹体均一温度统计直方图

三、成藏期解剖结果及 CO₂ 喜马拉雅期充注成藏的其他证据

通过前面对典型火山岩和碎屑岩 CO_2 气藏的解剖和流体包裹体的研究表明，松辽盆地幔源 CO_2 的充注成藏期为喜马拉雅期，晚于烃类气的成藏时间。松辽盆地幔源 CO_2 与新生代的玄武岩浆活动有关，而与中生代的营城组火山岩活动无关。

关于松辽盆地 CO_2 气源与新生代玄武岩浆活动有关的其他证据分析如下：①通过对群体包裹体组分和碳同位素的分析（米敬奎等，2009），可将气藏中气体与包裹体中气体的地球化学特征相对比。对比结果表明，包裹体中的气体与气藏中的气体不论是气体的组成还是气体碳同位素都有明显的差别，表现出两个特征：一为包裹体中 CO_2 含量很低或微量，明显比气藏中 CO_2 含量偏低；二为在碳同位素特征方面，气藏中烃类气体碳同位素比包裹体中烃类气碳同位素偏重，但相差不大，都显示高成熟煤成气成因，而 CO_2 碳同位素则相差较大，气藏中 CO_2 显示为幔源无机成因，而包裹体中 CO_2 则显示为有机成因。根据以上分析结果，结合储层中 CO_2 包裹体不发育的特征，可以得到一个认识：目前储层中高含量幔源 CO_2 的充注时期是在烃类气之后。高含CO₂气藏储层中不发育CO₂包裹体的原因与CO₂的成因和成藏时期有关，有两种可能：一是CO₂的充注速度非常快，活动时间非常短，CO₂包裹体的宿主矿物来不及生长，高含CO₂包裹体也就无法形成；二是在CO₂气体注入储层前，储层已经被烃类气体充注饱和，且进入晚成岩阶段，在无水条件下，自生矿物不能生长，包裹体也就不能形成。基于以上原因可以认为，储层包裹体中包裹的CO₂是和烃类气体伴生的、一同进入储层的有机成因CO₂，而高含CO₂气藏中目前保留下来的CO₂是喜马拉雅期充注的无机幔源CO₂。②中生代火山岩以中酸性为主，且为喷发相，大量的CO₂气体在喷发过程中已散失到地表，且喷发过程中缺乏盖层，不具备CO₂大量成藏条件。③根据火山岩地球化学研究结果，中生代的火山岩主要是来自中上地壳的中酸性岩浆，而新生代的岩浆则是来自上地幔的碱性玄武岩浆。前人大量研究表明，来自于上地幔的碱性和基性玄武岩浆是饱含CO₂等挥发分的热液流体，才是幔源CO₂的主要来源。因此，新生代幔源岩浆的多期活动为大量幔源CO₂运移至盆地中形成聚集提供了可能，此时盖层条件好，埋藏深，有利于CO₂气体的聚集和保存。虽然新生代火山岩在松辽盆地外围出露较多，而在盆地内部较少，仅在南部的伊通-大屯地区和北部的五大连池、克山地区出露火山口，但这可能正说明了松辽盆地新生代岩浆活动在巨厚沉积盖层的覆盖下，岩浆能量不足以形成大规模喷发，但是却可以沿着某些薄弱带在中上地壳或盆地基底中形成热流底辟体、岩浆房低速体或深层侵入体，其中所饱含CO₂等挥发分的热液流体可以通过基底大断裂的沟通，进入沉积盆地中形成大量CO₂气的聚集。④高含量CO₂与盆地周边新生代幔源岩浆喷发的火山温泉气的地化特征相似，为同一成因，应为同期形成的产物。⑤已发现的中浅层CO₂气藏，如万金塔、孤店、乾安、红岗、英台CO₂气藏等皆与反转构造有关，而反转构造主要形成于明水期末或新近纪末，因此CO₂充注成藏也应较晚。⑥片钠铝石是地质历史时期CO₂运移、聚集或逸散的示踪矿物。在英台、大安北、红岗、孤店和新立等CO₂气藏分布区的砂岩储层中，都发现有片钠铝石，且片钠铝石形成于成岩作用晚期，说明幔源CO₂充注较晚，应为新生代（高玉巧等，2007）。⑦与松辽盆地构造背景相似的海拉尔、渤海湾、苏北盆地中发现的大量CO₂气藏均形成于新生代。如海拉尔盆地乌尔逊拗陷CO₂气藏形成于46Ma或更晚（高玉巧等，2007）；渤海湾盆地CO₂气藏形成与新近纪的碱性橄榄玄武岩浆火山有关（孙明良等，1996；郭栋等，2004；王兴谋等，2004）；苏北盆地黄桥CO₂气藏形成于30Ma之后（郭念发和尤孝忠，2000）。

第四节　含CO₂天然气藏成藏模式

对松辽盆地典型含CO₂气藏特征的剖析可以看出，不同含CO₂气藏成藏条件和气藏特征差异较大。究其原因主要与CO₂的运聚通道条件和烃类气源条件有关。本节对CO₂运聚通道类型进行了划分，并结合构造演化、火山活动期次、成藏期研究结果，建立松辽盆地含

CO_2天然气成藏模式。

一、幔源 CO_2 运聚通道类型

研究表明，基底大断裂和古火山通道是幔源 CO_2 进入盆地之后的主运聚通道（王兴谋等，2004；王佰长等，2005；鲁雪松等，2008，2009）。通过分析，将 CO_2 运聚通道划分为两个层次。深层次上，CO_2 运移通道是指基底大断裂倾角变缓向下收敛于拆离带的深部段，在深部段，基底断裂发生间歇性的蠕滑活动，能够沟通拆离带之下的岩浆房或热流底辟体成为 CO_2 运移通道。在浅层次盆地中，CO_2 的运聚通道则分为基底断裂和古火山通道相。火山喷发的通道相，一般发育原生显微裂隙、柱状和板状节理的缝隙接触带的裂隙，环状和放射状裂隙等裂隙空间，从而也可成为 CO_2 运移的优势通道，火山通道相可以直接沟通幔源气或由基底断裂与之交汇，将深部幔源 CO_2 最终运移到火山岩类储层中聚集成藏。

通过对典型高含 CO_2 气藏的解剖和分析对比，根据基底断裂的活动类型及断裂和火山岩体的组合关系，将 CO_2 的运聚通道划分为三种类型：深部断裂蠕滑 - 浅部古火山通道型（长深 1 气藏）、深部断裂蠕滑 - 浅部断裂和古火山通道叠合型（长深 2 气藏）及反转基底大断裂型（长深 7 和孤店气藏）。三种运聚通道类型出现的构造部位、圈闭形成机制及成藏条件差异较大，具体特征对比见表 4-3。

表 4-3　松辽盆地幔源 CO_2 不同运聚通道组合类型的成藏条件对比

成藏条件	深部断裂 - 浅部断裂和火山通道叠合型	深部断裂 - 浅部古火山通道型	反转基底断裂型
构造位置	紧邻基底大断裂顶端，构造位置较高	断陷内或距基底大断裂下降盘一侧相对较远处	断陷边部相对隆起区，紧邻基底大断裂
断裂情况	控陷基底断裂，拗陷晚期和反转期不活动	控陷基底断裂，拗陷晚期和反转期不活动	控陷基底断裂，持续活动，反转期发生反转
火山岩喷发方式	裂隙式喷发	裂隙 - 中心式喷发	
有机气源条件	临近深断型烃源区，断裂有效沟通，气源充足	临近深断型烃源区，但无断裂有效沟通，气源差	位于拗陷边部，烃源稍差
无机气源条件	构造位置高，运移距离大，无机气分异明显，CO_2 含量低	构造位置低，运移距离短，分异不明显，CO_2 含量高	断裂直接沟通，无机气快速充注，分异不明显
储层条件	深层火山岩储层为主，也发育砂岩储层	深部火山岩储层	中浅层砂岩储层为主，深层可能有火山岩储层
盖层条件	登二段	登二段	泉一、二段，青山口组
成藏组合	以下部营城组火山岩和登娄库组碎屑岩成藏组合为主	以下部营城组火山岩成藏组合为主	以上部碎屑岩成藏组合为主
典型 CO_2 气藏实例	长深 2、长深 4、芳深 6 气藏	芳深 9、长深 1、长深 6、徐深 10、徐深 19 气藏	万金塔、孤店、红岗气藏

深部断裂蠕滑 - 浅部古火山通道型：一般距离基底断裂下降盘一侧相对较远，火山岩体以裂隙 - 中心式喷发为主，具有独立的古火山通道。基底断裂为 I-BF 和 I-II 型基底断裂，虽然晚期不活动，但断裂深部蠕滑能沟通幔源 CO_2。在浅部，由于火山岩体为中心式喷发，有独立的火山通道。到浅部后，CO_2 则沿着独立的古火山通道运移，进入火山岩体中形成 CO_2 气藏，主要分布在营城组火山岩储层中。

深部断裂蠕滑 - 浅部断裂和火山通道叠合型：一般位于基底大断裂的顶端，火山岩体以裂隙式喷发为主，古火山通道与基底断裂基本重合。基底断裂同样为 I-BF 和 I-II 型基底断裂，虽然晚期不活动，但断裂深部蠕滑能沟通幔源 CO_2。在浅部，由于火山岩体为裂隙式喷发，古火山通道与断裂相互重合，这也使得断裂的输导性能更好。到浅部后，CO_2 顺着断裂和古火山通道叠合区向上运移，进入火山岩体及断裂沟通的碎屑岩储层中形成 CO_2 气藏，主要分布在营城组和登娄库组储层中。

反转基底大断裂型：多分布于后期反转程度较强的断陷边部，该类基底断裂为反转期强烈活动的基底大断裂，长期活动（持续到反转期）的基底断裂有利于 CO_2 的充注。反转基底大断裂在反转期活动强，直接沟通深部幔源 CO_2，从而使 CO_2 强充注到与基底断裂沟通的中浅部碎屑岩组合中，如孤店、红岗、万金塔 CO_2 气藏等，在该基底断裂控制的火山岩体中也可能有 CO_2 的聚集。

在上述三种运聚通道组合类型中，前两种类型主要存在于后期反转程度较弱的断陷及断陷中部地区，形成的含 CO_2 气藏主要存在于下部组合中；第三种类型主要存在于后期反转程度较强的断陷边部地区，形成的含 CO_2 气藏主要存在于上部组合中。

二、含 CO_2 天然气成藏模式

通过气藏解剖，综合构造演化、火山活动期次、CO_2 成藏期结果分析，建立松辽盆地含 CO_2 天然气藏的"三阶段"成藏模式。将松辽盆地含 CO_2 气藏的成藏过程分为三个大的阶段（图 4-44）。

火石岭期—营城期：盆地快速走滑拉张，地幔物质上涌，壳内酸性岩浆房广泛发育，喷发形成火石岭组、营城组火山岩体，由于断陷烃源岩热演化程度尚低，没有盖层，圈闭尚未形成，大量与火山活动伴生的 CO_2 散失，没有形成有效聚集。

泉头期—嫩江期：在泉头组沉积时期，火山活动减弱，断陷期烃源岩陆续进入生烃高峰，有机烃类油气在营城组火山岩储层中开始大量聚集。由于断裂的长期活动，会影响到保存条件，早期烃类油气容易散失，到嫩江期晚期，高成熟的烃类气大量成藏并保存形成常规烃类气藏，其中常伴生低含量的有机成因 CO_2。受晚白垩世青山口期区域火山活动的控制，也有部分 CO_2 沿基底大断裂往上运移聚集，但总量不大。具有烃类气强充注，CO_2 弱充注或无充注的特点。

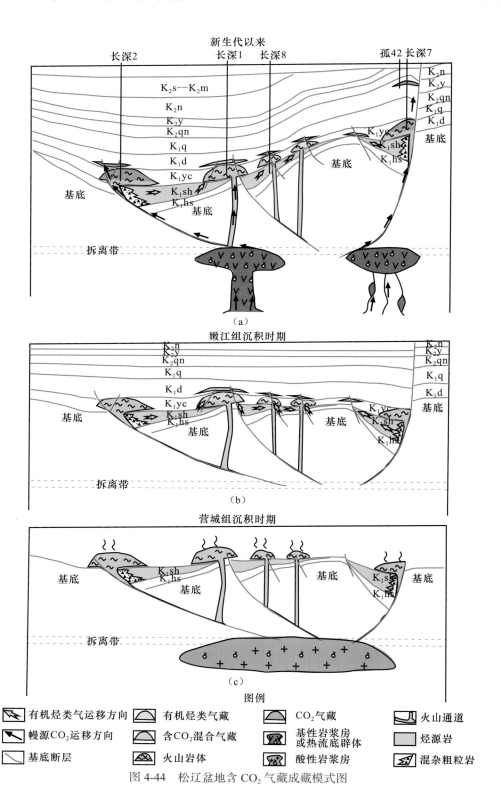

图 4-44　松辽盆地含 CO₂ 气藏成藏模式图

喜马拉雅期：盆地挤压反转，沿深大断裂薄弱处发育基性岩浆房或热流底辟体。盆地周边基性玄武岩大量喷发，盆地内部边缘也发现几个火山口，如五大连池和大屯火山，说明该期火山岩活动范围较广，只是在盆地内部没有喷至地表。对于断陷期持续发育而在反转期活动的基底大断裂，幔源岩浆脱气产生大量的 CO_2，沿基底断裂充注到该断层所断达的层位，在青山口组和登二段区域盖层的封盖下成藏，CO_2 可分别富集于下部组合和上部组合。而对于拗陷晚期和反转期未活动的基底大断裂，在深部则通过蠕滑活动沟通幔源 CO_2，CO_2 沿基底大断裂运移至浅部盆地地层中后，则沿着基底断裂和古火山通道运移进入火山岩体和断裂所沟通的储层中形成聚集，CO_2 主要储集于下部组合火山岩储层中。喜马拉雅期运聚的 CO_2 有些形成纯 CO_2 气藏，有些与早期形成的烃类气藏相混合形成 CO_2 含量不等的混合气藏。

不同的 CO_2 运聚通道组合类型决定了幔源 CO_2 和烃类气的成藏条件的相对好坏，从而决定了气藏中 CO_2 的含量大小及含 CO_2 天然气的赋存层位。长深 7 火山岩和孤店中浅层 CO_2 气藏同受孤西反转基底断裂的控制，属于"反转基底断裂型"运聚通道组合（图 4-44）。长深 1 气藏的形成过程比较特殊，气藏右侧的哈尔金断裂沟通了沙河子组烃源岩，使得烃类气在泉头组—嫩江组沉积时期先期聚集在火山岩体和上部的登娄库组储层中，形成常规烃类气藏。喜马拉雅期，由于长深 1 火山岩体为受前神字井断裂控制的裂隙-中心式喷发火山岩体，属于"深部断裂-浅部古火山通道型"运聚通道组合，古火山通道作为喜马拉雅期 CO_2 运聚的通道，两种不同成因天然气在火山岩储层中相互混合，形成 CO_2 含量为 20%～30% 的混合气藏；而 CO_2 没有进入火山岩体上部的登娄库组储层中，所以长深 1 气藏登娄库组为纯的烃类气（图 4-44）。长深 2 和长深 4 火山岩体为受前神字井断裂控制的裂隙式喷发火山岩体，属于"深部断裂-浅部断裂和古火山通道叠合型"运聚通道组合，通常情况下既有利于幔源 CO_2 运聚成藏，又有利于烃类气成藏，但该断裂位于断陷陡坡带边部，断陷期快速沉积的粗杂砾岩体紧挨断裂堆积，这种粗杂砾岩体孔渗性非常差，有效阻断了烃类气向火山岩体的运聚，从而在长深 2、4 井火山岩体中形成了纯的 CO_2 气藏（图 4-44）。运用这一幔源 CO_2 运聚成藏模式，同样能合理解释松辽盆地其他已发现的高含 CO_2 气藏的分布情况，给含 CO_2 天然气的分布预测提供了基础和依据。

下面，将三种运聚通道类型决定的充注成藏模式的异同点进行总结（表 4-4）。深部断裂蠕滑-浅部火山通道充注成藏和浅部断裂与火山通道叠合充注成藏，形成的 CO_2 主要富集于下部成藏组合中，反转基底大断裂充注成藏模式形成的 CO_2 在下部成藏组合和上部成藏组合中都有分布，且 CO_2 含量都比较高。这三种模式均具有两期天然气充注过程：一期主要发生在泉头期—嫩江期，以烃类气充注为主；另一期在喜马拉雅期，以 CO_2 充注为主。两期不同类型天然气充注气量的大小，决定了成藏后气藏中 CO_2 相对含量的大小。对于深部断裂蠕滑-浅部断裂与火山通道叠合充注成藏模式和反转基底大断裂充注成藏模式，幔源 CO_2 和烃类气共享运移通道条件，常形成 CO_2 含量不高的含 CO_2 气藏，CO_2 和烃类气混合较为常见。而深部断裂蠕滑-浅部火山通道充注成藏模式中，幔源 CO_2 和烃类气不共享运移通道条件，幔源 CO_2 运聚通道为古火山通道，而沟通火山岩体和烃源岩的断裂则是烃类气的运移通道。如果烃类气运移通道不发育，则形成纯 CO_2 气藏；如果烃类气运移通道发育，则形成高含 CO_2 气藏。

表 4-4 三种不同通道类型决定的充注成藏模式及成藏地质条件比较

成藏条件	深部断裂蠕滑-浅部古火山通道充注成藏模式	深部断裂蠕滑-浅部断裂和火山通道叠合充注成藏模式	反转基底大断裂充注成藏模式
构造位置	断陷内或距基底断裂倾向一侧相对较远处	位于基底断裂顶端	相对隆起区，紧邻基底大断裂
气源条件	临近深断型烃源区，烃源充足，但无断裂沟通	临近深断型烃源区，烃源充足	临近中断型烃源区或深断型烃源沿边，烃源稍差。基底断裂反转活动，喜马拉雅期无机气源优越
储集条件	火山岩不受埋深影响，火山岩储层占优势	火山岩储层为主，也发育砂岩储层	因气藏埋浅，砂岩、火山岩均有利于储气
CO_2 运移通道	深部断裂蠕滑-浅部古火山通道	深部断裂蠕滑-浅部断裂和火山通道叠合	反转基底大断裂
区域盖层条件	登二段	登二段	登二段，泉一段、泉二段、青山口组
断裂情况	控陷基底断裂，拗陷晚期和反转期不活动	控陷基底断裂，拗陷晚期和反转期不活动	控陷基底断裂并持续活动，反转期有加剧趋势
火山岩喷发方式	裂隙式喷发	裂隙-中心式喷发	
成藏组合	CO_2 主要赋存于营城组下部成藏组合	以营城组、登娄库组下部成藏组合为主	上部成藏组合为主
成藏期次	CH_4 嫩江期成藏，CO_2 主要在喜马拉雅期充注成藏	CH_4 嫩江期成藏，CO_2 主要在喜马拉雅期充注成藏	CH_4 嫩江期成藏，CO_2 主要在喜马拉雅期充注成藏
CO_2 含量	纯 CO_2 气藏或 CO_2 含量高	CO_2 含量一般较低	CO_2 含量一般较高
烃类气和 CO_2 耦合情况	通道条件不共享（CO_2 通道为古火山通道、切割火山岩体和烃源岩的断裂为烃类气通道）	共享通道条件（断裂和火山通道）	共享通道条件（断裂）
典型实例	芳深 9、长深 1、长深 6、徐深 10、徐深 19 气藏	长深 2、长深 4、芳深 6 气藏	万金塔、孤店、红岗气藏

第五章

断裂对含CO_2气藏的控制作用

CO_2 的生成、运移、聚集和保存等整个成藏过程均受各级断裂体系的控制，不同级别和活动期次的断裂对 CO_2 运移、聚集和保存的控制作用不同。一般，深大的岩石圈断裂和地壳断裂控制 CO_2 气源，而基底大断裂控制 CO_2 在盆地内的运移、聚集和分布，而盖层断裂则控制 CO_2 的保存和再分配。本章通过对松辽盆地断裂系统及断裂类型的划分、断层活动时限的界定，分析不同类型断裂的特征及其对含 CO_2 气藏的控制作用。

第一节　断裂类型、特征及分布

按照切割深度，断裂可划分为岩石圈断裂、地壳断裂、基底断裂和盖层断裂四种类型（张文佑和边千韬，1984）（图 5-1），其中，岩石圈断裂是切穿岩石圈达到软流圈的断裂；地壳断裂是切穿地壳达到莫霍面的断裂。松辽盆地莫霍面埋深最浅部位在盆地中部，约 28km，埋深最深部位在盆地西南边缘，约 35km（图 5-2）；基底断裂是切穿地壳上部花岗岩层达到

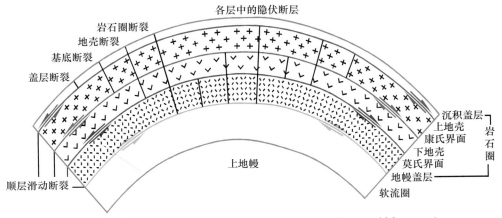

图 5-1　按照切割深度断裂类型划分模式图（据张文佑和边千韬，1984）

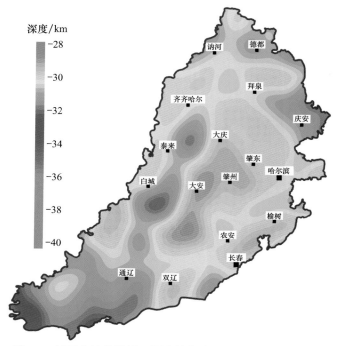

图 5-2   松辽盆地莫霍界面深度等值线图（李成立等，2015）

康拉德面的断裂。松辽盆地康拉德面埋深为 14.5～15.5km，呈不稳定的条带状相间，条带走向主要在 NNW 向至 NWW 向之间（图 5-3）；盖层断裂是切穿沉积盖层，达到变质岩基底顶面的断裂，松辽盆地基岩顶面埋深中部最大，约 9km，向盆地边缘逐渐变浅，最浅处出露地表（图 5-4）。其中，岩石圈断裂与地壳断裂统称为深大断裂系统。

沿岩石圈断裂可以出现超基性与基性岩带，常表现为重力异常和热力异常梯度带及浅源和深源地震活动带，成为岩石圈活动区与稳定区的界定条件。沿地壳断裂可以出现基性岩和中性岩带，常表现为突出的重磁异常梯度带。沿壳断裂可以出现酸性岩、碱性岩及脉岩等，在重磁异常上常表现为线状异常带。能控制火山岩的产出与分布的断裂包括岩石圈断裂、地壳断裂和基底断裂。

一、深大断裂系统——岩石圈断裂和地壳断裂

1. 15s 大剖面显示深大断裂特征

在松辽盆地徐家围子断陷采用了 15s 长记录时间的深地震反射剖面（deep seismic reflection profiling）记录近源垂直地震反射波，通过数据处理获得反射界面形态的详细资料（杨宝俊和刘财，1999）。15s 剖面解释确定反射层的层位依次是：T_5 反射层为中生代盆地基底；T_{C-P} 反射层组对应石炭系—二叠系变质岩系底界；T_D 反射层组对应中、上地壳之间的拆离带；T_K 反射波组对应中、下地壳之间的界面；T_M 反射波组为莫霍面（云金表等，2003）。

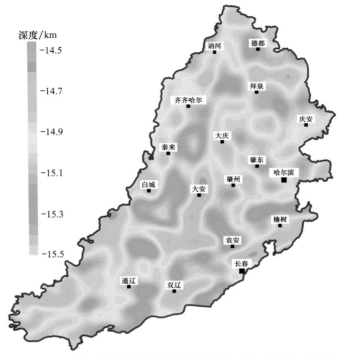

图 5-3　松辽盆地康拉德界面深度等值线图（李成立等，2015）

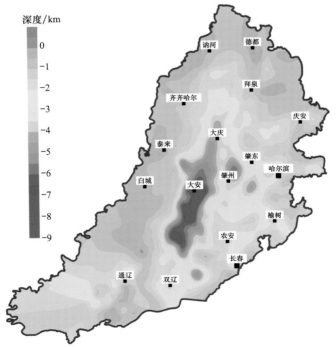

图 5-4　松辽盆地基岩顶面 T₅界面深度等值线图（李成立等，2015）

断层是深部地壳中的重要界面之一，由于深部地层经历了多期的构造运动叠合，形成了较为复杂的断裂系统。特别是自浅而深由于温压条件的变化，以 T_D 拆离面为界，上部以脆性断裂为主，下部则显示韧性剪切变形带的特征（云金表等，2003）。二者断裂特征存在明显差异，分为上地壳断裂系统和中下地壳断裂系统（图 5-5）。而下部塑性变形带则具有不同于上部脆性断裂带的变形特征，如拆离面作为塑性剪切带，它既具有变形带内的层状反射特征，又是厚度变化的一个连续条带，在剖面变形上出现纵向雁列式剪切特征，总体上看具有以下特点（云金表等，2008）：①韧性剪切型断裂无明显的断面边界，它是一组波形结构变化带；②断裂规模较大，具有塑性变形特征；③区内这类断裂一般上下不连通。

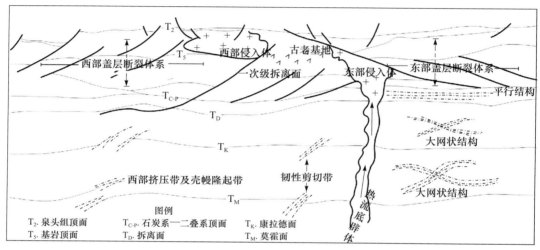

图 5-5　松辽盆地深部断裂系统及相互关系模式图

1）中下地壳断裂系统

由于地壳深部较高的地温和压力，中下地壳断裂主要以剪切断裂带形式出现（陈昕等，1997）。中下地壳断裂表现在 T_M 与 T_K 两个界面上，成因类型包括挤压型和剪切型两种。挤压型断裂在两个界面上自成一体，分别称为莫霍面挤压型断裂带和中下地壳界面挤压型断裂带；剪切型断裂带尽管在剖面上并不直接连续，但在成因上是相关的，统称为中下地壳剪切型断裂带。莫霍面断裂带指莫霍面不连续或叠覆带。

2）上地壳断裂系统

上地壳断裂系统是一系列大小不同、倾角不同的脆性基底及其以下断裂向主拆离带或次级拆离带归并消失而构成的断裂体系（云金表等，2008）。主要包括顺层发育的中上地壳界面拆离断裂带、次级拆离带及纵向发育的基底断裂和反映老变质岩系特征的前石炭地层断裂。

（1）中上地壳界面拆离断裂带：中上地壳界面拆离带是一个全区可连续追踪的断裂带，它既是一个一级壳界面，也是一个塑性断裂带，是多条低角度基底深断裂的消失部位（图 5-6）。区内断裂带顶底厚度对应 5.0～6.0s 的双程反射时间，为一套连续平行强反射带，上下反射结构明显不同。断裂带顶底面具有一定起伏，剖面上对应断陷部位断裂带顶面相对浅、隆起部位相对较深，最浅部位在徐家围子断陷、最深处偏东。

（2）上地壳次级拆离带：上地壳次级拆离带也是一个总体近水平的断裂带（图5-6），其分布深度对应的地震波双层走时为3.5~4.5s，但不能全区连续追踪，区内多见于古中央隆起部位的老变质岩系地层。次级拆离带上下反射波组有一定差别。上部反射较好，以平行反射为主；下部反射增强，斜反射较多。部分小型或低角度断层顺层消失于该带。

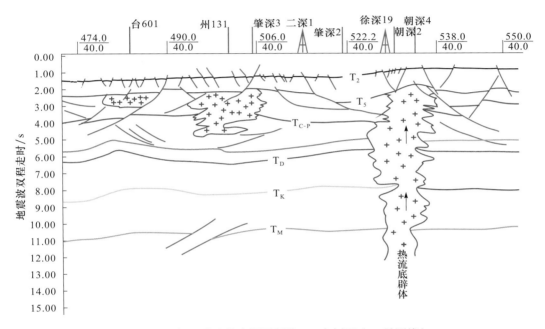

图5-6 松辽盆地徐家围子断陷15s大剖面（40号测线）

T₂. 泉头组顶面；T₅. 基岩顶面；T$_{C-P}$. 石炭系—二叠系顶面；T$_D$. 拆离面；T$_K$. 康拉德面；T$_M$. 莫霍面

2. 重磁解译深大断裂分布特征

断裂是重要的地质构造现象之一。由于地质体的地球物理特性，当断裂产生后，地质体在三度空间发生位移和错断时，地层之间的密度产生变化。断裂反映的是地层密度界面的陡变带，断裂的规模越大，两种物性界面的陡变带规模也越大、密度差异也越大，重力异常梯级带形态也越明显。利用区域重磁可以有效地划分基底及其以下更高级别的断裂。对于规模较大的超壳深断裂、壳断裂、区域性断裂和基底断裂，均能在重磁异常图上清晰地反映。能够应用重磁异常识别的深部断裂常常具有以下特征（李成立等，2015）（图5-7）。

（1）在重力异常上断裂常常表现为沿着一定方向延展的梯度带，其两侧重力场特征不同，这一标识往往反映比较深大的断裂。因为重、磁、电异常梯级带有时反映两类地质体接触界面，所以判别断裂时，要结合已知地质和其他物探资料等进行综合判别。

（2）存在串珠状异常，反映出断裂后沿裂隙有岩浆侵入或充填一些沉积物，这类断裂属

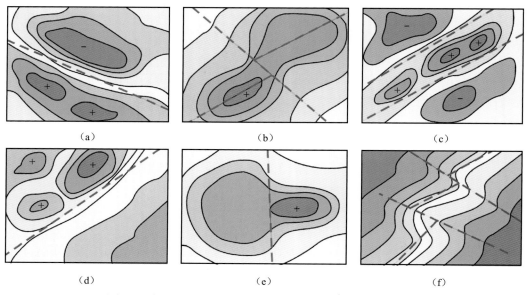

图 5-7 断裂在重磁异常上的表现特征（据李成立等，2015）

（a）线性重力高与重力低之间的过渡带；（b）异常轴线明显错动的部位；（c）串珠状异常的两侧或轴部所在位置；
（d）两侧异常特征明显不同的分界线；（e）封闭异常等值线突然变宽、变窄的部位；（f）等值线同形扭曲部位

张性断裂。

（3）重力梯度带等值线的扭曲和间距的变化及突然错动等，都反映原断裂带被后期断裂切割。

（4）异常线突然变窄、变宽的位置，一般反映强烈构造运动中形成的升降断裂。

（5）重力异常的分布规律具有明显差异的分界线及沿着一定走向分布的正、负异常之间存在断裂。

（6）在磁异常图上断裂常常表现为不同特征场的界限、线性异常、串珠状异常带、异常的错断与突变。

（7）在平静的磁异常上突然叠加有高峰值的磁异常。

（8）相邻磁异常存在严重的不相关性。

从重磁资料解释出的深大断裂分布来看，不同学者在不同阶段解释的结果不一样。根据最新重磁资料解释结果，结合已发现 CO₂ 和 He 异常井位分布、基底断裂走向变化及分布特征，在前人研究基础上，绘制松辽盆地深大断裂分布图。在松辽盆地内部共识别出 13 条深大断裂（图 5-8），深大断裂展布方向以 NNE 向为主，如控制断陷发育的孙吴 - 双辽断裂，其次为 NWW 向的断裂，起到调整改造的作用，如著名的滨州壳断裂。两组断裂系统近乎垂直，形成相互交错的共轭断裂系统。

从图 5-8 上可以看出，松辽盆地深大断裂发育，可分为三种走向类型，为多元复杂构造系统（刘德良等，2003）。其中，NWW（NW）向左旋断裂组与 NNE（NE）向右旋断裂组，

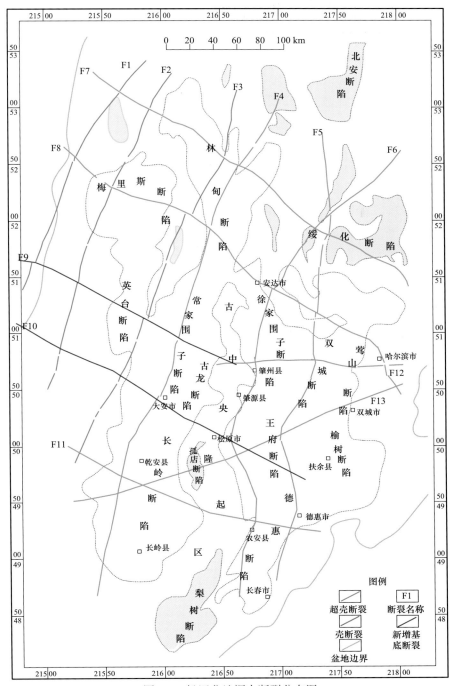

图 5-8　松辽盆地深大断裂分布图

F1.扎赉特旗断裂；F2.嫩江断裂；F3.哈拉海断裂；F4.孙吴 - 双辽断裂；F5.克东 - 肇东断裂；F6.海伦 - 肇州断裂；F7.富裕 - 绥化断裂；F8.滨州断裂；F9.扎赉特旗 - 肇源断裂；F10.坦途第二松花江断裂；F11.科右前旗 - 伊通断裂；F12.太平巴彦断裂；F13.第二松花江断裂

共同构成了共轭断裂系，它们形成于统一的构造变形场。其动力来源为印度板块和欧亚板块碰撞的侧向推挤动力，与由西向东的主动挤压力与太平洋板块自东向西的阻挡有关。NWW向断裂一般为壳断裂，具有切割深度大、规模大、横向切割盆地使其呈南北分块的特点，控制着盆地一、二级构造单元的南北分界，如滨州壳断裂。从盆地与外围整体看，NWW（NW）向断裂呈现统一的左旋运动，许多先存的构造也发生有限的左行平移。据交切构造关系，其形成年代为新构造时期（N—Q），主要是新生的，亦有利用先存 NW 向张扭性断层改造而成。同时期发育的 NE-NNE 向断裂统一呈现右旋运动，它们有新生的，亦有迁就利用先存 NE-NNE 向断裂改造成的，虽然继承了先存断裂大体的部位，但由先前的左旋转变为右旋。由于先存 NE-NNE 断裂往往属于区域性的主干断裂，原本就规模大、连续性好，经叠加发育显得更加宏伟，以致该共轭断裂系中 NWW 向断裂组与 NNE 向断裂组不均衡发育，后者较前者强大。平面上 NNE、NE 向断层常被 NW 向断裂错开，两者呈"X"形网状相交，二者切割使盆地东西分带、南北分块。

3. 15s 大剖面显示的特殊地质体及与重磁解译深大断裂关系

1）特殊地质体发育及分布规律

（1）热流底辟体：地壳不仅成分具有分层性，而且有一特殊现象，即在地壳中自下而上存在热流底辟体（云金表等，2008），如松深Ⅱ剖面东端（图 5-9）；徐家围子 530 线，特别是48 测线上（图 5-10）。热流底辟体在莫霍面上为狭窄的通道，或在莫霍面较薄地区，向上热流底辟体逐渐增大，形成蘑菇云。热流底辟体内部反射杂乱，或为均匀反射。热流底辟体在徐家围子地区形成一个近 SN 向隆起带（图 5-11），发育于徐家围子控陷断层下延部位。从与岩体上部相接的火山岩以及徐家围子地区深层无机气（CO₂、N₂、He、Ar、CH₄）的发育关系来看（郭占谦和王先彬，1994），可以认为热流底辟体代表了深部地幔热物质向地壳侵入的产物，向上致使地壳部分熔融，体积增大，岩性向中酸性岩浆变化，从而形成蘑菇云状的总体外形。

（2）基底侵入体：基底侵入体与地层之间呈不协调强反射、均匀空白反射等特点，磁力资料显示具有明显的高磁异常，侵入体总体构造有深部根、盖层突起、长期披覆（云金表

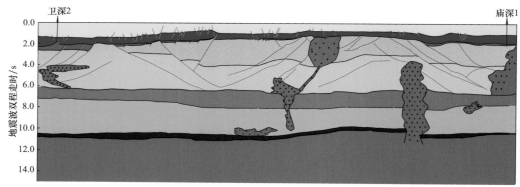

图 5-9　松辽盆地松深Ⅱ15s 大剖面显示热流底辟体

等，2008）。利用徐家围子 8km×16km 大剖面，共识别出 24 处深成侵入体，大致组成 7 个岩体，可分为东、西两个侵入带（图 5-11）。其中西部侵入带分布规模大，在西部呈 SN 向条带状展布，岩体在 3～4s 根部反射不明显（图 5-12），对应的中下地壳内部似侵入体特征。东部侵入带分布规律明显，总体形成一个与徐家围子断层展布特征相近的侵入特征，单个侵入体规模较小，普遍存在中下地壳的根部反射特征，个别直入地幔（图 5-13）。侵入体在徐家围子断陷的东西分带特征与壳幔上隆有着良好的对应关系（图 5-10），且幔隆与西部中下地壳的挤压断裂带也存在良好的对应关系。

由于壳幔的挤压、隆起、塑性裂变形成的时间相对较早，造成基底侵入体具有无根的特征，侵入体的根部经过后期的各种构造运动而不被保留。东部侵入体表现为东南部近 NE 和 NW 向两个主体侵入岩体，根部对应热流通道，东部侵入体在后期断陷期仍有上隆，有的作为基底，有的则侵入到白垩系，由此推断东部侵入体应多为早白垩世时期的产物。

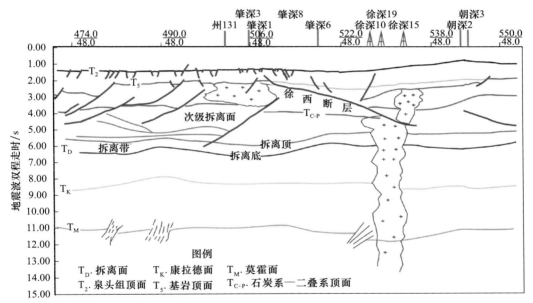

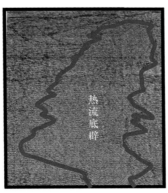

图 5-10 松辽盆地徐家围子断陷 48 测线 15s 大剖面显示热流底辟体

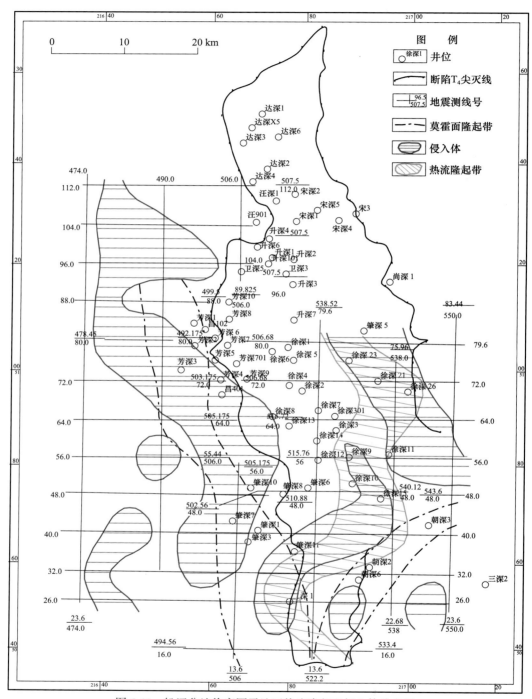

图 5-11　松辽盆地徐家围子地区热流隆起和侵入体分布图

2）重磁解译的深大断裂在 15s 大剖面上的反映

将 15s 大剖面解译成果与重磁解译的深大断裂进行了对比（图 5-14），认为重磁解译的

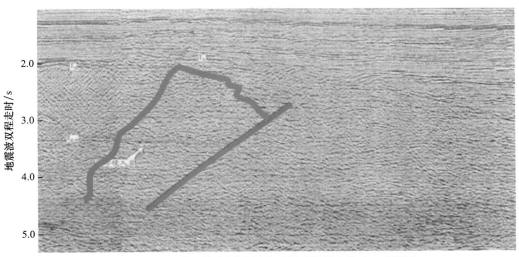

图 5-12 松辽盆地徐家围子断陷西部无根侵入体（64 测线）

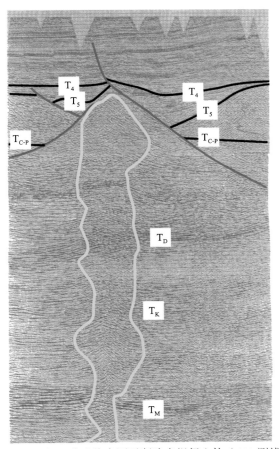

图 5-13 松辽盆地徐家围子断陷有根侵入体（490 测线）

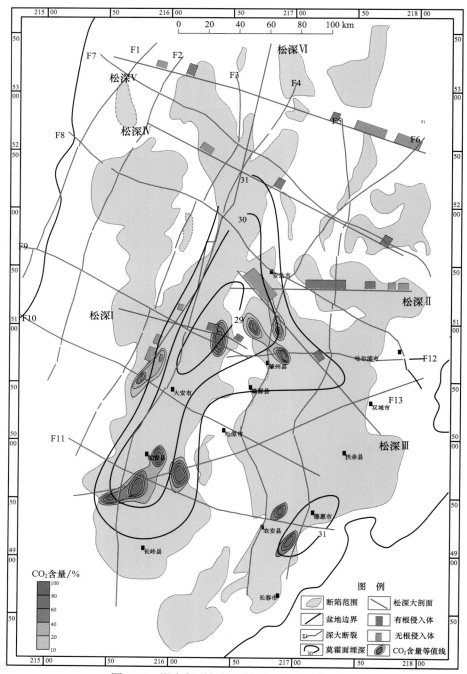

图 5-14 深大断裂与侵入体及 CO_2 气分布关系

F1. 扎赉特旗断裂；F2. 嫩江断裂；F3. 哈拉海断裂；F4. 孙吴 - 双辽断裂；F5. 克东 - 肇东断裂；F6. 海伦 - 肇州断裂；F7. 富裕 - 绥化断裂；F8. 滨州断裂；F9. 扎赉特旗 - 肇源断裂；F10. 坦途第二松花江断裂；F11. 科右前旗 - 伊通断裂；F12. 太平巴彦断裂；F13. 第二松花江断裂

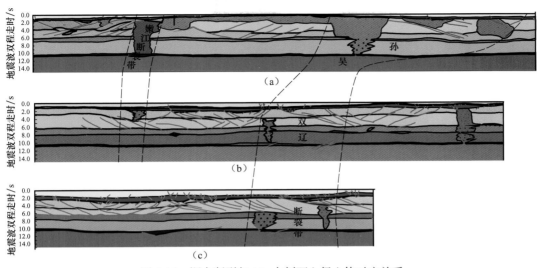

图 5-15　深大断裂与 15s 大剖面上侵入体对应关系

（a）松深Ⅴ；（b）松深Ⅳ；（c）松深Ⅰ

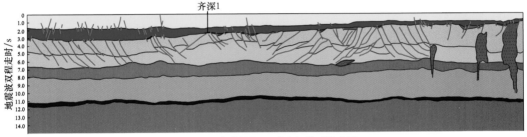

图 5-16　松深Ⅵ15s 大剖面解译成果

深大断裂在 15s 大剖面上有两种体现：一是深大断裂与有根的侵入体相对应，如松深Ⅴ、松深Ⅳ和松深Ⅰ中部的有根侵入体与孙吴 - 双辽断裂相对应，该断裂周围出现条带状平行断裂延伸的侵入体（图 5-14、图 5-15）；二是深大断裂与无根侵入体相对应，如松深Ⅵ南部无根侵入体与滨州断裂相对应（图 5-14、图 5-16）。从对比结果看，重磁解译的深大断裂更多表现为岩浆上涌的通道，但岩浆上涌的时间并不同，无根侵入体形成较早，后期构造运动导致"帽"-"根"错断，有根侵入体形成较晚，且具有长期脱气的作用。因此从侵入体特征看，深大断裂活动都具有多期活动的特征，这些断裂为 CO₂ 的气源通道（云金表等，2008；付晓飞等，2012），在区域上控制了 CO₂ 气藏的分布（图 5-14）。

二、基底断裂系统

依据错断层位基底断裂可以划分为两类：T₅ 反射层错断位移特征明显的基底断裂和老变质岩基底断裂。

1. 以 T_5 反射层错断位移为特征的基底断裂

区内基底断裂以 T_5 反射层的错断位移特征最为明显，依断距大小和断面倾角不同可分为低角度和中低角度两种断层。

（1）低角度基底断层：此类断层特征为断距大、延伸长、断面平直清晰，倾角多在 20° 以内，是箕状断陷的控陷边界断层（图 5-17、图 5-18）。如区内徐家围子控陷断层徐西和徐中断裂，延伸长达 85km，最大断距 5km，最终顺层消失于次级拆离带（图 5-19）。

（2）中低角度基底断层：此类断层主要分布于控陷大断层上盘和断陷缓坡带，断层最大延伸 28km，多为 6～12km，断距为 300～600m（图 5-17）。

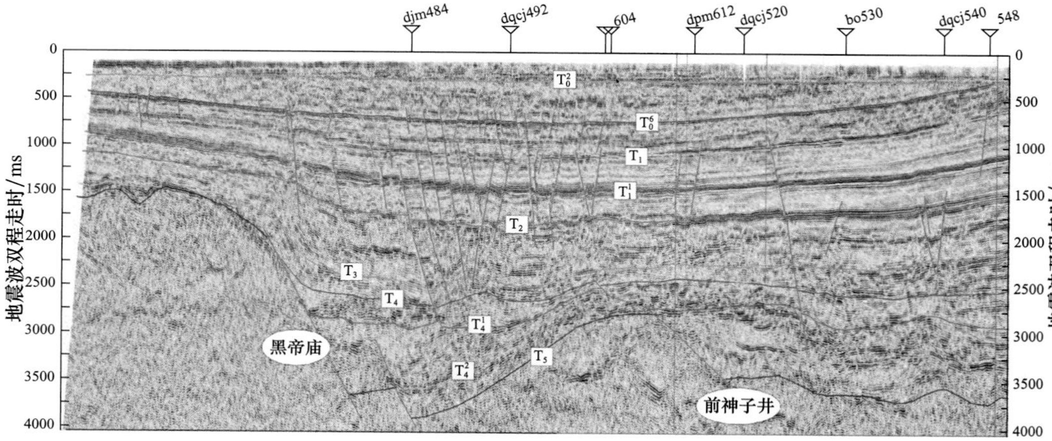

（a）

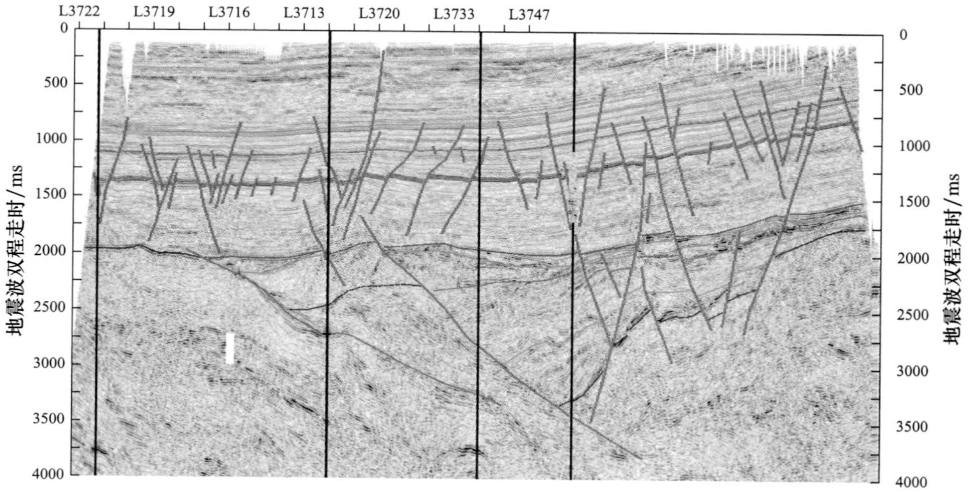

（b）

图 5-17　松辽盆地低角度基底断裂发育特征

（a）长岭断陷；（b）徐家围子断陷

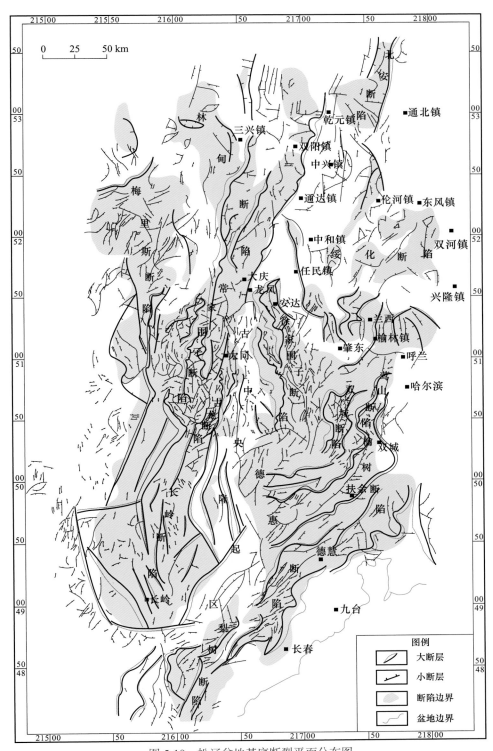

图 5-18 松辽盆地基底断裂平面分布图

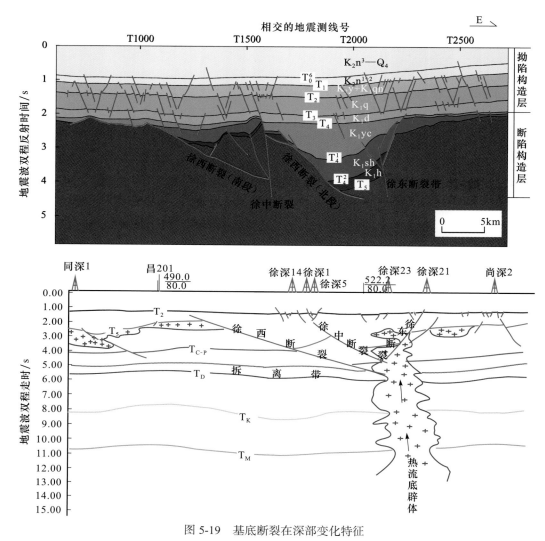

图 5-19　基底断裂在深部变化特征

T₂. 泉头组顶面；T₅. 基岩顶面；T_{C-P}. 石炭系—二叠系顶面；T_D. 拆离面；T_K. 康拉德面；T_M. 莫霍面

2. 老变质岩基底断裂

由于区内中部处于古中央隆起复背斜基底之上，缺失石炭系—二叠系，基底对应前石炭系，此处所表现的断裂特征明显比东西两侧复杂。这类断层包括 T₅ 反射层下延断层和 T₅ 与 T_D 层间断裂。T₅ 至 T_D 反射层是深部断裂较发育的层位，正逆断层均发育（图 5-13、图 5-19）。

三、盖层断裂系统

松辽盆地经历三期构造演化：断陷期、拗陷期和构造反转期（陈昭年和陈布科，1996；张功成等，1996；罗群和孙宏智，2000），形成三套断层系统：即基底—营城组（断陷期）

断裂系统（Ⅰ）、登娄库组—嫩江组（拗陷期）断裂系统（Ⅱ）、四方台组—更新统（反转期）断裂系统（Ⅲ）（苗鸿伟等，2002；方立敏等，2003；侯贵廷等，2004；张文军等，2004）（图 5-20、图 5-21）。

1. 断陷期断裂

又称裂谷期同生断层，为基岩—营城组断层系（图 5-21），断层剖面上呈"铲式"，部分构成断陷的边界，为控陷断裂，如徐西断裂、徐中断裂控制徐家围子西断东超箕状断陷形成（陈娟等，2008）（图 5-22）。断裂总体为 NNE 及 NE 向，部分为近 SN 向。断陷期活动的基底断层延伸长、断距大（图 5-20），仅 T_4 反射层断层规模较小，延伸长度一般小于 10km，垂直断距一般为 50～200m。平面上主要分布在断陷内（图 5-18），多为控陷断裂活动伴生的次级断层。

2. 拗陷期断裂系统

为登娄库组—嫩江组断层系（图 5-21），典型的是"T_2"断层系和"T_1^1"断层系，是盆地中浅层断层中数量最多的一类断层。具有四个特征（付晓飞等，2009）：①断层以 SN 走向为主；②规模小（延伸长度小于 10km、断距小于 100m）、密度大（图 5-20），自 T_3—T_1^1—T_0^6 断裂密度自小变大再变小；③剖面上断层具三种组合形式，即垒、堑式断层组合、"V 字形"断层组合、"Y 字形"或"反 Y 字形"断层组合，与断陷期断裂呈"似花状"组合模式（图 5-17、图 5-22）；平面上，断层呈侧列式带状展布，单个断层呈弧状弯曲；④分布不均，断裂密集成带（图 5-17），断裂带形成受控于基底断裂、斜向拉张、差异伸展和水平拆离等多种因素控制（谢昭涵和付晓飞，2013），似花状断裂密集带在 T_2 反射层表现得最明显，在 T_1 反射层特征减弱，仅有断裂密集带的边界断层还保持活动性（图 5-22），证明拗陷期伸展活动最强的时期为青山口期。

3. 反转期断裂系统

发育于嫩江组以上地层中（图 5-21），在孙吴 - 双辽断裂带以西地区分布较多（高瑞祺和蔡希源，1997），走向以 NW 为主，平面分布密度不均，在背斜及倾伏背斜轴部分布较多，密度相对较大。在孙吴 - 双辽断裂以东地区，NE、NW 向断层均有发育。

从受先存构造影响方面来看，反转期断裂系统分为两类，新生断裂和继承性发育的断裂（孙永河等，2013），其中继承性发育的断裂受先存断裂控制，走向与先存断裂一致，龙虎泡背斜东侧发育一条规模较大的长期发育断裂，为断陷期至反转期活动的断裂，而大多数拗陷期至反转期活动的断裂及反转期新生断裂，走向受控于局部次级背斜构造，如大庆长垣为左阶的长轴 NEE 向背斜，控制了 NNW 向的反转期断裂，周边其他构造反转区为 NNE 向背斜控制的 NW-NWW 向断裂，三肇凹陷的拗陷期—反转期断裂主要为 SN 向，反转期新生断裂具有多个走向（图 5-23）。

一部分断裂在挤压作用下发生反转，在松辽盆地西部多发育上逆下正的反转断裂，东部发育上下皆逆的反转断裂，但总体来说，发生逆冲滑动的断裂数量较少，多数为宽缓背斜核

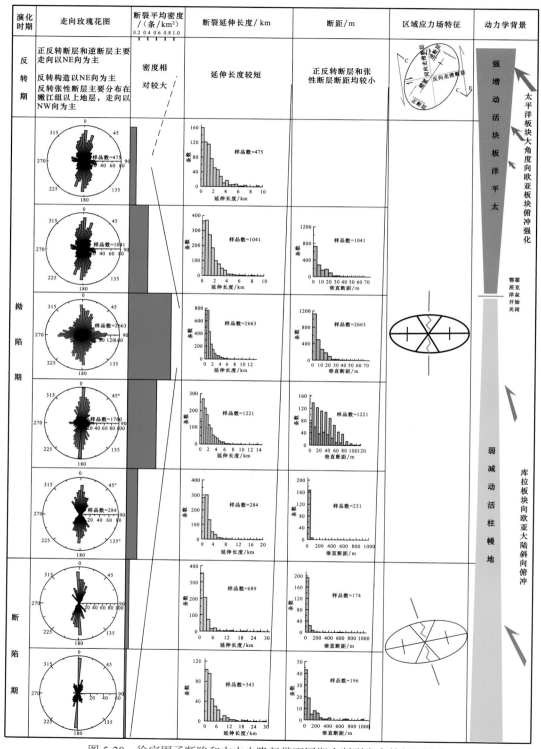

图 5-20　徐家围子断陷和古中央隆起带不同期次断裂发育特征及演化

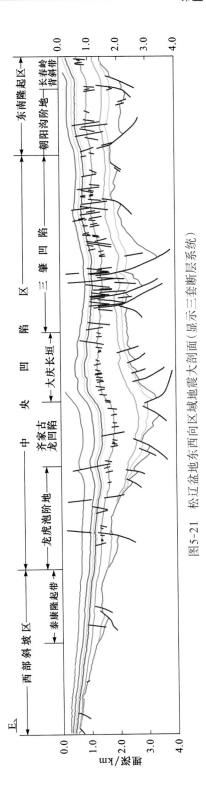

图5-21 松辽盆地东西向区域地震大剖面(显示三套断层系统)

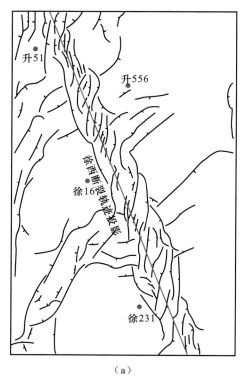 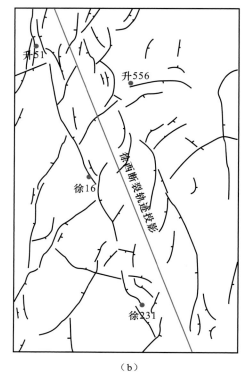

（a）

（b）

图 5-22　似花状断裂密集带在不同反射层的特征

（a）T_2 反射层；（b）T_1^1 反射层

部顶面的张性裂隙或次级正断层（余中元等，2015）。总的来说，反转期断裂是在先存构造和 NW 向挤压的联合控制之下形成的（陈骁等，2010）。

四、三种断裂系统的关系及幔源 CO_2 上运通道

深大断裂、基底断裂及盖层断裂分别通过重磁、15s 地震大剖面和常规地震解译识别出来，整合这三方面资料并对比认为，三种断裂系统之间的关系具有以下几个特征。

（1）深大断裂多为岩浆上涌的通道，有根的侵入体即岩浆发源于莫霍面以下，可能为岩石圈断裂的表现，这种断层形成早、多期活动，是岩浆和 CO_2 长期的来源；无根的侵入体贯穿中上地壳，可能为壳断裂的表现，这种断层形成更早，晚期活动不强，是早期岩浆和 CO_2 气的来源，后期可能不作为 CO_2 的来源。徐家围子断陷昌德东营城组 CO_2 气藏的形成时期为 64.5Ma 和 66.8Ma 的两期火山活动（王佰长等，2005），对应明水组末期相对较强烈的一期的构造运动。

（2）基底断裂无论是以断穿 T_5 反射层为主要特征的，还是老变质岩基底断裂，其向下收敛于拆离带，其与深大断裂（岩浆通道）有两种接触关系（云金表等，2008）：一是基底断裂与岩浆通道相衔接［图 5-24（a）］；二是上下不衔接型［图 5-24（b）］。基底断裂与岩浆通道

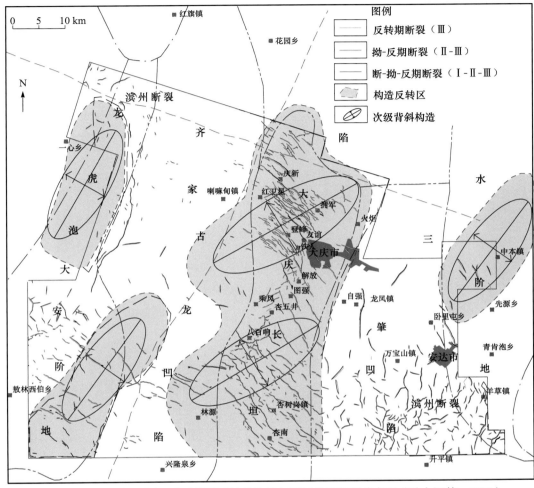

图 5-23　松辽盆地北部 T_0^6 反射层反转构造带与不同类型断裂分布图（孙永河等，2013）

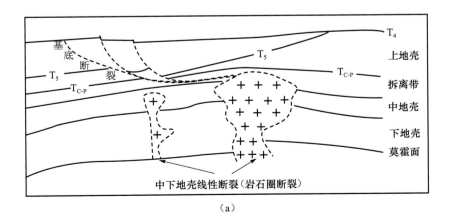

（a）

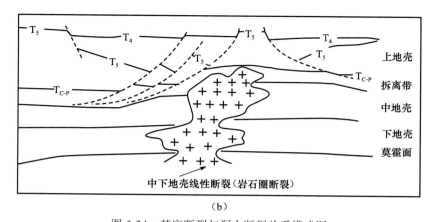

（b）

图 5-24　基底断裂与深大断裂关系模式图

（a）基底断裂与深大断裂衔接关系；（b）基底断裂与深大断裂非衔接关系

衔接为 CO_2 气上运提供了通道条件，徐家围子断陷控陷的徐西、徐中和徐东断裂与深部的岩浆侵入体均为衔接关系（图 5-25），这为 CO_2 气上运成藏创造了有利的条件。

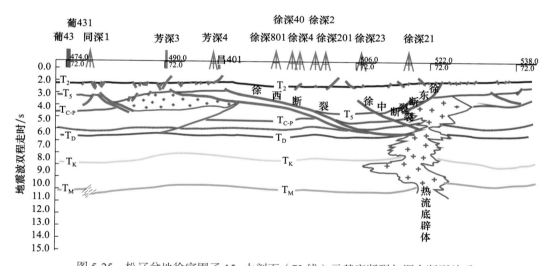

图 5-25　松辽盆地徐家围子 15s 大剖面（72 线）示基底断裂与深大断裂关系

T_2. 泉头组顶面；T_5. 基岩顶面；T_{C-P}. 石炭系—二叠系顶面；T_D. 拆离面；T_K. 康拉德面；T_M. 莫霍面

（3）基底断裂控制盖层断裂的形成与发展，表现在三个方面：一是基底断裂持续活动控制松辽盆地断陷形成与发展，构成基底—营城组断层系，控陷的主干边界断层持续活动，且与深大断裂（岩浆上涌通道）相连，为断陷期火山岩及无机成因气上涌的通道（刘德良等，2005；张庆春等，2010；徐威等，2011）；二是基底—营城组断层系及断陷期火山口控制了拗陷期断层形成且表现为密集成带的特征；三是部分基底断裂在断陷期、拗陷期和构造反转期持续活动，控制了浅层断裂系统的形成。

（4）从三种断裂系统的关系看，CO_2脱气、排运及聚集成藏主要受控于规模较大的、与深大断裂相衔接的基底断裂，因此深入剖析基底断裂的特征及其演化规律对研究 CO_2运聚成藏规律意义重大。

第二节　断裂形成演化期次及基底断裂活动规律

为了深入剖析断裂形成演化期次，在全区系统解释地震测线 121 条（长岭断陷 19 条、东南隆起区 46 条、常家围子断陷 6 条、徐家围子断陷 9 条、双城和莺山断陷 3 条、林甸断陷 11 条、绥化断陷 3 条、西部斜坡 7 条、滨北 17 条），共 5000km，解释层位包括 T_5、T_4^1、T_4^2、T_4、T_3、T_2、T_1、T_0^3 和 T_0^2 共 9 个层位，通过平衡剖面、生长指数统计、断层活动速率计算和地震剖面层拉平技术，系统分析了断裂形成演化期次及活动规律。

一、盖层断裂系统形成活动时期

1. 断陷期断裂活动规律

断陷期为早白垩世早期，即火石岭组—营城组沉积时期，该时期为松辽盆地断陷发育时期，断层总体走向 NNE 和近 SN 向，少部分断层为 NNW 向（殷进垠等，2002）。断层活动规律具有如下特征。

（1）控陷的主干边界断裂持续活动（图 5-26），活动速率最大为 60ms/Ma，表现为明显的同生性，伴生的次级断裂在火石岭组—营城组选择性活动，活动速率最大为 15ms/Ma（图 5-26）。

（2）断陷期断裂强烈活动主要发生在沙河子组和营城组时期（图 5-26），即盆地强烈裂陷时期，此时断层活动速率最大（图 5-26）。

（3）NNE 向和 SN 向的张性正断层，为主控陷边界断裂（图 5-27）。NNW 向基底断裂复活扭动，将发生走滑构造变动（图 5-27、图 5-28）。

（4）断裂活动伴随大量的火山喷发，火山喷发主要有三期（杨帝等，2011）：107～102Ma（营城组三段：酸、中、基性火山岩）、120～110Ma（营城组一段：流纹质岩石）和 133～129Ma（火石岭组：安山质岩石）。徐家围子断陷营城组火山喷发呈现沿着断裂呈串珠状分布的裂隙式喷发模式，断裂做为火山通道并常常派生出次级火山口（图 5-29），徐西断裂、徐中断裂、前神字井断裂为典型的控制裂隙式火山喷发断裂（图 5-29）。

2. 拗陷期断裂活动期次及特征

松辽盆地登娄库组沉积开始，岩石圈逐渐冷却，产生热收缩，地壳不均一下沉，盆地进入了拗陷沉降时期（高瑞祺和蔡希源，1997）。登娄库组沉积早期冷却收缩较快，早期控凹基底断裂进一步生长活动，故登娄库组下部地层受断层控制，具有断陷特点，但其沉积范围明显较下部断陷大得多，又具拗陷特点，故称为断 - 拗转化阶段。

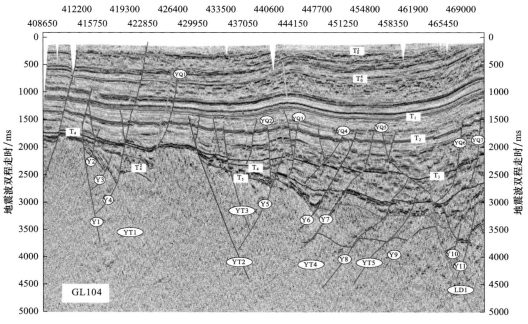

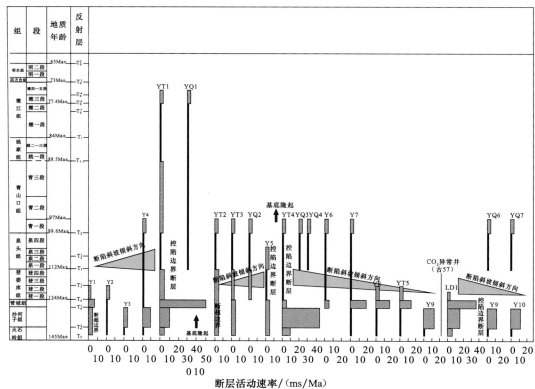

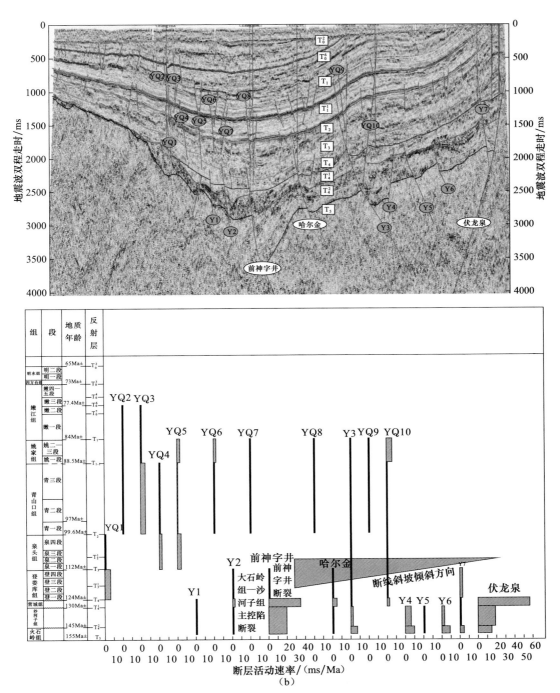

图5-26 松辽盆地主要断陷不同类型断层活动速率对比

(a) 常家围子断陷；(b) 长岭断陷

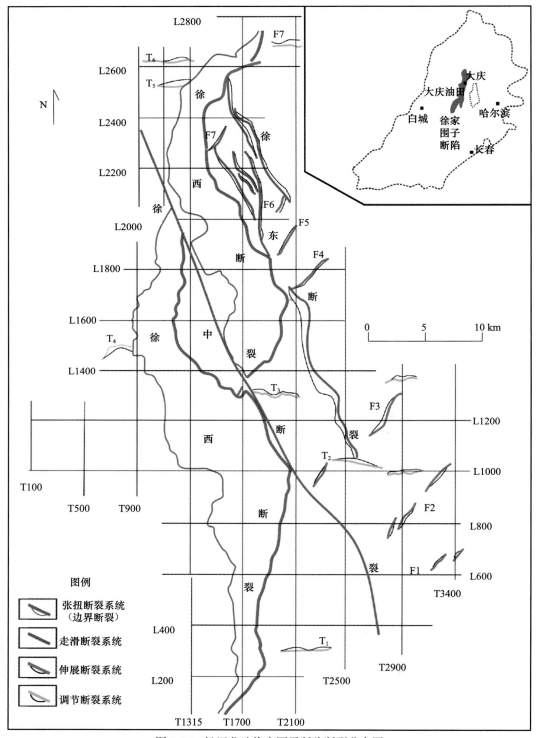

图 5-27 松辽盆地徐家围子断陷断裂分布图

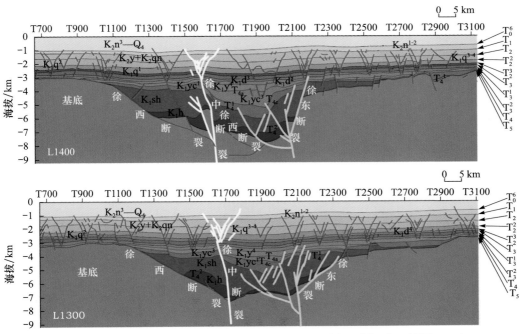

图 5-28　松辽盆地徐家围子断陷走滑断裂系统剖面特征（剖面位置见图 5-27）

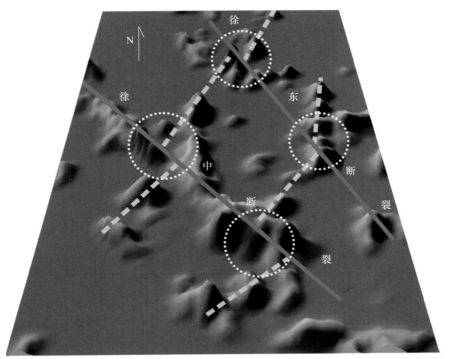

图 5-29　徐家围子断陷断裂与火山口分布关系（断裂具有示意性）（据大庆油田勘探开发研究院，2008）

　　至登娄库组上部地层沉积时期，盆地全面进入了坳陷阶段，这一过程一直持续到嫩江组沉积时期，在上地幔隆升幅度最大的区域，均衡调整作用最强烈，形成中央深坳陷，奠定了松辽盆地富油的基础。但沉陷不均一导致凹陷不均衡发展，前期有东部和中部两个沉降中心，造成东部发育早期断陷，中部发育长期凹陷，西部为长期的斜坡带，地层逐层超覆（高瑞祺和蔡希源，1997；云金表等，2002；付晓飞等，2007）。在坳陷过程中并非是稳定沉降的，它伴随有伸展量不大的区域波动性伸展，该时期拉张应力场的方向可能调整为近 EW 向（任延广等，2004），形成大量近 SN 走向的断层（图 5-20），断裂活动具有如下特征。

　　（1）生长指数剖面显示，青山口组、姚家组和嫩一、二段地层内同生断层的数量较多（图 5-30），仅断"T_2""T_1^1"和"T_1"断层数量较多，反映坳陷期断裂活动主要有三期，即泉头组沉积晚期—青山口组沉积早期、姚家组沉积时期和嫩江组沉积早期。

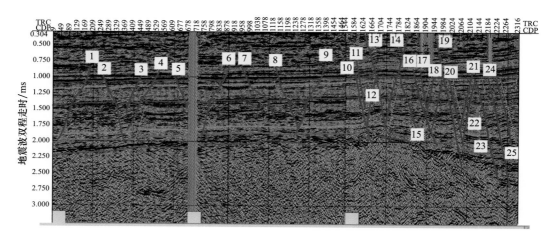

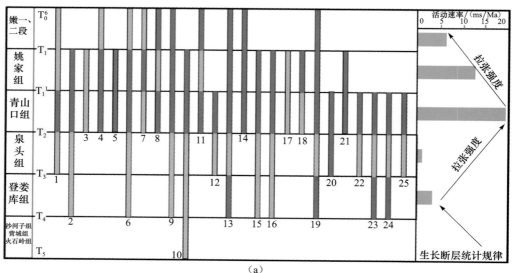

（a）

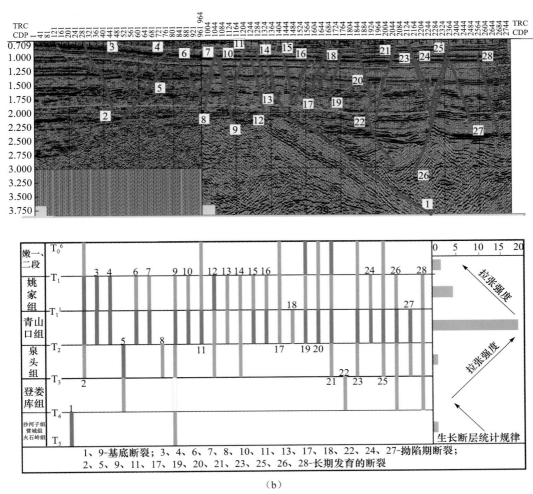

（b）

图 5-30　松辽盆地三肇凹陷拗陷期断层生长指数剖面

（a）肇州地区；（b）宋芳屯地区

（2）构造演化史表明，拗陷期断裂强烈活动时期为泉头组沉积晚期—青山口组沉积早期，该时期形成 T_2 高密度断层系，反映了松辽盆地继断陷期后又经历了一次强烈的伸展裂陷作用，在泉头组—青山口组地层中发现了大量的玄武岩（胡望水等，2005；单玄龙等，2008）。

（3）泉头组沉积晚期—青山口组沉积早期、姚家组沉积时期和嫩江组一、二段沉积时期，分别形成了"T_2""T_1^1"和"T_1"断层系。对比纵向上断层性质变化，表现出三个典型的特征（图 5-20）：①断层方位不变，总体表现为 SN 向，反映近 EW 向拉张；②断层密度由小变大再变小，高密度为 T_2 断层系，单断一个反射层的断层 T_2 高于 T_1^1，T_1^1 高于 T_1，反映拗陷期拉张始于泉头组，强烈的拉张时期为泉头组沉积晚期—青山口组沉积早期，之后逐渐减弱，但一直持续到嫩江组沉积时期。

3. 构造反转期断层活动特征

嫩江组沉积后松辽盆地开始回返抬升，盆地内存在三期构造反转（陈骁等，2010），即嫩江组沉积末期、明水组沉积末期和古近纪末期。张功成等（1996）认为晚白垩世嫩江组沉积末期，松辽盆地受到 NE 向左行走滑的郯城 - 庐江 - 伊兰 - 伊通巨型走滑带所派生的 NW-SE 向挤压作用而发生正反转，在强烈的构造反转作用下，松辽盆地形成了 NE-NNE 向和 NEE 向反转构造带（杨承志，2014）。

（1）嫩江组沉积中期为构造应力转换时期（图 5-20），从地幔上隆、地壳减薄形成裂陷盆地的动力学机制转换为以太平洋俯冲导致盆地回返抬升为主的动力学机制，在太平洋板块俯冲作用下，盆地开始回返。K_2n/K_2s、K_2m/E_1y 和 E_1y/N_1d 三个削截型不整合面代表反转期三期大规模挤压构造运动。从地层倾角变化来看，反转始于嫩江组沉积晚期，明水组末期最终定型（图 5-31）。

（2）挤压应力自 SSE 向 NNW 方向传递，构造挤压应力主要释放在东南隆起区和盆地腹部大规模基底断裂上，挤压强度自东南隆起向盆地腹部逐渐减弱（李君等，2008），表现

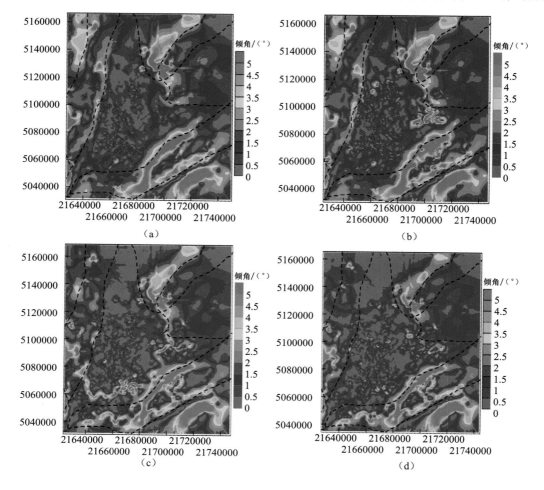

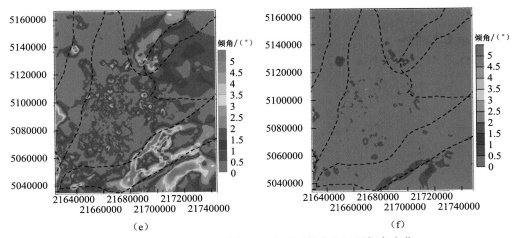

(e)　　　　　　　　　　　　　　(f)

图 5-31　松辽盆地大庆长垣以东地区姚家组地层倾角变化

（a）现今；（b）明水组沉积末期；（c）四方台组沉积末期；（d）嫩五段沉积末期；（e）嫩四段沉积末期；
（f）姚家组沉积末期

在：①东南隆起区缺失层位多，往盆地腹部地层越来越齐全；②构造挤压形成的构造反转影响的层位自 SE 向 NNW 方向越来越浅；③正反转断层的中点自东南隆起向中央拗陷方向越来越浅（图 5-32）。

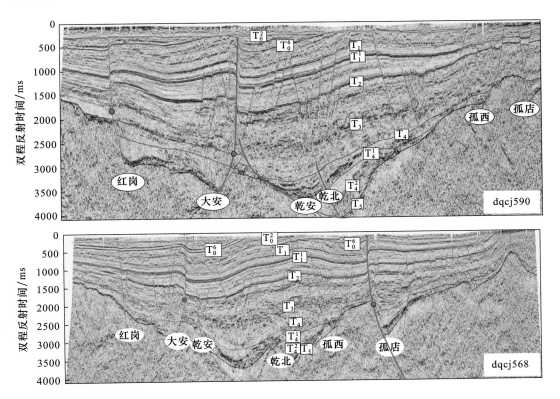

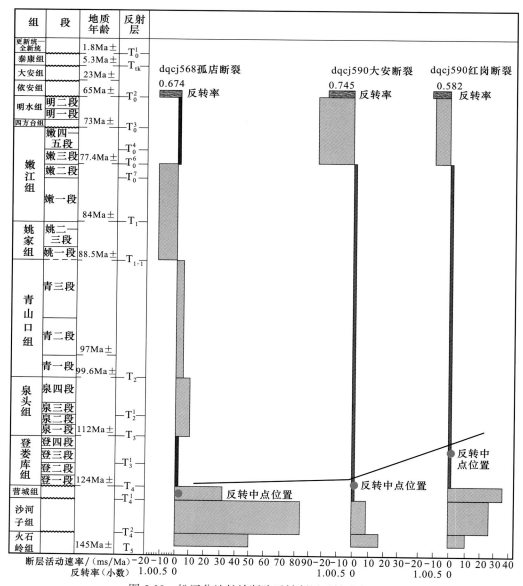

图 5-32 松辽盆地长岭断陷反转断层反转强度对比

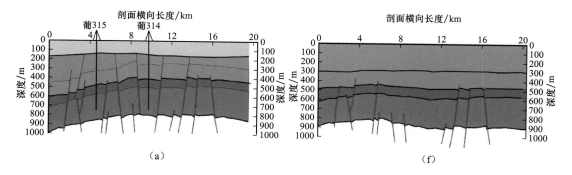

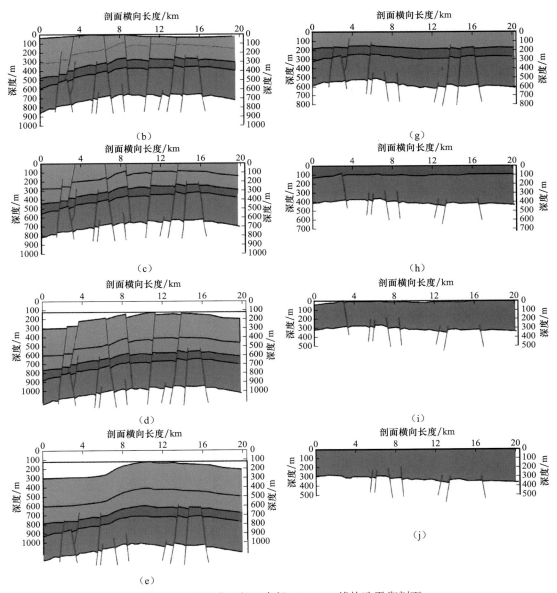

图 5-33　松辽盆地长垣南部 inline668 线构造平衡剖面

（a）现今沉积地层；（b）古近系沉积前；（c）明水组剥蚀后；（d）明水组断裂变形后；（e）明水组反转变形后；
（f）明水组沉积后；（g）嫩四、五段沉积后；（h）嫩三段沉积后；（i）嫩二段变形后；（j）嫩二段沉积后

（3）反转尽管始于嫩江组沉积晚期，但通过大庆长垣葡萄花构造浅层构造平衡剖面分析（图 5-33），该期断裂活动并不明显。断裂强烈活动发生在明水组沉积末期，表现为：①白垩系明水组与古近系依安组之间为大型削截型不整合面，特别是在反转构造带上更明显，是明水组末期强烈构造挤压变形结果。②构造平衡剖面显示（图 5-33），明水组末期强烈构造

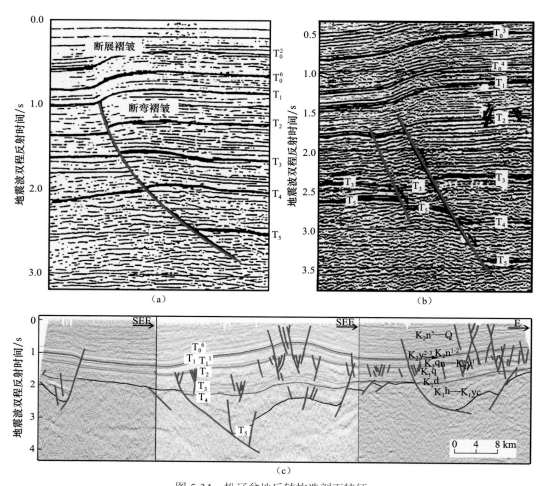

图 5-34　松辽盆地反转构造剖面特征

（a）林甸反转构造；（b）杏树岗构造；（c）大庆长垣反转构造

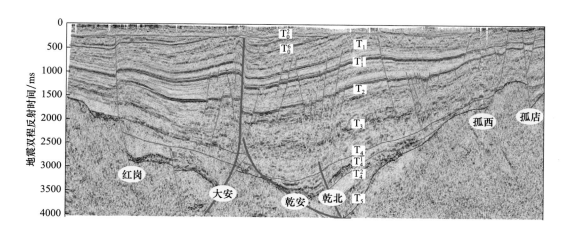

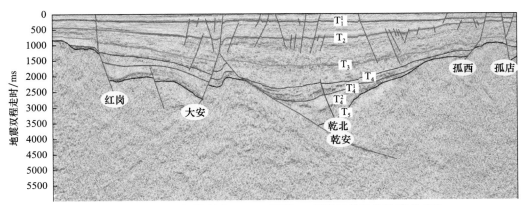

图 5-35　松辽盆地长岭断陷 line546 测线 T_1 层拉平前后构造形态对比

变形导致断裂活动和反转构造形成，构造反转主要有三种方式：一是断层式反转构造，早期控陷的基底断裂发生反转，形成正反转断层［图 5-34（a）、图 5-34（b）］，如林甸断裂、孤店断裂、大安断裂、红岗断裂等；二是褶皱式反转构造，基底、下白垩统或登娄库组呈断陷或箕状断陷等负向构造，其上覆地层则表现为背斜构造，这种反转构造在松辽盆地占主导地位，如大庆长垣［图 5-34（c）］；三是混合式反转构造：早期控陷断层反转形成正反转断层，同时上覆地层形成褶皱，如大庆长垣和林甸反转构造［图 5-34（a）、图 5-34（c）］。③将 T_0^2 反射界面（K_2m/E_1y），即区域性不整合面之下的 T_0^6 或 T_0^3 反射界面实施层拉平（图 5-35），正反转断层和反转背斜消失，说明正反转断层和反转构造形成于明水组沉积末期。

4. 断裂形成活动时期

通过上述断裂形成活动规律研究，认为松辽盆地断裂存在 9 个主要的形成活动时期：①断陷期断裂形成时期（3 期），即火石岭时期、沙河子组沉积时期和营城组时期（统称为早白垩世早期），形成了断陷期断裂。②拗陷期断裂再活动和形成时期（3 期）：泉头组沉积晚期—青山口组沉积早期，形成大量近 SN 向张性断层时期，主要形成 T_2 断层系，并导致断裂密集带形成；姚家组沉积时期大量 SN 向张性断裂形成时期：主要形成 T_1^1 断层系；嫩江组一、二段近 SN 向张性断层形成时期：主要形成 T_1 断层系。③反转期断裂再活动和形成时期（3 期）：嫩江组末期、明水组末期和古近系末期，为 NW 向张扭断层形成时期及 NE 向逆断层（反转断层）形成时期。其中，早白垩世早期、泉头组沉积晚期—青山口组沉积早期和明水组末期为断裂强烈的活动时期。

二、基底断裂活动规律及类型划分

按照松辽盆地断裂形成时期，基底断裂可以分为三种类型：断陷期活动的基底断裂（Ⅰ-BF 型）、断陷期和拗陷期均活动的基底断裂（Ⅰ-Ⅱ-BF 型）、断陷期和拗陷期及构造反转期均活动的基底断裂（Ⅰ-Ⅱ-Ⅲ-BF 型）（图 5-36）。

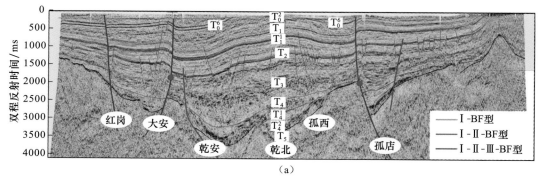

（a）

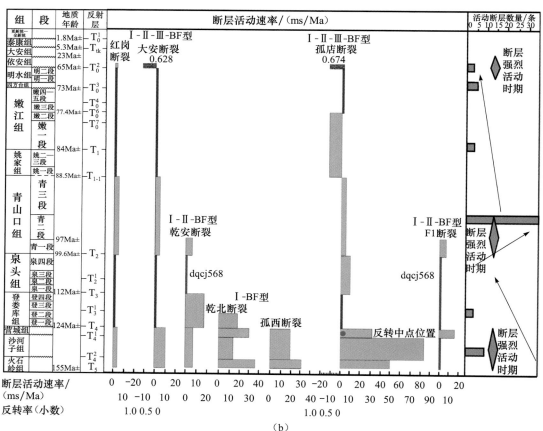

（b）

图 5-36　松辽盆地断裂系统划分及活动规律

1. 断陷期活动的基底断裂

指在断陷期复活的基底断裂，具有三个典型的特征：①断层断穿层位为 T_5—T_4^1 或 T_4^2 或 T_4，个别断层断至 T_3；②多数为主控陷的边界断层，个别为控陷边界断层控制形成的次级控陷断层；③断层形成于石炭纪—二叠纪，在火石岭、沙河子组和营城组沉积期持续活动，但沙河子组和营城组沉积期活动强度相对较大，登娄库组沉积后停止活动。

通过已经解释的 121 条地震剖面，结合局部地区地震解释成果，松辽盆地共发育 132 条断陷期活动的基底断裂（图 5-37），如徐家围子断陷徐西断裂、长岭断陷黑帝庙断裂和前神字井断裂、梨树断陷梨西断裂和四家子断裂、德惠断陷滨河断裂、德惠四断裂和德东断裂、榆树断陷榆树西断裂和榆树东断裂、莺山断陷莺北断裂和莺南断裂。

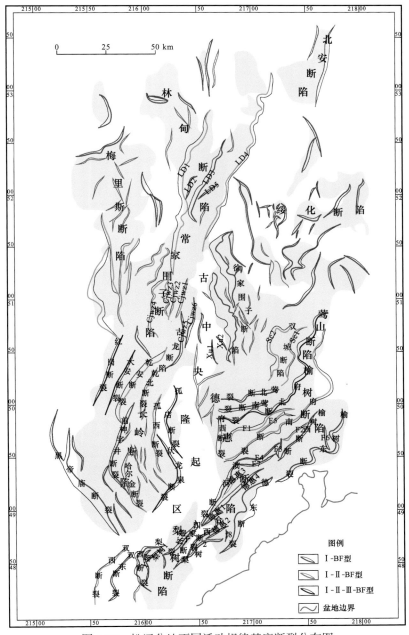

图 5-37　松辽盆地不同活动规律基底断裂分布图

对全区基底断裂断陷期活动速率进行了定量标定（图5-38），可以看到：①同一条断层活动速率在断层中心最大，向两个端点方向逐渐减小；②早白垩世早期活动速率较大的基底断裂多为控陷的主干边界断裂，其伴生的次级断裂活动速率较小；③深层 CO_2 气主要分布在活动强度大于 7ms/Ma 的断层附近。

2. 断陷期和拗陷期均活动的基底断裂

指在断陷期（早白垩世早期）和拗陷期都活动，或者是拗陷期又活动的断陷期活动的

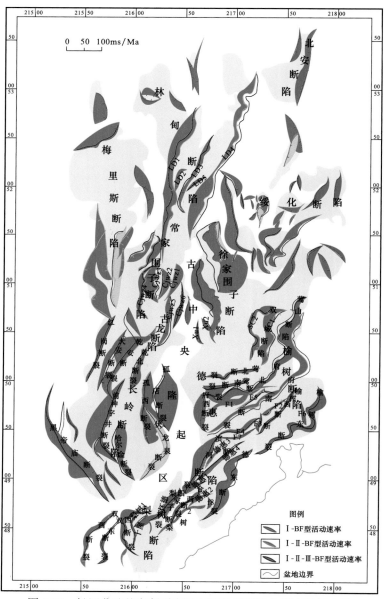

图 5-38　松辽盆地基底断裂在早白垩世早期活动强度定量表征

基底断裂，具有三个典型的特征：①断裂断穿层位为 T_5—T_2 或 T_1^1 或 T_1；②部分为主控陷的边界断层，部分为控陷边界断层控制形成的次级控陷断层；③断层形成于石炭纪—二叠纪，在火石岭、沙河子组和营城组沉积期持续活动，在泉头组沉积晚期—青山口组沉积早期又强烈活动的基底断裂。全区共发育这类断层 26 条（图 5-37），典型的是长岭断陷哈尔金断裂、乾安断裂、孤西断裂（图 5-38）、宾县 - 王府断陷府南断裂和双城断陷 SC1 断裂等。

依据泉头组沉积晚期—青山口组沉积期断层活动速率，定量标定该类断层拗陷期断层活动速率（图 5-39）。

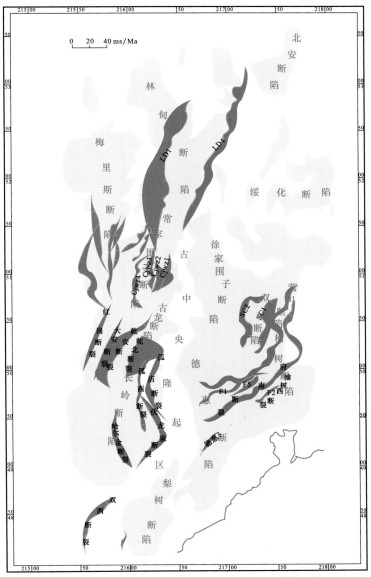

图 5-39　松辽盆地拗陷期活动断裂及活动强度定量表征

3. 断陷期、拗陷期和反转期均活动的基底断裂

该类断层多为断陷期和拗陷期活动的基底断裂在反转期再活动的结果，典型特征为：①断层从 T_5 断至 T_0^6 以上层位；②这类断层均为主控陷的边界断层；③断层形成于石炭纪—二叠纪，在火石岭、沙河子组和营城组沉积期持续活动，在泉头组沉积晚期—青山口组沉积

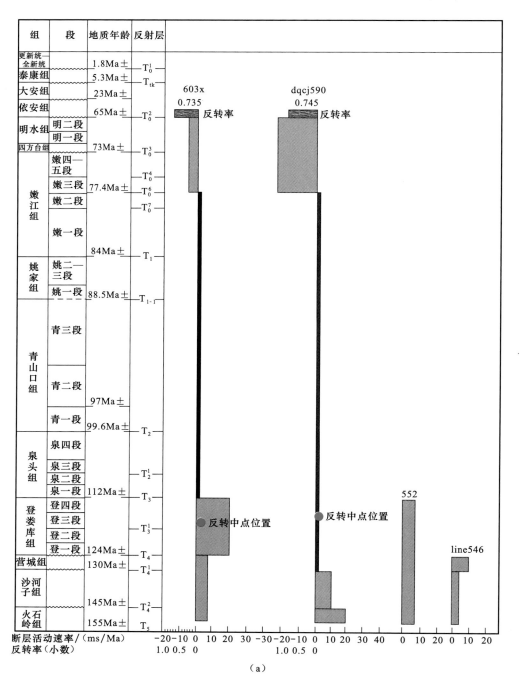

（a）

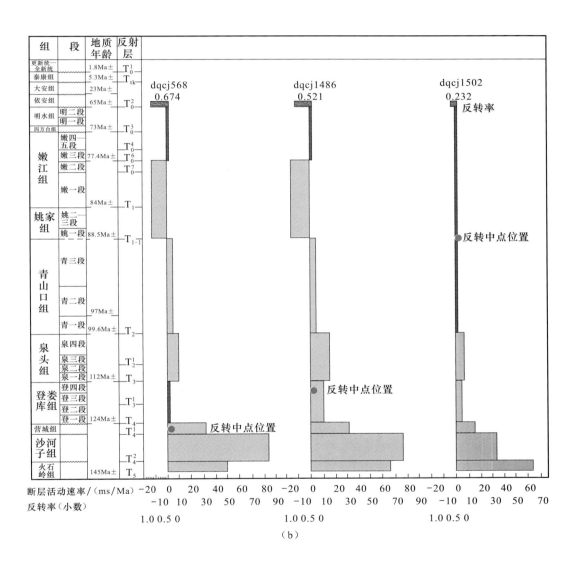

（b）

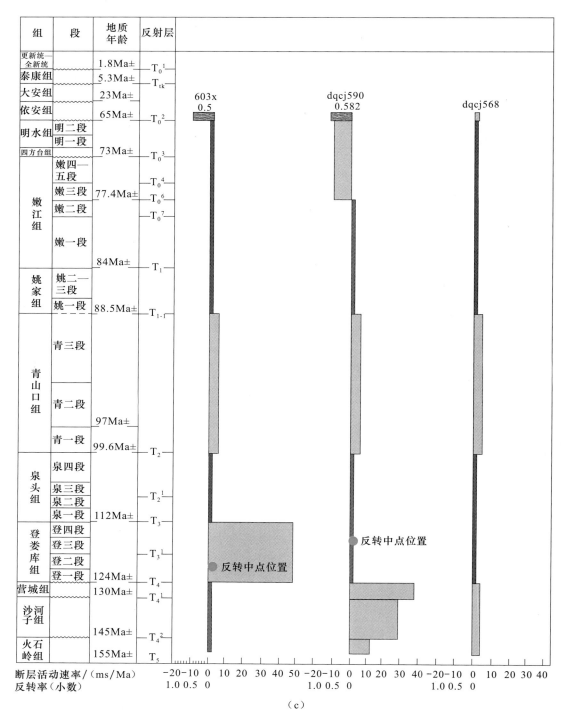

图 5-40　松辽盆地正反转断层活动速率

（a）大安断裂；（b）孤店断裂；（c）红岗断裂

早期又活动，在构造反转期再活动的基底断裂；④断层活动的方式有两种，一是早期正断层发生反转，形成正反转断层，如大安断裂、孤店断裂和红岗断裂（图 5-40）；二是早期正断层继续正断活动向上延伸到 T_0^6 以上。全区共发育 5 条这类断层（图 5-37），孤店、红岗、大安为典型的 I-II-III-BF 基底断裂。

第三节　控制CO₂气藏断裂特征、分布及控藏机理

CO₂ 气多为幔源成因来源，因此，CO₂ 气藏与深大断裂密不可分，断裂作为 CO₂ 气运移的主要通道，控制着不同层位 CO₂ 在气藏中的含量，松辽盆地发育不同级别的断裂，其中基底断裂是对 CO₂ 气藏形成起决定性作用。

一、控制 CO₂ 气藏断裂的发育特征

1. 控制 CO₂ 气藏断裂多为规模较大的基底断裂

CO₂ 主要为幔源成因气，无论以哪种方式灌入盆地，基底断裂均为主要的运移通道，因此基底断裂控制了 CO₂ 的运移和分布（Wycherley et al., 1999；鲁雪松等，2009）。控制 CO₂ 气的基底断裂特征表现为：①断层以 NNE 向和近 SN 向为主［图 5-41（a）］；②规模较大，最大垂直断距为5000m，一般为 500～2500m，最大延伸长度为 156km，一般为 10～40km［图 5-41（b）、图 5-41（c）］；③断层倾角平缓，一般为 20°～50°，多为铲式断层［图 5-41（d）］；④断层垂向断穿层位较多。

2. 控制 CO₂ 气藏断裂主要为控陷的断裂

松辽盆地共发现 13 个典型的 CO₂ 气藏，包括昌德、徐深 19、徐深 20、徐深 28、长深 6、长深 2、长深 4、长深 7、德深 5、万金塔、红岗、乾安孤店和英台。

昌德 CO₂ 气藏主控断层为徐西断裂，是控制徐家围子断陷的主干边界断层（图 5-42）；从平面叠合图（图 5-43）和气藏解剖结果看，沿着徐西断裂和徐中断裂两个控陷断裂出现两个 CO₂ 异常条带，主控陷断裂徐西断裂附近 CO₂ 气更富集。

长岭断陷长深 2 井CO₂ 气分布在营城组火山岩储层中，火山岩体上部火山岩碎屑岩（凝灰岩为主），中部为大段砾岩，下部为火山熔岩（流纹岩、玄武岩，安山岩、凝灰岩等互层）（张庆春等，2010）。长深 2 井试油 3791～3809m，日产气 13×10⁴m³，孔隙度 0.8%～12.8%，渗透率为 0.01～0.34mD。该气藏位于前神字井断裂控制的裂隙式喷发形成的火山口上，控藏断裂前神字井断裂为控陷断裂（图 5-26）。同样长深 4 井 CO₂ 气藏也是受控于前神字井断裂形成的 CO₂ 气藏［图 5-44（a）］。长深 6 井 CO₂ 藏为受控于黑帝庙基底断裂形成的 CO₂ 气藏。长深 7 井受控于孤西断裂，孤西断裂为典型的控陷主干边界断裂［图 5-44（b）］。孤店断裂和红岗断裂均为控陷的基底断裂，控制形成了孤店、红岗 CO₂ 气藏［图 5-44（b）、

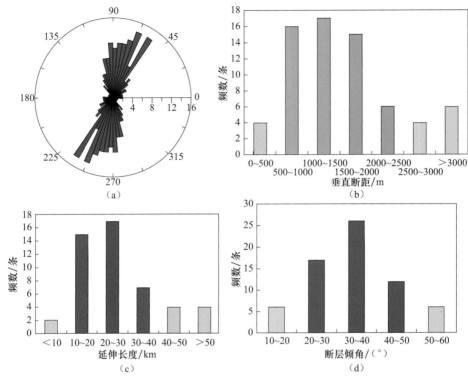

图 5-41　松辽盆地控制 CO₂ 气藏的基底断裂发育特征

图 5-44（c）]。东南隆起区德深 5 井位于德东断裂附近，为典型的控陷基底断裂控制形成的营城组火山岩 CO₂ 气藏［图 5-44（d）]。

利用全区 121 条地震剖面标定全盆地控陷断层及其控制的断陷结构（图 5-45），既有西断东超（如徐家围子断陷、林甸断陷、梨树断陷、英台断陷），东断西超（长岭断陷、古龙断陷）单断箕状断陷，又有双断式断陷（中和断陷和绥化断陷）。控制 CO₂ 气藏断裂主要为控陷的主干边界断裂，因此，CO₂ 气主要分布在断陷的边部及断陷中部的中央断隆带，整体上围绕古中央隆起带呈环状分布。

3. 控制 CO₂ 气藏断裂多为火山岩上涌的通道

松辽盆地 CO₂ 气为典型的幔源成因气，基底深大断裂为岩浆上涌的通道（Zhang and Zindler 1989; Harper and Jacobsen 1996; Zhang, 1997），伴随着岩浆的喷发和侵入，CO₂ 气灌入盆地，向断裂两侧圈闭中分流充注，形成 CO₂ 气藏，因此基底深大断裂既是火山岩上涌的通道，也控制着 CO₂ 气分布。从徐家围子断陷基底断裂与火山锥分布叠合看（图 5-29），火山锥沿着徐西断裂和徐中断裂呈串珠状分布，为典型的裂隙式喷发，而 CO₂ 气又主要分布在火山口附近（图 5-46）。

从全区断陷期火山岩体与基底断裂分布关系看（图 5-47），火山岩岩体呈串珠状或大面积沿基底断裂分布，靠近基底断层火山岩厚度明显增大，说明火山岩的形成与分布明显受控于基底断裂。

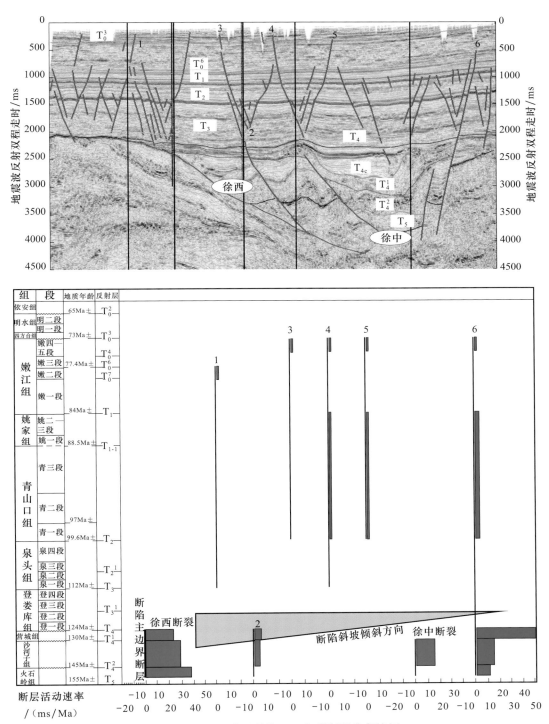

图 5-42 松辽盆地昌德 CO₂ 气藏断裂发育特征

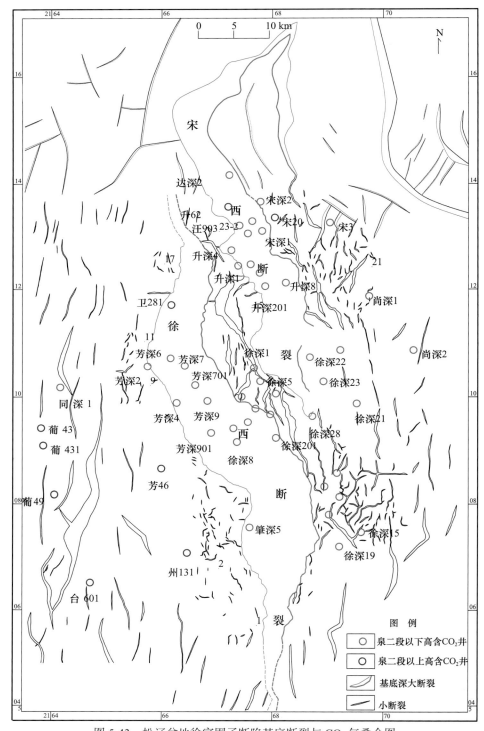

图 5-43　松辽盆地徐家围子断陷基底断裂与 CO₂ 气叠合图

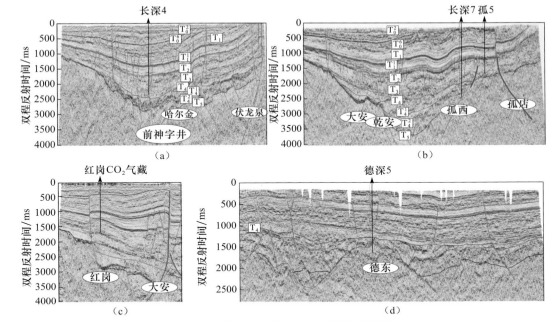

图 5-44 松辽盆地典型 CO_2 气藏构造特征

4. 控制 CO_2 气藏断裂多收敛于拆离带且与侵入体或热流底辟体相连

通过松辽盆地北部和徐家围子断陷 15s 大剖面及其常规地震剖面解译可以看出，徐西和徐中断裂这种铲式基底断裂向下收敛于拆离带，并与深部的侵入体或热流底辟体相衔接（图 5-48），CO_2 气分布在侵入体或热流底辟体与基底断裂徐西、徐中和徐东控制的范围内（图 5-48、图 5-49）。

5. 控制 CO_2 气藏断裂活动规律

通过 CO_2 气藏解剖结果看（表 5-1），控制 CO_2 气成藏的基底断裂活动规律不同，三种活动规律不同的基底断裂均控制着 CO_2 气藏的形成。不同活动规律的基底断裂控制着 CO_2 富集层位，Ⅰ-Ⅱ-Ⅲ-BF 型断裂控制的 CO_2 气主要富集在泉头组三、四段，Ⅰ-BF 和 Ⅰ-Ⅱ-BF 型断裂控制的 CO_2 主要富集在深层营城组火山岩体中。从不同活动规律断裂控制的 CO_2 气富集程度看，Ⅰ-BF 和 Ⅰ-Ⅱ-Ⅲ-BF 型断裂控制的气藏 CO_2 含量更高，如长深 4、长深 6、红岗和孤店 CO_2 气藏（表 5-1）。

从控制 CO_2 气藏基底断裂在早白垩世早期活动强度统计来看（图 5-50），尽管断裂活动速率与 CO_2 气含量之间无明显的关系，但 CO_2 气藏附近基底断裂早期活动强度普遍大于 7ms/Ma，说明断陷期活动强度较大的控陷基底大断裂才能控制 CO_2 气藏的形成。

二、控制 CO_2 气藏断裂的分布规律

通过控藏断裂的解剖，最终是要搞清 "哪些是控藏断裂"，基本把握五个原则：①控陷

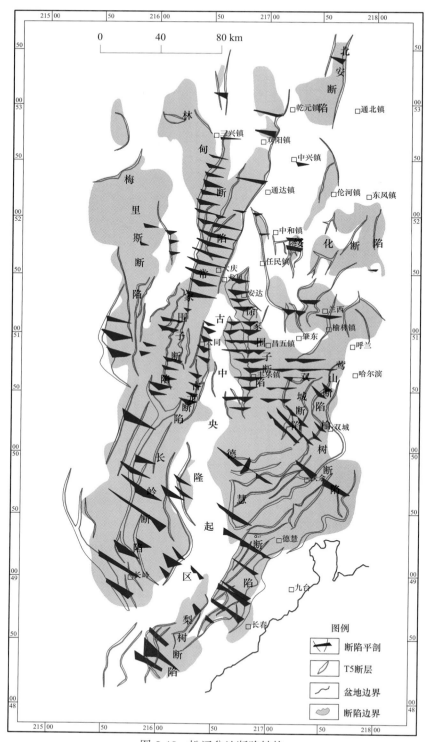

图 5-45 松辽盆地断陷结构

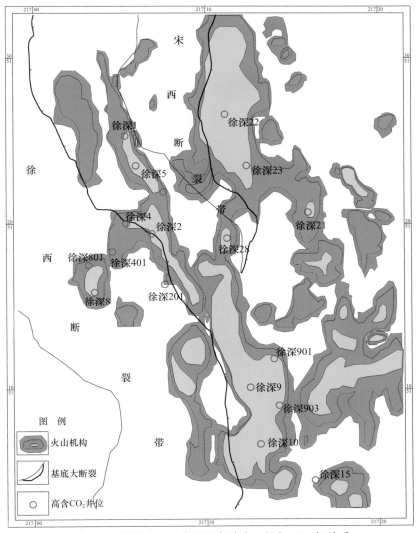

图 5-46 松辽盆地徐家围子断陷火山锥与 CO₂ 气关系

的基底断裂；②控制岩浆上涌的基底断裂；③收敛于拆离带并与热流底辟体或"有根"侵入体相衔接的基底断裂；④Ⅰ-BF、Ⅰ-Ⅱ-BF 和 Ⅰ-Ⅱ-Ⅲ-BF 三种类型的基底断裂；⑤在早白垩世早期活动速率在 7ms/Ma 以上的基底断裂。依据这五条原则，确定控藏断裂分布的关键是要搞清基底断裂是否收敛于拆离带，并与热流底辟体或"有根"的侵入体相连。从 15s 地震大剖面解译成果与深大断裂对比的结果看（图 5-13、图 5-14），深大断裂是侵入体和热流底辟体的反映，因此，依据深大断裂大体可以刻画侵入体和热流底辟体的平面分布，预测侵入体和热流底辟体沿着 NNE 和 NNW 向深大断裂呈条带状分布。预测徐西和徐中断裂距离热流底辟体之间的距离为 20～40km，因此，在预测的侵入体和热流底辟体 20～40km 范围内、倾向向着"气源"方向的基底断裂均可以成为控藏断裂。

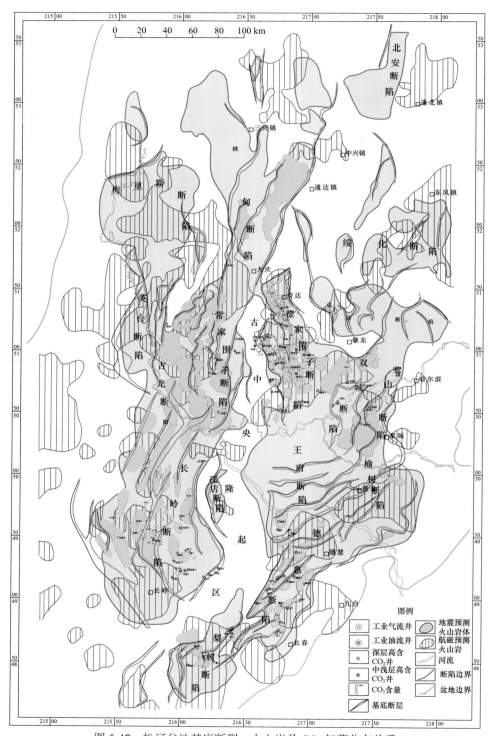

图 5-47　松辽盆地基底断裂、火山岩及 CO$_2$ 气藏分布关系

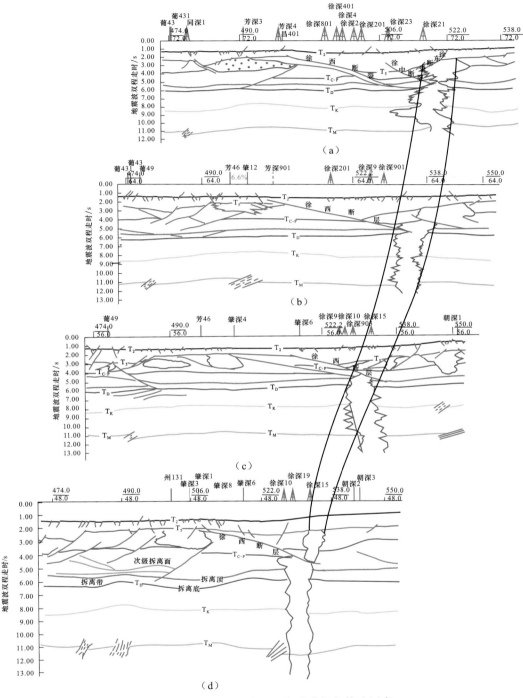

图 5-48　徐家围子断陷 CO₂ 气成藏深部构造因素

T_2. 泉头组顶面；T_5. 基岩顶面；T_{C-P}. 石炭系—二叠系顶面；T_D. 拆离面；T_K. 康拉德面；T_M. 莫霍面

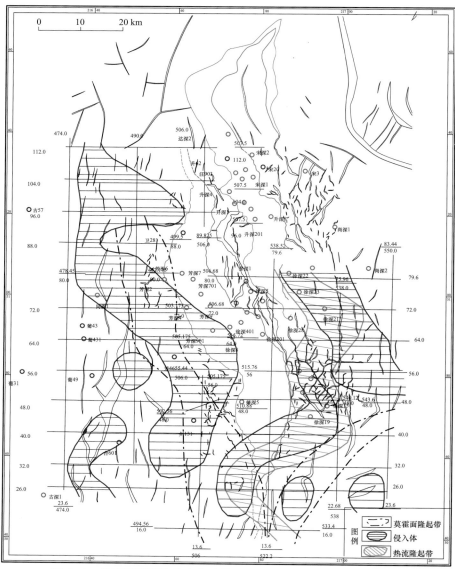

图 5-49 徐家围子断陷热流底辟体、基底断裂与 CO_2 气分布的关系

表 5-1 松辽盆地 CO_2 气藏及控藏断裂解剖

断陷名称	气藏名称	控藏断裂	活动规律	CO₂聚集层位	CO₂含量（平均）/%
徐家围子断陷	昌德 CO₂ 气藏	徐西断裂	I-BF	营城组火山岩	76.336～93.083（84.328）
	徐深 28 CO₂ 气藏	徐西断裂	I-BF	营城组火山岩	75.98～85.49（80.73）
	徐深 19 CO₂ 气藏	徐中断裂	I-BF	营城组火山岩	91.65～98.01（93.02）
长岭断陷	长深 6 CO₂ 气藏	前神字井断裂	I-BF	营城组火山岩	83.853～96.976（97.18）

续表

断陷名称	气藏名称	控藏断裂	活动规律	CO₂聚集层位	CO₂含量（平均）/%
长岭断陷	长深 2 CO₂气藏	前神字井断裂	I-BF	营城组火山岩	98.45～98.55（98.52）
	长深 4 CO₂气藏	前神字井断裂	I-BF	营城组火山岩	（95.00）
	长深 7 CO₂气藏	孤西断裂	I-II-BF	营城组火山岩	（95.00）
	红岗 CO₂气藏	红岗断裂	I-II-III-BF	泉四段	94.81～95.29（95.01）
	乾安 CO₂气藏	前神字井断裂	I-II-BF	泉三四段	88.62～95.73（91.36）
	孤店 CO₂气藏	孤店断裂	I-II-III-BF	泉四段	92.33～97.75（94.95）
德惠断陷	德深 5CO₂气藏	德东断裂	I-BF	营城组火山岩	（98.50）

注：数值范围为CO₂含量的范围，括号内数值为CO₂的平均含量。

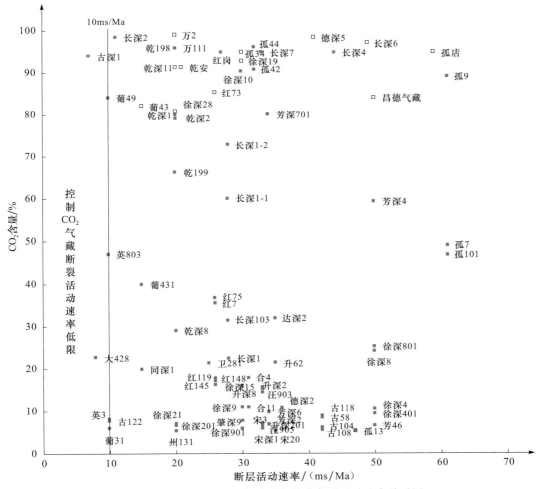

图 5-50 松辽盆地 CO₂气含量与控藏断裂活动速率关系图

依据这五项原则，逐级筛选，确定了松辽盆地可能控制 CO_2 气成藏的基底断裂分布（图 5-37），长岭断陷 14 条、东南隆起 27 条、双城断陷 2 条、莺山断陷 2 条、徐家围子断陷 2 条、常家围子断陷 5 条、英台断陷 2 条、林甸断陷 4 条。

三、断裂对 CO_2 成藏的控制机理

尽管松辽盆地断裂活动有七个时期，但强烈的活动时期只有三个：早白垩世早期、泉头组沉积晚期—青山口组沉积早期和明水组沉积末期。基底断裂为 CO_2 上运的主要通道，但基底断裂三期活动为 CO_2 气成藏准备了不同的要素。

1. 早白垩世早期断裂活动控制了火山喷发并形成有利的储层

幔源岩浆侵入中上地壳并导致地壳重熔，形成富含 CO_2 的壳源岩浆，基底断裂活动导致壳源岩浆上涌形成多期火山喷发。

（1）断裂控制火山口分布。松辽盆地深层火山喷发存在两种模式：一是裂隙式喷发；二是中心式喷发。无论哪种类型喷发，形成的火山口均沿着基底断裂呈串珠状分布。火山口发育大量气孔和原生孔隙，成为有利的储层。

（2）断裂多期活动控制火山口附近储层裂缝发育。从地层对比和火山岩旋回划分结果看，徐家围子断陷营一段发育五个火山旋回，反映断裂在早白垩世早期多期活动，火山口常常分布在断裂走向拐点、端点和古调节带附近，稍晚断裂活动常造成这些地区应力集中，形成大量的裂缝，有效地改善火山岩体储集空间，形成优质储层。徐家围子断陷营城组裂缝发育区主要集中在徐西和徐中断裂走向拐点、端点和古调节带上。

2. 明水组末期断裂活动导致大量 CO_2 气上运并聚集成藏

（1）断裂活动方式控制 CO_2 气脱排方式。明水组末期为松辽盆地构造回返强烈时期，反转构造在此时定型，伴随构造反转形成正反转断层，正反转断层向上断至 T_0^6 反射层以上。从断穿层位上看，断陷期之后停止活动的断层多为铲式断层，向下收敛于拆离带，这些断层在拆离带内多为塑性变形，因此推测该类断层在深层具有典型蠕滑特征，而在断层顶部是锁死的。因此在明水组末期，这两种不同活动规律的基底断裂均活动，但活动方式明显不同。从目前地震识别结果看，断层反转并未伴随大量玄武岩侵入，因此，从两种不同活动规律断层看 CO_2 脱排模式，多为断层活动导致热流底辟体或有根的侵入体振荡脱气，并沿基底断裂灌入盆地并富集成藏。

（2）断裂断穿层位控制 CO_2 气聚集层位。通过上述分析可以看到，凡是与深部热流底辟体和有根的侵入体直接相连的基底断裂均是 CO_2 上运的通道，但不同活动规律的基底断裂在盆地内断穿层位不同，使得 CO_2 气上运聚集的层位明显不同，断陷期活动的基底断裂（Ⅰ型）多数向上断至 T_4，因此该类断裂成为营城组火山岩储盖组合中有效的输导通道，受该类断裂控制，形成了昌德、徐深 28、徐深 19、长深 6、长深 4、长深 2、长深 9 和德深 5 等 CO_2 气藏（表 5-1）。尽管 Ⅰ-Ⅱ-Ⅲ-BF 和 Ⅰ-Ⅱ-BF 型断裂向上均断至 T_2 反射层

以上，但受青山口组高品质区域性盖层的控制，CO_2气主要聚集在泉头组三、四段储集层中，由于Ⅰ-Ⅱ-Ⅲ-BF断裂在明水组末期活动强烈，该类断层为主要的输导通道，且泉头组三、四段中，CO_2主要聚集在反转构造带上，典型的有孤店、乾安、红岗和万金塔CO_2气藏（表5-1）。因此同期CO_2气上运，由于断层断穿层位不同形成了两套含CO_2气组合。

（3）断裂与火山口控制CO_2聚集部位。断裂与火山口常相伴而生，火山口由于原生孔隙保存和后期裂缝发育为有利的储集体，沿着基底断裂和古火山通道上运的CO_2优先聚集在火山口上。同时火山口常形成古地貌高点，之后埋藏如果没经历大规模构造变动，高点将被保存，成为低势区，是晚期CO_2汇聚的有利地区。因此，目前松辽盆地发现的CO_2主要聚集在火山口上。

（4）断裂控藏模式概括如下。频繁断裂活动导致岩浆房（热流底辟体或有根的侵入体）压力降低，CO_2大量脱出并沿与之相连的基底断裂灌入盆地，由于基底断裂断穿层位不同，使CO_2分别聚集在上、下两套储盖组合中（图5-51），CO_2成藏时期晚于烃类气成藏时期，宏观上具有CO_2气驱替烃类气的过程。

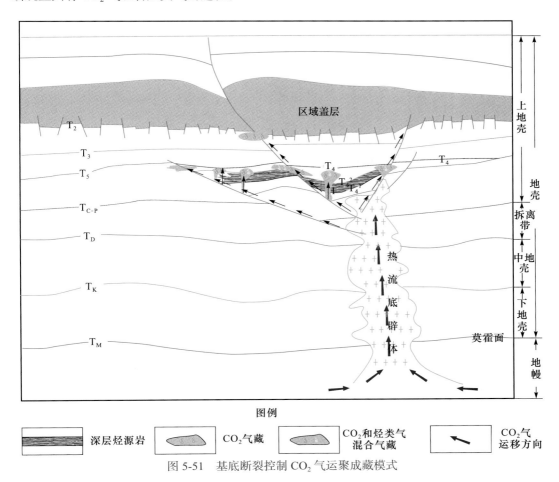

图5-51　基底断裂控制CO_2气运聚成藏模式

第六章

火山岩特征及对CO_2气藏的控制作用

岩浆是幔源CO_2的气源储集库和载体，火山-岩浆活动期即为幔源CO_2的释放期和聚集期。目前，世界上已发现的CO_2气藏大都分布在地史上或现代的火山活动地带。我国东部中新生代陆相盆地发现的高含CO_2气藏区就是位于环太平洋岩浆活动区，包括松辽盆地、渤海湾盆地、海拉尔盆地等。松辽盆地中、新生代发生多期次、不同性质的火山岩浆活动，本章详细分析不同期次、不同类型火山岩的地质特征、地球化学特征、成因机制及其对含CO_2天然气藏的控制作用。

第一节　火山岩活动旋回与期次

松辽盆地中、新生代岩浆侵入和喷出活动频繁而强烈，其岩石类型复杂多样，是我国环太平洋火山岩带的重要组成部分。研究表明，松辽盆地的中、新生代火山岩总体上表现为时间上的多期性、阶段性和空间上的分带性。

一、中生代火山岩活动的期次划分

松辽盆地内中生代火山岩主要分布在四个层位，即火石岭组（K_1h）、营城组（K_1yc）、泉头组（K_1q）和青山口组（K_2qn）。从火山岩的形成时间来看，中生代火山岩活动可划分为四期，形成时间分别对应于火石岭组（K_1h）、营城组一段（K_1yc^1）、营城组三段（K_1yc^3）和青山口组（K_2qn）沉积期。

Wang等（2002）利用全岩K-Ar法和透长石Ar-Ar法对松辽盆地内的火山岩进行了定年，表明火石岭组火山岩形成于中晚侏罗世（157～147Ma）。裴福萍等（2008）利用锆石U-Pb年代学测试表明，松辽盆地火石岭组的形成时代为133～129Ma，应该是属于早白垩世早期，而非之前认识的晚侏罗世（高瑞祺和萧德铭，1995），这一年龄结果与古生物资料所得出的结论是一致的。

最新的年代学研究结果表明，营城组火山岩的形成时代主要为117～102Ma（舒萍等，2007；裴福萍等，2008；章风奇等，2008），即早白垩世晚期。将营城组火山岩的年龄结果统计如图6-1所示。从图中可以看出，营城组火山岩的形成时代为117～102Ma，其中，114～110Ma 和 105～103Ma 为两个峰值，而 110～107Ma 的年龄结果很少，可能暗示营城组两期重要的火山作用，分别相当于营城组一段和三段沉积时期。

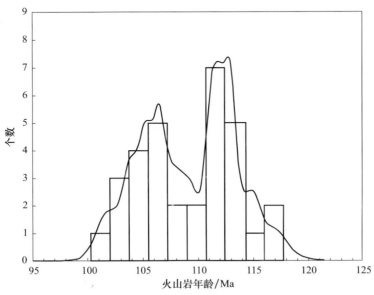

图 6-1 营城组火山岩年龄统计（部分数据引自舒萍等，2007）

中生代火山活动的最后一期时代为 97～75Ma，岩性主要为基性玄武岩，出现在松辽盆地的青山口组和泉头组地层中，如齐家古龙地区的英 8 井位于孙吴双辽断裂附近，其下部泉二段、泉三段钻遇两层共厚 60.2m 的玄武岩层（谈迎等，2005），齐家古龙地区的金 6、金65 井也在泉头组钻遇玄武岩；乾安地区的乾 124 井于青山口组见到超过 60m 的玄武岩（邵明礼等，2000）。张辉煌（2007）通过多阶段激光加热 Ar-Ar 法所获大屯玄武岩的坪年龄为92.5Ma±0.5Ma 和等时线年龄 93.2Ma±2.4Ma，坪年龄与全熔年龄 92.3Ma±0.3Ma 吻合，因此 92.5Ma±0.5Ma 代表大屯玄武岩的真实喷发年龄，是青山口期火山岩活动的证据。在盆地西南段的阜新地区的玄武岩的 K-Ar 同位素年龄为 84.76Ma±1.67Ma（郑常青等，1999），总体来看，第四期火山活动较弱，在盆地内分布十分局限。

二、新生代火山活动的期次划分

松辽盆地内部新生代火山岩出露较少，只在盆地边部发现几座新生代火山，如盆地北部边缘的五大连池火山和克东火山，盆地东缘的伊通火山群，盆地南部的双辽和大屯火山。按照火山活动时间，新生代火山活动可划分为三期。

第一期火山岩活动时间为始新世，主要分布在双辽火山群。刘嘉麒（1987）、余扬（1987）曾对双辽火山进行详细 K-Ar 法年代学研究。K-Ar 法年代测试显示，双辽火山岩是松辽盆地唯一出露的古近纪火山岩，明显早于东北新生代玄武岩的主要喷发期——中新世。张辉煌等（2006）对双辽七个样品进行全岩 Ar/Ar 法测试，样品岩性都为玄武岩（大吐尔基山辉绿岩除外），涵盖了双辽的七座火山，数据结果见表 6-1。相对于 K-Ar 法定年，Ar-Ar 法定年具有优越型，只需测定活化样品的 Ar 同位素比值，即可计算样品的年龄，避免 K 含量的不准确性带来的误差，同时坪年龄可以与等时线年龄相互验证，确保其准确性。Ar-Ar 法所测年龄与 K-Ar 法比较发现（表 6-1），除玻璃山两种方法所测年龄相近外，其余火山年龄都存在较大的差距，特别是 Ar-Ar 年龄证实大吐尔基山仍是始新世火山，非 K-Ar 测得的晚白垩年龄（86.2Ma）（余扬，1987）。Ar-Ar 年龄显示双辽火山集中喷发于始新世（51.0～41.6Ma），具较短的喷发跨度。其中，大、小吐尔基山喷发最晚，年龄分别为 41.6Ma±0.3Ma 和 43.0Ma±0.4Ma，其余火山喷发年龄集中约 50Ma，整体上松辽盆地南缘火山具有从盆地边部向中心迁移的趋势。

表 6-1　双辽 Ar-Ar 与 K-Ar 年龄结果对比（据张辉煌，2007）

采样点	样号	岩性	年龄 /Ma	测试方法	数据来源
大哈拉巴山	SL49	碱性橄榄玄武岩	39.9±1.47	K-Ar	刘嘉麒，1987
	D-2	碱性橄榄玄武岩	47.61±0.56	K-Ar	余扬，1987
	DHLB-1	碱性橄榄玄武岩	51.0±0.5	Ar-Ar	张辉煌，2007
小哈拉巴山	SL50	拉斑玄武岩	61.0±1.61	K-Ar	刘嘉麒，1987
	XHLB-1	碱性橄榄玄武岩	50.9±0.4	Ar-Ar	张辉煌，2007
	SL45-1	碧玄岩	48.4±1.74	K-Ar	刘嘉麒，1987
玻璃山	SL45-2	碧玄岩	47.4±1.75	K-Ar	刘嘉麒，1987
	BLS-4	碧玄岩	49.7±0.2	Ar-Ar	张辉煌，2007
勃勃图山	SL43	碧玄岩	49.1±1.68	K-Ar	刘嘉麒，1987
	B-4	富橄碧玄岩	37.01±0.93	K-Ar	余扬，1987
	BBT-1	碧玄岩	50.1±0.8	Ar-Ar	张辉煌，2007
大吐尔基山	TD-5	高铝碱性辉绿岩	86.22±1.07	K-Ar	余扬，1987
	DTJ-2	辉绿岩	41.6±0.3	Ar-Ar	张辉煌，2007
小吐尔基山	XTJ-2	过渡玄武岩	43.2±0.4	Ar-Ar	张辉煌，2007
敖（闹）宝山	NBS-4	碧玄岩	48.5±0.8	Ar-Ar	张辉煌，2007

第二期火山岩活动时间为新近纪的中新世，主要分布在盆地东缘的伊通断裂带附近的伊通火山群。刘嘉麒（1987）和刘若新和李继泰（1992）对伊通火山进行了详细的 K-Ar 年代学工作。根据这些工作，东尖山、马鞍山、大孤山、莫里青山、横头山的年龄分别为 9.9Ma、11.9Ma（王振中，1994）、12.8Ma、14.4Ma 和 31Ma。中新世也是我国东北新生代玄

武岩的主要喷发期。

第三期火山岩活动时间为第四纪，主要位于盆地北部的五大连池火山群。据史料记载，笔架山和二龙眼山为36～28Ma前喷发形成的，而黑龙山则是1719～1721年喷发形成的。

综合以上测年成果，可将松辽盆地中新生代火山岩活动划分为两大旋回、七个期次（表6-2）。其中，中生代火山岩以中酸性喷发岩为主，主要来自壳源岩浆，在盆地内广泛分布；而新生代火山岩以基性玄武岩为主，来自于上地幔岩浆，在盆地内部无出露，在盆地边部局部分布。

表6-2 松辽盆地火山岩活动的旋回与期次

旋回	期次、年龄	主要岩性
新生代	第七期：第四系	五大连池：玄武岩
	第六期：15～9Ma	伊通：碧玄岩
	第五期：51～41Ma	双辽：碧玄岩、碱性橄榄玄武岩、过渡玄武岩和辉绿岩
中生代	第四期：92Ma	青山口组（大屯）：拉斑玄武岩
	第三期：107～102Ma	营城组三段：酸、中、基性
	第二期：110～120Ma	营城组一段：流纹质岩石
	第一期：133～129Ma	火石岭组：安山质岩石

第二节 中生代火山岩的类型、特征、成因及分布

一、中生代火山岩岩石类型

松辽盆地中生代火山岩岩性复杂多样，从基性到酸性均有产出，但以中基性到酸性为主（图6-2）。基性岩类主要落入玄武岩区，中性岩类主要落入粗面安山岩、安山岩和玄武粗安岩范围内，个别落入玄武粗安山岩区，酸性岩类主要落入流纹岩和粗面英安岩区域，个别为英安岩。典型岩石类型有玄武岩、安山玄武岩、安山岩、粗面岩、英安岩、流纹岩、凝灰岩及火山碎屑岩八类，以流纹岩、安山岩类为主。火石岭组火山岩包括安山岩、粗面岩、粗面安山岩、玄武质安山岩、玄武质粗面安山岩、流纹岩。营城组以酸性和中酸性岩为主，也有基性岩发育，主要包括流纹岩、英安岩、安山岩、粗面岩、粗面安山岩、玄武粗面安山岩、玄武安山岩及碧玄岩。

火山岩按K_2O和SiO_2含量可以进一步进行分类。Maitre等（1989）提出岩石可分为低钾、中钾、高钾的岩石类型。Shand's图解按Al_2O_3、Na_2O、CaO、K_2O的含量，将岩石分为偏铝质、过铝质和过碱质。根据TAS、Si-K和Shand's图解，对松辽盆地火山岩化学成分进

行分类（图6-3、图6-4）。松辽盆地中生代火山岩主要为中铝系列和高铝系列，中钾系列和高钾系列。

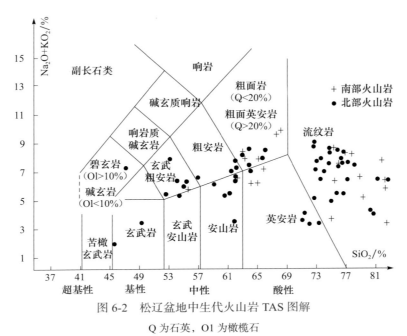

图 6-2 松辽盆地中生代火山岩 TAS 图解

Q 为石英，Ol 为橄榄石

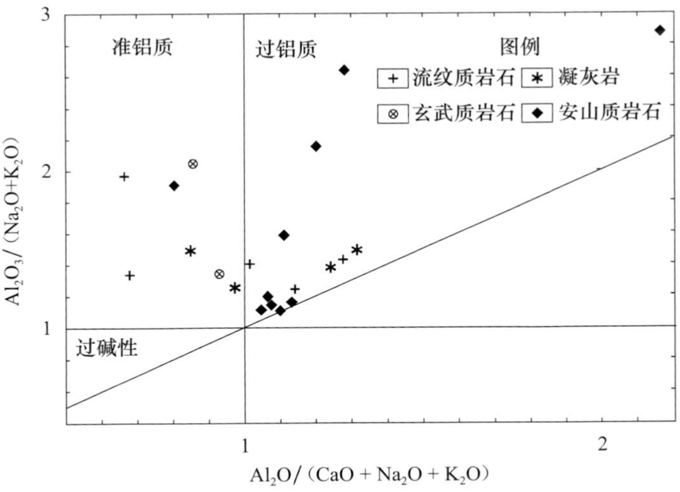

图 6-3 松辽盆地营城组火山岩 Shand's 指数图解

火山岩一般分为碱性和亚碱性系列，亚碱性系列又可进一步分为拉斑玄岩系列及钙碱性系列。划分碱性与亚碱性系列最方便的就是硅 - 碱图。对于中酸性岩，划分亚碱性系列中的拉斑玄武岩系列与钙碱性系列，以 AFM 图解较好。松辽盆地中生代火山岩以亚碱性系列为主，也有少量碱性系列，而亚碱性系列中又以钙碱性系列为主（图6-5）。

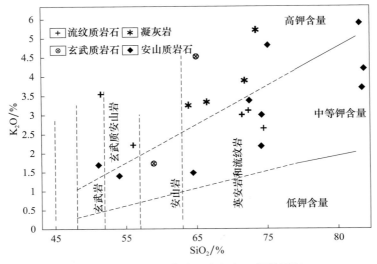

图 6-4 松辽盆地营城组火山岩 K 指数图解

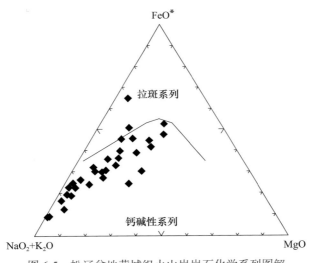

图 6-5 松辽盆地营城组火山岩岩石化学系列图解

$$FeO^* = FeO + 0.8998 \times Fe_2O_3$$

二、中生代火山岩地球化学特征

火石岭组和营城组火山岩地球化学特征见表 6-3。总的来说，该区火山岩稀土元素含量中高，富集 K、Ba、Th、U、Sr 等大离子亲石元素（large-ion lithophile element, LILE），而亏损 Nb、Ta、Ti、P、Zr、Hf、Y 等高场强元素（high field strength element, HFSE）。

松辽盆地中生代火山岩中稀土元素的主要特征是，轻稀土元素（La、Ce、Pr、Nd、Sm）相对富集，重稀土元素（Gd、Tb、Dy、Ho、Er、Tm、YB、Lu）相对亏损。铕（Eu）负异

常普遍存在（图 6-6）。轻稀土元素之间分异度大，重稀土元素之间分异度小。岩石主要为钙碱性系列，火石岭组有少量拉斑系列火山岩。火山岩的岩石组合和地球化学属性反映的成岩环境是与俯冲作用有关的活动大陆边缘构造背景。

表 6-3　松辽盆地断陷期火山岩地球化学特征

地化指数	营城组	火石岭组	岛弧火山岩	大陆裂谷火山岩
TAS	以酸性岩为主	以中性岩为主	以中酸性岩为主	以基性岩和碱性岩为主
岩石化学系列	钙碱性为主	钙碱性为主	钙碱性为主	碱性为主
Al₂O₃/（K₂O+Na₂O）	<1	<1	<1	>1
元素 /primit Ve mantle	K 正异常	K 正异常	K 正异常	K 负异常
Eu 负异常	常见	常见	常见	无
Rb/Sr	0.024～1.753	0.02～0.433	0.018～1.47	0.02～0.05
LREE/ 球粒陨石	20～200	8～100	5～>100	50～>200
HREE/ 球粒陨石	6～20	3～15	5～15	10～50
Nb/Zr	0.05～0.18	0.008～0.095	0.01～0.15	>0.15

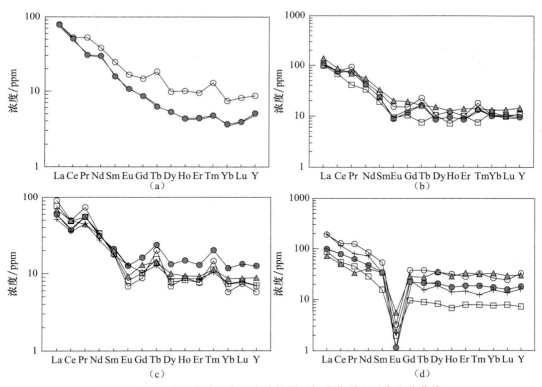

图 6-6　松辽盆地营城组火山岩球粒陨石标准化稀土元素配分曲线

（a）安山岩类的典型 REE 特征；（b）粗面岩类的典型 REE 特征；（c）英安岩类的典型 REE 特征；（d）流纹岩类的典型 REE 特征

三、中生代火山岩成因机制

有关松辽盆地晚中生代火山岩的形成构造环境，前人有着不同的观点：古太平洋板块向东亚大陆俯冲的活动大陆边缘构造环境（刘和甫等，2000），蒙古 - 鄂霍次克海闭合的碰撞造山后的板内伸展构造环境（Meng，2003；章凤奇等，2007）和大陆岩石圈拆沉环境（徐义刚，1999；邓晋福等，2006）。而张连昌等（2007）则认为该区早白垩世早期可能受蒙古 - 鄂霍次克海造山后伸展和太平洋俯冲的双重作用，直到早白垩世晚期才完全进入太平洋构造域。闫全人等（2002）和王对兴等（2013）等认为在中生代晚侏罗世到白垩世早期火山岩形成环境为火山弧环境，而到晚白垩世晚期则主要变为板内伸展环境。

松辽盆地中生代火山岩的形成与太平洋板块俯冲导致的岩石圈拆沉减薄、软流圈上涌密切相关，主要为板块俯冲作用引起的板内伸展环境下的岩浆活动。鉴于此，综合前人研究成果，初步建立了松辽盆地中生代火山岩成因模式（图 6-7）。

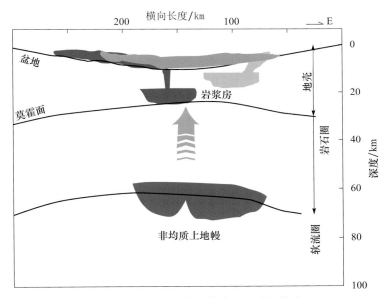

图 6-7　松辽盆地中生代火山岩成因模式

（1）主微量元素研究显示，中性火山岩为亚碱性 - 弱碱性系列，流纹岩属低镁、低钛流纹岩系列，且为 A 型火山岩系列；火山岩富集 REE（稀土元素）、Rb、Th，较强烈亏损 Ba、Sr、P、Eu、Ti，表明原始岩浆可能由年轻成分与古老地壳混合、部分熔融产生，且在岩浆演化过程中经历了较强烈的斜长石、磷灰石、钛铁矿等矿物的分离结晶作用，并暗示其演化过程中可能经历了不同程度的地壳混染作用（王对兴等，2013）。

（2）受太平洋板块俯冲作用的影响，在松辽盆地深部是非均质地幔上涌，造成异常高温，从而引起岩石圈地壳部分熔融而形成岩浆，并在地壳中形成岩浆房，经过分异等岩浆演化作用，形成不同成分的岩浆，随后由于断裂作用，岩浆喷发至地表，并形成不同成分的火山岩，基性、中性和酸性火山岩均较发育。

（3）营城组火山活动通道是发育的深大断裂系统，岩石圈和壳断裂是岩浆深部主要通道，基底断裂和盖层断裂控制火山口位置，特别是这些断裂的交汇处。

（4）基于火山岩同位素年代学结果，考虑到岩石组合、地球化学特征和区域地质背景，可将松辽盆地火石岭组—营城组火山活动分为三个构造-岩浆旋回。旋回一，火石岭组上段，以安山岩类为主，属岛弧或造山带火山岩，为鄂霍次克缝合带同碰撞期火山作用的产物。旋回二，营城组一段，以流纹岩类为主，主要为壳源重熔成因。旋回三，营城组三段，为安山质玄武岩和酸性岩，具有类似于双峰式火山岩的特点，为碰撞后期受太平洋板块俯冲造成的板内伸展作用的产物。

（5）松辽盆地中生代火山作用的深部过程表现为岩浆源区从逐渐上升到下降的过程（表6-4）（王清海和许文良，2003）：晚侏罗世到早白垩世早期为降温降压过程，表现为岩石圈伸展速度增大，岩浆源区变浅，盆地演化由断陷向拗陷转化；从早白垩世早期到晚白垩世，则为升温升压过程，岩石圈伸展速度变小，岩浆源区加深，盆地演化进入拗陷期。

表6-4　中生代岩浆起源深度、压力及源岩熔融温度估算（据王清海和许文良，2003）

地区	时代	岩浆起源深度/km	岩浆起源压力/GPa	源岩熔融温度/℃
松辽盆地及周边地区	K₂qn	60～97	1.8～2.9	1000～1100
	K₁d	46	1.2～1.4	1300
	K₁yc	20～30	0.6～1.0	900
	K₁hs	40±	1.0～1.2	950～1000

四、中生代火山岩分布

松辽盆地及邻区中生代火山岩广泛分布，主要以晚侏罗世—早白垩世的火山岩最为发育，其他时代火山岩分布均十分局限，仅分布在局部地区。

1. 营城组火山岩分布

松辽盆地主要断陷内营城组火山岩分布广泛。营城组火山岩是松辽盆地内早白垩世规模最大、延续时间最长、分布面积最广的一次火山喷发活动。依据钻井、地震和重磁及航磁等资料，研究松辽盆地营城组火山岩的分布（图6-8）。营城组火山岩在林甸、徐家围子、常家围子、长岭、德惠、梨树等断陷中分布广泛，厚度大。火山喷发活动非常频繁，由多个喷发旋回构成（杨帝等，2011），总体上火山喷发可分布为两大期次：营一段以酸性的流纹质火山岩系为主，营三段主要为中性和酸性火山喷发岩。这两套火山岩之间为营二段暗紫色砂岩、砾岩、凝灰质砾岩与深灰色、灰黑色泥岩的不等厚互层。

从岩性分布特点来看，中基性岩主要分布在徐家围子断陷北部、德惠断陷、长岭断陷东部和南部及林甸断陷；酸性岩主要发育在徐家围子、双城、长岭断陷，榆树和德惠断陷也有零星分布（杜金虎等，2010）。

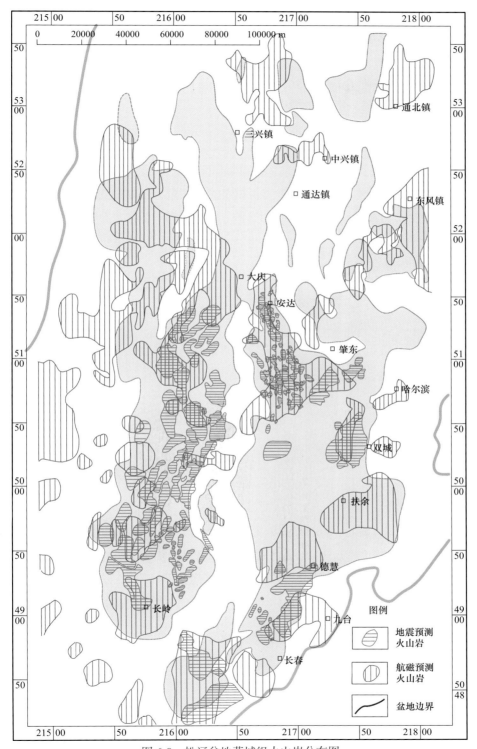

图 6-8　松辽盆地营城组火山岩分布图

2. 火山岭组火山岩分布

火山岭组火山喷发活动强度及规模较营城组弱，多沿基底深大断裂呈裂隙式喷发。从火石岭组火山岩分布来看，盆地南部较北部发育；松北以中、酸性火山岩为主，松南以中、基性和酸性火山岩为主（杜金虎等，2010）。火山岭组火山岩与下伏基底呈角度不整合接触，与上覆沙河子组地层也呈角度不整合接触。

3. 青山口期火山岩分布

青山口组火山岩岩性主要为基性玄武岩，如齐家古龙地区的英8井位于孙吴-双辽断裂附近，钻遇两层共厚60.2m的玄武岩层（谈迎等，2005），齐家古龙地区的金6井、金65井也钻遇玄武岩；乾安地区的乾124井于青山口组见到超过60m的玄武岩（图6-9）（邵明礼等，2000）。根据钻遇情况推测，青山口组玄武岩沿中央拗陷的深大断裂带，北起齐家断凹，南至长岭断陷，总厚可达209m。

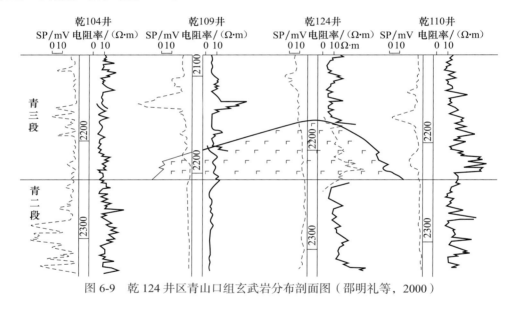

图 6-9　乾 124 井区青山口组玄武岩分布剖面图（邵明礼等，2000）

第三节　新生代火山岩的类型、特征、成因及分布

松辽盆地新生代火山岩在盆地内部基本没有出露，也无钻井钻遇，主要出露在盆地周边的五大连池、伊通、双辽等地。火山岩岩性主要以基性、超基性的玄武岩、碱性橄榄玄武岩为主。

一、新生代火山岩岩石类型

五大连池火山岩为玄武岩，伊通火山岩为碧玄岩和碱性橄榄玄武岩，双辽火山岩为碧玄岩、碱性橄榄玄武岩、过渡玄武岩和辉绿岩。

（1）伊通-大屯火山岩。在 TAS 图解（图 6-10）上，不同时代喷发的岩浆有明显不同的岩石性质（张辉煌等，2006）：晚白垩的大屯玄武岩为拉斑玄武岩，落在玄武安山岩范围，32Ma 的横头山火山岩为弱碱性玄武岩，为碱性橄榄玄武岩；而最年轻的玄武岩以碧玄岩等强碱性玄武岩为主。Na₂O+K₂O 与 SiO₂ 呈负相关，这可能是不同程度的部分熔融所造成的（Jaques and Green，1980；Chen，1988）。

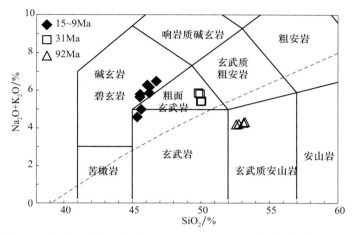

图 6-10　伊通-大屯火山岩 Na₂O+K₂O-SiO₂ 图解（张辉煌等，2006）
虚线为碱性与拉斑玄武岩分界线据 Irvine 和 Baragar（1971）

（2）双辽火山岩。根据岩相学特征和 TAS 图解，可划分碧玄岩、碱性橄榄玄武岩、过渡玄武岩和辉绿岩四种不同的岩石类型，属于碱性玄武岩系列（张辉煌等，2006）。虽然在 TAS 图解上（图 6-11）上，玻璃山玄武岩不归属于碧玄岩类，但其矿物成分、高霞石标准矿物含量及结晶程度都与勃勃图山、敖宝山碧玄岩相似，因此根据岩相学特征划归为碧玄岩（余扬，1987）。

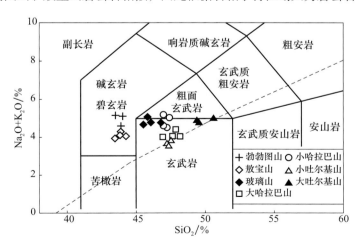

图 6-11　双辽火山岩 Na₂O+K₂O-SiO₂ 图解（张辉煌等，2006）
虚线为碱性与拉斑玄武岩分界线据 Irvine 和 Baragar（1971）

二、新生代火山岩地球化学特征

伊通 - 大屯火山岩活动时期从晚白垩世、古近纪到新近纪都有发育，对比不同时期火山岩的地球化学特征，可以很好地揭示新生代火山岩特征及其成因随时间的演化规律。张辉煌等（2006）对依通 - 大屯地区晚中生代—新生代玄武岩的地球化学特征进行了详细分析。下面主要借用其研究成果对伊通 - 大屯玄武岩的地球化学特征进行介绍，以与早白垩世的火山岩地球化学特征进行对比。

伊通 - 大屯玄武岩中三组岩石均显示轻稀土富集的特征 [图 6-12（d）～（f）]，但不同喷发时间的样品显示了不同的轻、重稀土分异程度。15～9Ma 玄武岩具高的稀土元素总含量（$\sum REE = 116.4～215.1 g/g$），轻、重稀土强烈分异 [$(La/Yb)_N = 11.4～21.1$]。31Ma 玄武岩 $\sum REE = 80.9～91.8 g/g$，$(La/Yb)_N = 7.0～8.2$。而 92Ma 大屯拉斑玄武岩则显示出低 $\sum REE$ 含量（77.1～81.3 g/g），轻、重稀土分异差 [$(La/Yb)_N = 4.7～5.1$]，且重稀土含量高的特征。因此，从老至新，伊通 - 大屯玄武岩的 La/Yb 增高，而重稀土含量降低。在微量元素蛛网图 [图 6-12（a）～（c）] 上，伊通 - 大屯玄武岩都不出现 Nb、Ta 的亏损，与洋岛玄武岩

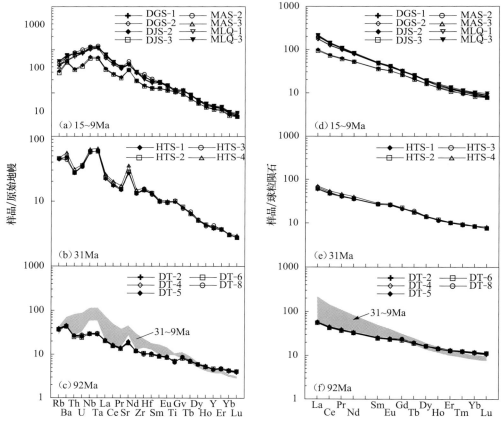

图 6-12　伊通 - 大屯地区玄武岩微量元素蛛网图与稀土元素标准化图（张辉煌等，2006）

原始地幔和球粒陨石值（据 McDonough and Sun，1995）

（McDonough and Sun，1995）的分配模式相似。

15～9Ma 玄武岩呈现出 Rb、Ba、Th、U 等大离子亲石元素相对 Nb、Ta 亏损的特点，大孤山、马鞍山和莫里青山具有弱的 Sr 正异常，东尖山样品（DJS-2、DJS-3）不相容元素含量相对较低，具有 Ba、Sr 弱正异常。31Ma 玄武岩具有明显 Sr 正异常和 U-Th 负异常，92Ma 大屯玄武岩具有 Ba、Sr 弱正异常和 Ti 弱负异常，与 31Ma、15～9Ma 玄武岩相比，大离子亲石元素则相对富集。

新近系玄武岩中 Ba、Th、U、La、Sr、Zr 和 Rb，与 Nb 的相关性不好（图 6-13），但大屯拉斑玄武岩偏离这些相关性。Rb-Nb 图解上［图 6-13（a）］，92Ma 和 31Ma 玄武岩与 15～9Ma 玄武岩形成了大致平行的相关关系，且在相同 Nb 含量情况下具高 Rb 的特点，虽然风化蚀变等后岩浆作用会改变这些高度不相容元素，但 92Ma、31Ma 玄武岩并没有高的烧失量（LOI），且 Rb 含量分布均一而无分散，这反映伊通 - 大屯早期玄武岩与晚期玄武岩在源岩上具有一定的差别。

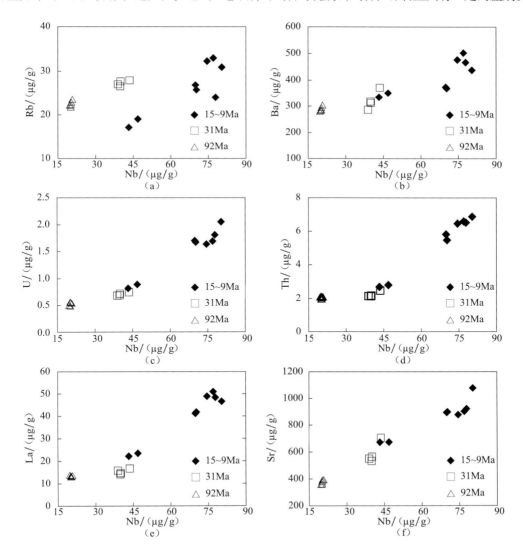

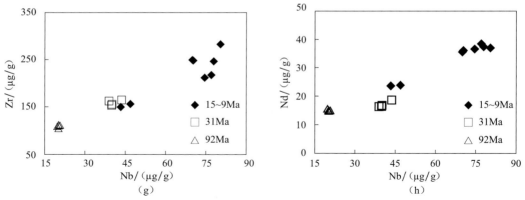

图6-13 伊通－大屯地区玄武岩微量元素与Nb相关图（张辉煌等，2006）

三、新生代火山岩成因机制

张辉煌等（2006）根据伊通－大屯地区玄武岩的地球化学特征对岩浆来源、岩浆起源深度进行判断，提出伊通－大屯地区的岩石圈演化模式。结果认为伊通新近纪碱性玄武岩主要来源于软流圈，而晚白垩世大屯拉斑玄武岩虽然也来源于软流圈，但古老富集地幔也参与了岩浆的形成。从白垩世大屯火山到伊通新近纪火山，玄武岩碱性逐渐增强，岩浆形成深度也逐渐增大，由约50km变深至110km。

1. 岩浆源区特征

1）15～9Ma、31Ma玄武岩：软流圈来源

Nb、U为不相容元素，其比值不受部分熔融和结晶分异的影响，因此Nb/U比值反映源区特征（Hofmann，1988）。Hofmann（2003）研究表明，"非EMI型（富集地幔I型）"的洋岛玄武岩（OIB）具有较一致的Nb/U比值，平均为52±15。15～9Ma、31Ma玄武岩Nb/U为39.2～58.4，位于OIB的范围内［图6-14（a）］，高于地壳Nb/U=8（Rudnick and Fountain，1995）。Ba/Nb和La/Nb比值分别为5.2～8.5和0.35～0.66，接近或位于OIB的范围内

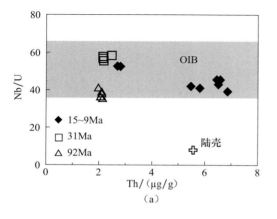

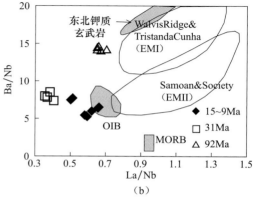

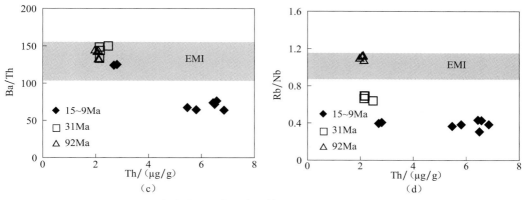

图 6-14　玄武岩不相容元素比值特征图（张辉煌等，2006）

（a）OIB 和陆壳平均 Nb/U 值，分别据 Hofmann（2003）及 Rudnick 和 Fountain（1995）；（b）OIB、MORB（大洋中脊玄武岩）和 EMI（富集地幔）范围，据 Weaver（1991）和 Liu 等（1994），东北钾质玄武岩范围据 Zhang 等（1998）和 Zou 等（2003）；（c）、（d）EMI 的平均 Ba/Th 和 Rb/Nb 比值，据 Weaver（1991）

［图 6-14（b）］。微量元素蛛网图中的 Nb 和 Ta 的正异常，以及 Sr、Nd 同位素比值位于 OIB 范围内，高 εNd(t)（3.5～4.9）都显示出 15～9Ma、31Ma 玄武岩来自软流圈的特征。

2）92Ma 大屯拉斑玄武岩：软流圈熔体和岩石圈地幔相互反应的结果

大屯拉斑玄武岩显示 Nb、Ta 正异常，其 Nb/U 为 35.6～41.3，接近或位于 OIB 范围内 ［图 6-14（a）］，εNd(t) $\geqslant$ 3.0，说明大屯拉斑玄武岩也主要来源于软流圈。但它具有高 Rb/Nb、Ba/Th 和 Ba/Nb 比值，显示了 EMI 的特征 ［图 6-14（b）～（d）］。这暗示除软流圈之外，还有岩石圈、地幔参与了拉斑玄武岩的形成。

2. 岩浆起源深度估算

张辉煌等（2006）采用地幔动态熔融（LKP）模型对伊通 - 大屯玄武岩的起源深度进行估算。通过 LKP 模型计算所得伊通 - 大屯地区玄武岩深度结果表明，15～9Ma 玄武岩（东尖山、马鞍山、大孤山、莫里青山）具有高的初始深度压力 P_{o}（34～41kbar[①]）和最后深度压力 P_{f}（27～33kbar），形成深度为 89～108km。31Ma 横头山初始深度压力 P_{o} 为 28kbar，最后深度压力 P_{f} 为 20kbar，形成深度为 67km。而 92Ma 大屯拉斑玄武岩具最低的初始深度压力 P_{o} 和最后深度压力 P_{f}，分别为 24kbar 和 16kbar，反演最后深度为 54km，与试验岩石学所得石英拉斑玄武岩的形成深度小于 60km（DePaolo and Daley，2000）吻合。LKP 模型反演表明，伊通 - 大屯地区由老至新，玄武岩形成深度逐渐变深 ［图 6-15（a）］。这与伊通 - 大屯地区玄武岩随年龄变新，碱性矿物含量增加 ［图 6-15（b）］，所反映出的形成深度逐渐加大的趋势一致（DePaolo and Daley，2000）。

---

① 1bar=10⁵Pa。

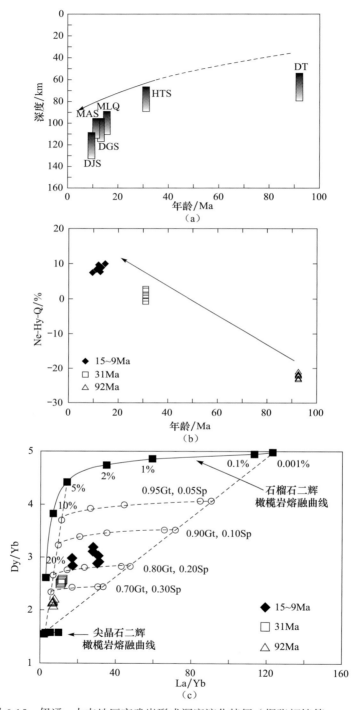

图 6-15　伊通 - 大屯地区玄武岩形成深度演化特征（据张辉煌等，2006）

（a）LKP 模拟计算的玄武岩形成深度随喷发世纪的演化关系；（b）标准矿物 Ne-Hy-Q（Ne 与 Hy、Q 差值）随喷发
时间的演化关系；（c）地幔橄榄岩 REE 熔融模型 Dy/Yb-La/Yb 图。DT. 大屯；MAS. 马鞍山；HTS. 横头山；
DGS. 大孤山；MLQ. 莫里青山；DJS. 东尖山；Gt. 石榴石二辉橄榄岩；Sp. 尖晶石二辉橄榄岩

3. 伊通 - 大屯岩石圈演化

根据岩石圈盖效应模型（Fram and Lesher，1993），最年轻的中新世东尖山碧玄岩（9.9Ma）的最终深度为108km，与现今伊通地区岩石圈厚度约100km（姜德录等，2000）相似，结合我国其他地区的反演结果，说明LKP模型反演获得的伊通 - 大屯地区玄武岩的形成深度，可以用来推测玄武岩喷发时的岩石圈厚度。伊通 - 大屯玄武岩的最终形成深度逐渐变深，根据岩石圈盖效应模型，推测该地区岩石圈厚度自晚白垩世以来增厚，岩石圈厚度从约50m增至110km（图6-16）。

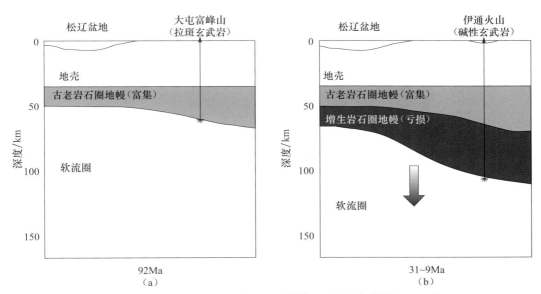

图 6-16　伊通 - 大屯地区岩石圈演化模型图（张辉煌等，2006）

晚白垩纪大屯玄武岩具有软流圈和岩石圈双重的地球化学性质。一方面，晚白垩世出现软流圈来源的拉斑玄武岩，暗示当时岩石圈减薄程度很大，有可能代表了岩石圈减薄最后时限，辽西地区岩石圈减薄的最后时限也在100Ma左右（徐义刚，2006）。另一方面，大屯拉斑玄武岩记录了软流圈与富集岩石圈之间的相互作用，说明当时伊舒地堑仍存在古老的富集岩石圈地幔［图6-16（a）］。此后，伊舒地堑拉张程度逐渐减弱，中新世时停止了伸展活动（Ren et al.，2002），地热梯度降低，最上部软流圈地幔冷却，形成新的"大洋型"的岩石圈地幔。随着岩石圈厚度的增加，来源于软流圈的岩浆岩的形成深度也增加，喷发出的玄武岩碱性逐渐加强，Fe含量增加，同时，这种新增生"亏损"地幔阻挡了软流圈岩浆岩与古老富集地幔的相互反应，使得新近纪玄武岩浆具有相对均一的地球化学组成［图6-16（b）］。

四、新生代火山岩分布

新生代玄武岩在松辽盆地外围出露较多，而在盆地内部发现的新生代火山岩较少，仅在盆地南部的伊通、大屯、双辽地区和盆地北部的五大连池地区出露新生代火山岩和火山口（图 6-17）。

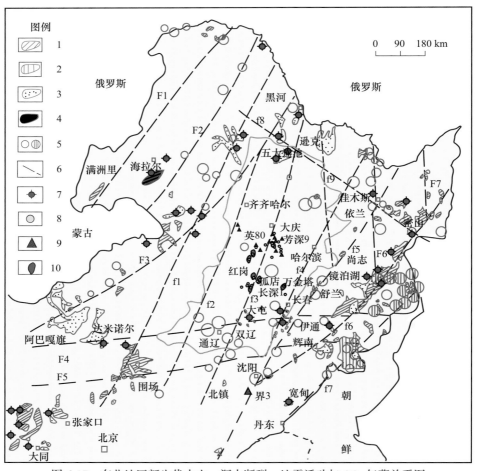

图 6-17　东北地区新生代火山、深大断裂、地震活动与 CO_2 气藏关系图

1. 中新世玄武岩；2. 上新世玄武岩；3. 第四系玄武岩；4. 古近系玄武岩；5. 天然地震震中（带竖线者为深震）：

◯7～7.9；◯6～6.9；◯5～5.9；6. 深大断裂；7. 火山口；8. 高含 CO_2 井位；9. 高含 He 异常井位；

10. 高含 CO_2 气藏。超岩石圈断裂：F1. 德尔布干断裂；F2. 伊尔施 - 呼玛断裂；F3. 贺根山 - 黑河断裂；F4. 西拉木

伦断裂；F5. 赤峰 - 开原断裂；F6. 牡丹江断裂；F7. 大和镇断裂。岩石圈断裂：f1. 大兴安岭断裂；f2. 嫩江断裂；

f3. 孙吴 - 双辽断裂；f4. 哈尔滨 - 四平断裂；f5. 依兰 - 伊通断裂；f6. 敦化 - 密山断裂；f7. 鸭绿江断裂；f8. 鸡西 - 加

格达奇断裂；f9. 逊河 - 铁力 - 尚志断裂

　　我国东部自北向南分布着九条 NWW 向晚新近纪至第四纪玄武岩带（戴金星等，1995），岩浆活动与近 EW 向挤压造成的 NWW-NW 向深断裂的重新活动有关，各带岩浆在时间上具有大体一致的活动特点（国家地震局地质研究所，1987）。据戴金星等（1995）研究，我国东北地区自北向南发育三条玄武岩带：①鸡西 - 佳木斯 - 小兴安岭 - 呼玛玄武岩带，该带分

布有五大连池幔源 - 岩浆气苗。②长白山 - 伊通 - 双辽 - 大兴安岭中南部带，该带分布有松辽盆地的万金塔、孤店、红岗、乾安、长深 2、长深 4、长深 6、长深 7、芳深 9 等 CO_2 气藏和多口幔源氦异常井［海拉尔盆地的乌尔逊凹陷苏仁诺尔 CO_2 气藏和幔源氦异常（王江等，2002；刘立等，2006）］，以及长白山天池幔源 - 岩浆气苗。松辽盆地三肇凹陷无机成因烷烃气藏（昌德气藏）也位于该带。可以看出，松辽盆地 CO_2 气藏的分布与该玄武岩带关系最为密切。③宽甸 - 西辽河上游 - 达尔湖 - 阿巴嘎旗玄武岩带，该带分布有辽河拗陷界三井等幔源氦异常（徐永昌等，1990）。

从东北地区新生代火山、深大断裂、地震活动与 CO_2 气藏关系图上可以看出（图 6-17），新生代玄武岩浆活动主要受控于 NNE 向深大断裂，盆地周围新生代火山沿着 NNE 向深大断裂呈串珠状或条带状分布，深大断裂交汇部位更是火山活动和地震活动强烈的地区。这一规律最为明显的就是新生代活动较强的郯庐大断裂北段的依兰 - 伊通断裂和敦化 - 密山断裂。

松辽盆地内部虽然出露的新生代火山岩较少，但从周边新生代构造活动强度及已发现无机 CO_2 气藏规模来看，松辽盆地内部的新生代构造岩浆活动也应比较强烈，只不过由于巨厚沉积地层的覆盖，而没有使新生代玄武岩浆大量涌出地表形成火山喷发。从区域构造活动规律来看，控制松辽盆地形成与演化的三条深大断裂——嫩江、孙吴 - 双辽和哈尔滨 - 四平断裂在新生代都有较强的活动，控制了新生代幔源玄武岩浆的活动。在共轭断裂系统相交处，不但火山作用、地震作用活跃，而且亦是 CO_2 脱排成藏作用最有利的构造（刘德良等，2005）。从基底中、基性侵入体分布，青山口组钻遇玄武岩井位分布和已发现高含 CO_2 井位分布来看，新构造期活动较强烈的深大断裂是孙吴 - 双辽断裂，其次为克东 - 肇东和海伦 - 肇州断裂，在 NNW 向断裂与这三条断裂的交汇部位更是中、基性玄武岩浆和 CO_2 大量溢出的地区。此外，松辽盆地莫霍面的埋深具有中央拗陷带莫霍面上隆的特征，目前已发现 CO_2 气藏均分布在莫霍面埋深大于 31km 的范围内。现今的莫霍面形态反映了新构造运动的状态，莫霍面埋深小于 31km 的上隆区，即为新构造岩浆活动较为强烈的地区，是幔源 CO_2 释放和富集区域。通过将深大断裂和莫霍面埋深图叠合分析，可以有效地限定新生代幔源岩浆活动区。

结合盆地边缘几个火山群的分布特征，根据反映新生代幔源玄武岩浆活动特征的一些地质要素，如莫霍面埋深、重磁资料解译深大断裂、重磁解译基底中基性侵入体的分布、青山口组钻遇玄武岩井位、目前已发现高含 CO_2 和 He 井位分布，对松辽盆地内部新生代幔源玄武岩浆活动区进行了预测。推测盆地内覆盖区新生带代幔源玄武质岩浆活动区主要分布在三个带中，即林甸 - 常家围子 - 长岭带（Ⅰ）、徐家围子带（Ⅱ）、德惠断陷东部带（Ⅲ）。其中，林甸 - 常家围子 - 长岭带受控于活动强度大的孙吴 - 双辽深大断裂，其延伸范围和幔源岩浆活动强度最大（图 6-18）。

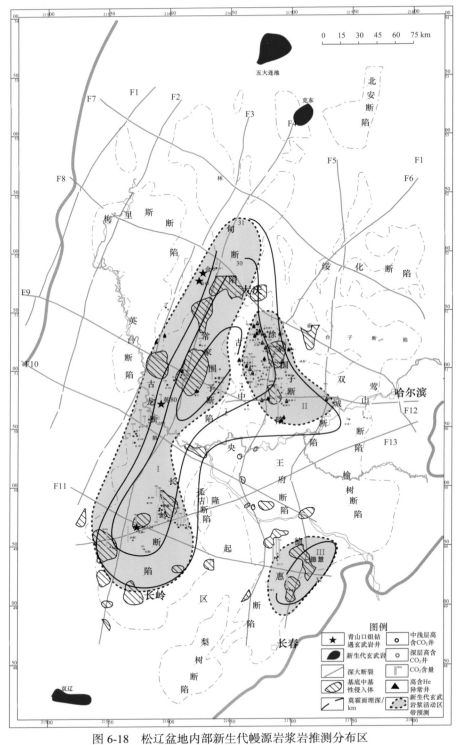

图 6-18　松辽盆地内部新生代幔源岩浆岩推测分布区

第四节　火山岩对CO_2气藏的控制机理

CO_2富集带与火山岩浆活动密切相关。目前，世界上已发现的CO_2气藏大都分布在地史上或现代的火山活动地带。在火山喷发期间，大量饱含CO_2的熔岩涌向地表，温压骤降，引起大量CO_2快速地释放。此外，在火山喷发衰弱期及其后的热液阶段，也有大量CO_2沿火山通道裂隙中释放出来。然而，不同类型的火山岩中CO_2含量、火山喷发的不同阶段所释放出的CO_2数量是不同的。本节重点讨论不同类型火山岩浆中CO_2含量、火山岩浆中CO_2脱气机理及脱气模式，最后结合松辽盆地中、新生代火山岩浆活动类型，指出松辽盆地CO_2富集主要受控于喜马拉雅期的幔源岩浆活动，喜马拉雅期幔源岩浆活动提供CO_2气源，而早白垩世的火山岩主要提供CO_2的聚集场所。

一、不同类型火山岩浆中CO_2含量

了解火山岩中挥发分的类型及含量，可以通过两种途径：一是直接从现代火山喷发的气体中取得；二是通过岩石中的流体包裹体获得。据现代火山观察，岩浆中含有大量挥发分。其中以水蒸气（H_2O）为主，占挥发分总量的$60\%\sim90\%$，其次为CO_2、SO_2、CO、N_2、H_2、NH_3、NH_4、HCl、HF、$B(OH)_2$、KCl、$NaCl$等。在地下深处压力大的条件下，它们溶解于岩浆之中，在地壳浅部由于压力降低，挥发分大量呈气相析出。

并非所有的岩浆都大量富含CO_2等挥发分，杜乐天（1998）认为只有碱性玄武岩浆和碱性岩浆才大量富含挥发分，并对玄武岩浆及碱性岩浆的成因进行了详细探讨：原始地幔岩中的斜方辉石熔融后成为浆胞，浆胞熔体形成后，如果其中的新生子晶矿物尚未来得及晶出，即开始汇合成为岩浆库（排浆时差小），则多形成钙碱型橄榄玄武岩浆及拉斑玄武岩浆，此类岩浆中碱金属、挥发分含量较少；如果熔体形成后保留时间较长，其中的子矿物绝大多数都从熔体中晶出，只有残留的少量熔体汇合成为岩浆库，由于碱金属、挥发分、不相容元素进入不了新晶出的子矿物晶格，而高度浓集于小体积的残余熔体中，从而形成碱性玄武岩浆，甚至碱性岩浆，在此类岩浆中，碱金属、挥发分和不相容元素将达到相当高的含量。这一观点已被其他地球化学证据所证实。赫英等（1996a）对济阳拗陷火山岩研究认为，橄榄拉斑玄武岩浆初始熔体可能含有0.70%的CO_2，而碱性橄榄玄武岩浆初始熔体可能含有1.65%的CO_2。地幔流体包裹体研究也表明，碱性橄榄玄武岩中流体包裹体的CO_2含量高于拉斑玄武岩、石英拉斑玄武岩及橄榄拉斑玄武岩中流体的CO_2含量。邓晋福等（1996）对软流圈构造地球化学的研究结果表明，$CO_2/(CO_2+H_2O)$与K_2O/Na_2O有着密切的关系，两者之间呈明显的正相关，同时，也随着稀土元素富集程度的增大而增大。Mysen等（1975）通过试验证明，大约在$0.3GPa$压力下，CO_2在基性玄武岩浆中的溶解度是相当大的，而CO_2在

花岗岩熔体中的溶解度一般较小。因此，目前已发现的幔源 CO_2 气藏基本上均与碱性玄武岩浆活动有关。如济阳拗陷 CO_2 气藏的形成与源自地幔的富碱、富轻稀土、富大离子亲石元素和 CO_2 等挥发分而贫相容元素的碱性橄榄玄武岩有成因联系（赫英等，1996a；郭栋等，2004；王兴谋等，2004）。岩石流体包裹体分析也表明（表6-5），基性岩和超基性岩包裹体中 CO_2、CH_4 的含量明显高于酸性岩，最高的高出近 10 倍。

表6-5   中国花岗岩及基性超基性岩中包裹体的气体成分   （单位：μg/100g）

地点	CO_2	CH_4	C_2H_6	C_3H_8	C_4H_{10}	H_2
密山花岗岩	2080	129.6	19.9	58.6	4.7	355.2
九华山花岗岩	1630	109.6	8.6	19.9	11.8	318.5
鼓浪屿花岗岩	2970	98.5	17.3	60.1	5.0	242.8
山东日照榴辉岩	3270	140.0	19.3	77.4	12.2	355.2
山东莒南榴辉岩	3860	886.9	5.7	47.0	4.0	114.7
山东二辉橄榄岩	4160	373.3	30.9	185.3	37.9	154.8
山东蒙阴金伯利岩	6380	2178	50.7	257.6	37.4	355.2
山东汝山橄榄岩	15100	168.1	14.1	66.7	4.0	139.2

刘德良等（2005）对松辽盆地北部火山岩在 250℃时的脱气试验结果分析表明，岩浆中 CO_2 的脱出量与其中 SiO_2 含量及岩石碱性有着密切关系，岩石 SiO_2 含量越高，CO_2 的脱出量越少（图6-19）。岩石碱性越高，CO_2 的脱出量越多（图6-19）。松辽盆地及其周边新生代玄武岩浆的特点就是低 SiO_2、高岩石碱度，具有脱出大量 CO_2 的条件。从这一角度也可以看出，为松辽盆地提供幔源 CO_2 气源的应该是新生代的碱性玄武岩浆活动，而并不是中生代的中、酸性火山岩浆活动。

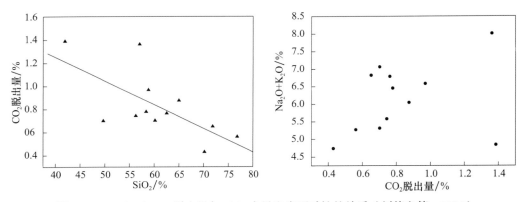

图6-19   250℃时 CO_2 脱出量与 SiO_2 含量和岩石碱性的关系（刘德良等，2005）

对于火山岩浆中溶解大量 CO_2 等挥发性气体的认识人们已达成共识，但是当火山岩浆冷却结晶成火山岩时，大部分的挥发性气体已经挥发殆尽，还有少量气体残存于火山岩中的气孔中，但是气孔中的气体多数已参加成岩作用形成气孔充填物而被消耗掉，只有少量气体仍吸附在火山岩中。试验研究表明，将火山岩高温加热至熔融状态能脱出一定量的 CO_2 等挥发性气体。大庆油田研究院对松辽盆地不同火山岩中 CO_2 的脱气试验（图 6-20）表明，火山岩在高温下确实能脱出一定量的 CO_2 气体，但脱出 CO_2 气量较少，最大脱气量也仅在几百 μL/mg，且需要温度达到 500～700℃时，才能达到最大脱气量，在 100～200℃时，基本不会有 CO_2 气体脱出。火山岩后期要大量脱气，只有在压力降低或温度升高的情况下才能发生。但是，地质历史中都不存在这种条件。根据实际地质情况，深层已经冷却结晶的营城组火山岩在埋藏阶段的最高埋藏温度不可能超过 200℃，而且营城组火山岩在其形成后基本上一直处于深埋作用阶段，压力不可能降低，所以，松辽盆地目前成藏的 CO_2 不太可能是营城组火山岩后期脱气形成的。即使局部经历过后期岩浆的烘烤，其脱气量也达不到规模，更无法富集成藏。

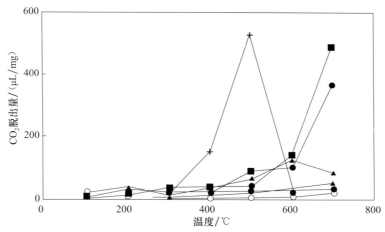

图 6-20　松辽盆地不同类型火山岩脱出的 CO_2 与温度关系

二、火山岩浆活动中 CO_2 的脱气机理

　　鉴于目前已发现高含 CO_2 气藏基本上与火山活动有关，在空间上与侵入岩体和火山岩体的分布密切相关，而且火山岩浆活动是 CO_2 气最直接的释气方式，因此，有必要搞清 CO_2 及其他气体从火山岩浆中的脱气机理和运聚特征。

　　火山喷发旋回往往是以爆发作用开始，而以熔岩溢流作用结束。发生这种有规律的韵律性喷发的原因与岩浆房挥发性组分周期性的聚集有关（王德滋和周新民，1982）。在一个岩浆房内，挥发性组分往往向温度和压力较低的部位移动集中，因而常集中于岩浆房的顶部。当火山开始爆发时，位于岩浆房顶部的大量气体突然释放，它们把岩浆物质撕成碎屑和熔岩团块抛入空中，落下后形成火山碎屑堆积。随后，流动性的熔岩从火口溢出，其中所含气体的数量不足以将熔岩撕裂。这种喷发特点说明挥发组分集中于岩浆房的顶部，当气体猛烈释放后，喷发作用即逐步趋向衰弱甚至结束，取而代之的则是熔岩溢流作用。然后，在岩浆房中又一次发生挥发组分向顶部位移集中的过程，从而到一定时间，量变到质变，又来一次新的爆发（王德滋和周新民，1982）。

综合前人研究成果及对现代火山喷发过程的观察，可将一个完整的火山喷发及岩浆热液活动过程分为三个阶段。第一阶段，岩浆房顶部富含挥发分热液流体和少量岩浆熔体的强烈爆炸式喷发，在爆炸式喷发过程中，有大量的CO_2等挥发性气体喷出散失。第二阶段，岩浆熔体以溢流为主的喷发直至岩浆冷却结晶阶段。在岩浆侵入、喷发和冷却结晶过程中，由于温度、压力降低而分异出大量的CO_2等挥发分气体，大部分通过火山通道、岩浆和断层散失到地表，一部分则被捕获在岩浆岩晶格中形成原生孔隙，仅有一部分能在相邻储层中聚集起来。大规模CO_2的释放是与岩浆冷却结晶作用伴生的，岩浆冷凝结晶期亦是CO_2气大规模释出的时期。第三阶段，岩浆期后的热液活动阶段。岩浆期后热液是由岩浆或硅酸盐熔融体在其结晶分异过程中形成的流体。随着不含或含极少挥发分的矿物逐渐结晶，残余的熔体便转换为主要由水、其他挥发组分和成矿元素所组成的热水溶液，这种溶液具有很强的活动性和渗透能力。由岩浆热液作用形成的各种热液矿床就是其存在的证据。火山喷发衰弱期及其后的热液阶段，都有大量CO_2气沿裂隙进入与火山颈或断裂相通的孔隙性岩层内，并在适于储气的条件下保存下来（陈昕等，1997）。例如，科托帕克西火山每年能析出$10\times10^8m^3$的CO_2气。据Gerlach（1991）的估算，全球陆相火山以宁静方式放出CO_2的速率每年为792×10^6t，而陆相火山喷发出CO_2的速率每年为66×10^6t。

而当构造活动较弱或岩浆能量不足时，不足以形成大规模的火山喷发或局部有小规模的火山喷发，此时发生溢出的主要是深部热液流体，这种富含碱和CO_2等挥发分的热液流体通过断层、裂缝、不整合面或旧的火山通道，上侵入地壳浅层储层中形成CO_2等无机成因气的聚集。由于这种情况没有火山喷发过程造成挥发分气体的大量散失，且深埋于地下，有利于CO_2等无机气体的聚集和保存。这种情况在断陷晚期或拗陷期等构造活动较弱时期应较为普遍，且主要以幔源玄武岩浆及幔源富含碱和CO_2等挥发分的热液流体活动为主，如济阳拗陷CO_2气藏主要与新近系拗陷期的碱性玄武岩活动有关。

CO_2气从岩浆中释放的速度取决于岩浆就位的方式、冷凝结晶的时间等。在火山喷发期间，所释放的气体绝大部分直接进入大气中，因此喷出岩在气源方面对气藏的贡献是非常有限的。相对而言，火山通道相中充填的岩浆冷凝速度则较慢，但是也不过几百年乃至上千年的时间。由于盖层的形成也是一个漫长的过程，火山通道内从充填相释放的气体实际上也不能被有效地聚集起来；另一方面，由于火山通道可以由地表向下延伸至地下数公里乃至大于10km以下的富CO_2岩浆房，岩浆房中岩浆分异结晶过程中逸出的气体可以沿火山通道逐渐被释放，因此火山通道相是CO_2气释放的最有利通道。浅成侵入相及次火山岩相中CO_2的释放一般是在地表较深处进行的。由于岩浆结晶速度较缓慢，CO_2等挥发分释出的速度要比火山通道相及溢流相中慢得多，在这种情况下，气体沿岩体周围的裂隙或断层运移到有利的成藏位置而聚集成藏。所以，浅成侵入岩、次火山岩和火山通道相等是 CO_2 释放和聚集的有利位置。

在为 CO_2 气提供上移的通道方面，火成岩的作用和火成岩本身的产状有关（王兴谋等，2004）。对于中心式喷发的玄武岩来说，断层一般具有挤压性质，气源在很大程度上是通过火山口逸出的。近代和现代火山口的考察资料都发现，在火山喷发之后相当长时间内都有气体的释出，如黑龙江五大连池火烧山东南的科研泉如今仍产出大量 CO_2，这表明沿火山通道充填的岩浆岩中确实有裂缝的良好发育，可作为 CO_2 长期释放的通道。裂隙式喷发的火山岩常和拉张型断裂的活动有关，在断裂的封闭期，仍可能残留有一些未能完全封闭的位置，因而释气点较多，在这种情况下，从下伏岩体中释放的 CO_2 可以沿墙状火山岩中的冷凝裂缝上移，也可以沿着没有火山岩充填的位置上移，这是有的气藏（如东营凹陷西部平南潜山 CO_2 气藏）较远离火山岩体的原因。

从岩浆活动的强度及期次上看，早期断陷盆地张性断裂强烈活动时期，岩浆活动较强，但 CO_2 的保存条件较差；CO_2 气藏往往形成于岩浆和断裂活动减弱的拗陷盆地发育阶段，此时保存条件较好，而且晚期深部的岩浆热液活动通过断裂可以为深部和浅部储集体提供气源，并保存下来形成 CO_2 气聚集。我国东部断陷盆地一般经历了四期无机气释放时期：即断陷期、拗陷期、构造反转期及新生代释放期，后三期为主要成藏时期，具有晚期成藏的特征，火山岩圈闭和气源断层控制的位于区域性盖层之下的圈闭为无机气聚集的有利目标区（付晓飞等，2005；魏立春等，2012）。如渤海湾盆地秦南凹陷气藏是渤海海域中部古近系首个被发现的百亿方天然气气藏，并且其 CO_2 含量超过 50%，成因类型为火山幔源型无机成因气，新近系强烈活动的凸起边界断裂控制了 CO_2 的运聚（王粤川等，2013）。

三、火山岩对 CO_2 气藏的控制作用

根据前面对松辽盆地中、新生代火山岩岩石学和岩石地球化学特征、成因机制的研究表明，火石岭组—营城组火山岩主要以中、酸性喷发岩为主，夹有少量基性火山岩，其成因机制是幔源诱导，壳源部分熔融的产物，发生了大量的地壳岩石重熔和岩浆分异作用，且主要以喷发岩的方式产出，加上断陷期断裂活动强烈，保存条件差，故而其不能成为松辽盆地幔源 CO_2 的主要气源。在早白垩世火山岩浆长期、间断活动的过程中，后期活动的岩浆中释出的部分 CO_2 可能会进入早期喷发形成的火山岩体中，形成早期聚集，但其总量相对于松辽盆地目前已发现 CO_2 储量要小得多，且多因保存条件差而逸散、地层水溶解或化学反应而消耗掉。而青山口期—新生代火山岩主要以基性、碱性玄武岩为主，对伊通 - 大屯地区的新生代玄武岩研究表明，该区玄武岩浆形成深度为 54～108km，且由老至新，玄武岩的形成深度逐渐变深，来自于下地幔和软流圈，且受地壳物质的混染作用不大。前人大量研究表明，来自于下地幔的碱性和超基性玄武岩浆是饱含 CO_2 等挥发分的热液流体，因此青山口期—新生代幔源岩浆的多期活动为大量幔源无机 CO_2 气运移至盆地地层中形成聚集提供了可能，从岩浆

来源深度和岩石碱性程度来看，应以新生代的幔源岩浆活动为主。流体包裹体、岩石学、地球化学等证据表明，我国东部中、新生代幔源玄武岩及与其相关的深大断裂，控制了 CO_2 气源（戴金星等，1995）。深部来源的富含 CH_4、CO_2 等成分的流体沿深大断裂，以玄武岩浆为载体向上运移，在遇到孔隙度大，渗透性强的岩性层位如火山岩储层或砂砾岩储层后，CO_2 很可能进入这些层位而发生以侧向流动为主的运移，并在合适的构造部位及盖层保存条件下储集成藏。松辽盆地南部的 CO_2 气藏主要是幔源-岩浆成因，成藏时间较晚，主要在新生代，与双辽火山活动的时间接近。尽管双辽火山活动规模较小，但是具有很强的释出 CO_2 的能力，这些富含 CO_2 和 H_2O 的碱性玄武质岩浆很可能并未喷出地表，而是沿着深大断裂进入盆地内部，从而成为松辽盆地南部无机 CO_2 气藏气源体之一（杨光等，2011；于志超等，2011）。

综合松辽盆地中生代和新生代火山岩成因特征及以上分析，确定新生代玄武岩浆活动提供了幔源 CO_2 气源，而营城组火山岩则为 CO_2 的聚集提供了重要的、分布广泛的深层火山岩储集体。在新生代碱性玄武岩浆活动期间，从软流圈或下地幔深部富含 CO_2 的热液流体通过超岩石圈断裂、热流底辟体或壳内岩浆房等途径，运移进入沉积盆地深部，再沿着盆地内部的基底大断裂或古火山通道运移，进入广泛分布的营城组火山岩体中或在基底大断裂沟通的砂砾岩体储层中形成 CO_2 气藏的聚集。因此，松辽盆地幔源 CO_2 的聚集成藏总体具有成藏期晚的特征。

第七章

含CO₂天然气分布规律、控制因素与预测

本章在盆地范围内研究松辽盆地含 CO_2 天然气和深层烃类气的分布规律，重点分析 CO_2 的层系和平面分布特征及其与火山岩、断裂的关系，总结含 CO_2 天然气成藏和分布的控制因素；接着重点分析深层烃类气的层系和平面分布特征及其与烃源岩、断裂的关系，总结深层烃类气成藏和分布的控制因素；然后对深层烃类气和 CO_2 复杂耦合分布的控制因素进行探讨。在此基础上，对松辽盆地深层和中浅层含 CO_2 天然气的分布进行初步预测和评价，为下一步勘探方向提出指导性建议。

第一节　含CO₂天然气分布规律与控制因素

松辽盆地含 CO_2 天然气分布零散，在面上呈点状或狭长带状局限分布。从现有资料出发，通过对含 CO_2 天然气在层系、平面上的分布规律进行总结，分析含 CO_2 天然气分布的主要控制因素，在此基础上更好地认识和预测含 CO_2 天然气分布，对天然气勘探避开 CO_2 富集带具有重要指导意义。

一、CO₂ 分布规律

1. 层系分布特征

从图 7-1 上可以看出，松辽盆地已发现 CO_2 含量大于 5% 的井段主要集中在营城组，其次在泉四段、登娄库组、青山口二和三段，姚家组中也有一定分布，而在其他层位中出现较少。这一方面可能与储层发育条件有关，如松辽盆地营城组火山岩储层十分发育，孔渗性好，是深层天然气成藏和聚集的主要层位；另一方面可能与区域盖层的分布有关，在深层登二段和泉一、二段泥岩区域盖层的封盖下，高含 CO_2 气主要富集在营城组，登娄库组也有一定分布；在中浅层青山口组区域盖层的封盖下，高含 CO_2 天然气在泉三、四段砂岩地层中较为富集；在嫩江组区域盖层的封盖下，青山口二、三段和姚家组中也有一定高含 CO_2 天然气的分布。

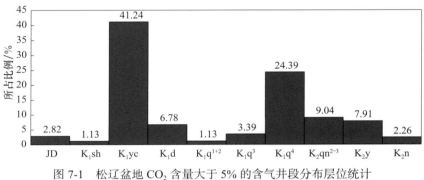

图 7-1　松辽盆地 CO_2 含量大于 5% 的含气井段分布层位统计

在纵向上，CO_2 含量的分布出现三个高值部位，即嫩一段下部、青一段下部和登二段下部，这反映出深部来源的 CO_2 的聚集受到局部盖层及区域盖层的控制（图 7-2）。青一段、嫩一段泥岩厚度大且广泛分布，为松辽盆地最好的区域盖层，其下部储层对 CO_2 的聚集非常有利。登二段泥岩和泉一、二段泥岩作为深部断陷层系的良好盖层，有效地阻止了深部来源 CO_2 的向上逸散，使其之下的营城组砂砾岩和火山岩储层中聚集大量 CO_2，使得深部的 CO_2 含量和储量明显高于浅部。在不同地区局部发育的泥岩也是 CO_2 良好的盖层。

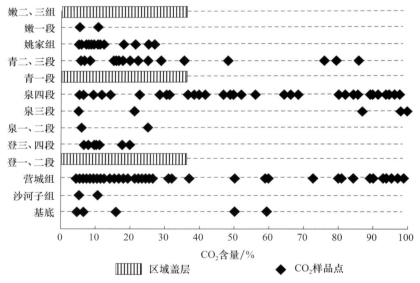

图 7-2　松辽盆地不同层段 CO_2 含量分布对比图

从松辽盆地不同层位的 CO_2 含量随深度的变化关系图上看（图 7-3），CO_2 含量随着埋藏深度的变化不大，主要受层位的控制。不同地区天然气来源和成藏条件的差异是造成这种无规律变化的主要原因，也进一步说明了区域盖层对 CO_2 的控制作用。

对松辽盆地已发现高含 CO_2 气藏（田）中 CO_2 的地质储量在层位上的分布统计表明（图 7-4），营城组 CO_2 地质储量为 $1889.94 \times 10^8 \mathrm{m}^3$，$CO_2$ 的储量 90% 以上分布在营城组火山

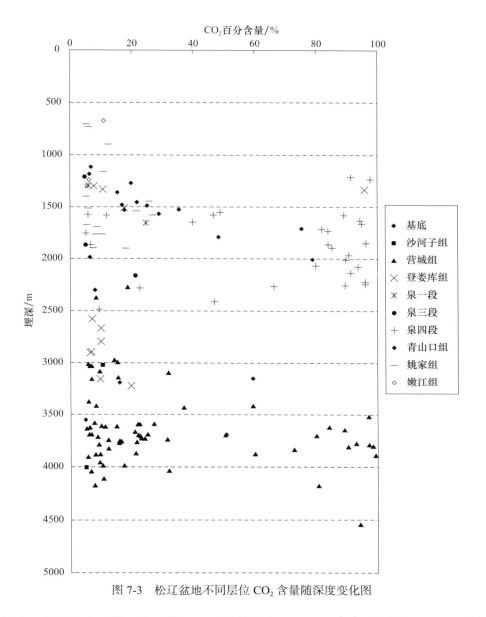

图 7-3　松辽盆地不同层位 CO_2 含量随深度变化图

岩储层中，其次为泉四段，泉四段 CO_2 地质储量为 $90.80 \times 10^8 m^3$，仅占总 CO_2 地质储量的
4.4%。CO_2 地质储量分布层位的如此大的悬殊性值得重视，也充分说明了营城组火山岩是
CO_2 最为富集的层位。目前，在营城组火山岩储层中已发现的高含 CO_2 或 CO_2 气藏有徐
家围子断陷的昌德东（芳深 9）气藏、徐深 8 气藏，长岭断陷的长深 1 气藏、长深 2 气藏、
长深 4 气藏、长深 6 气藏、长深 7 气藏等。营城组火山岩体分布面积大，储层物性好，且
埋藏深保存条件好，登二段和泉一、段区域盖层的封堵作用，加上基底大断裂和古火山通
道的气源沟通作用，使其中的 CO_2 最为富集。

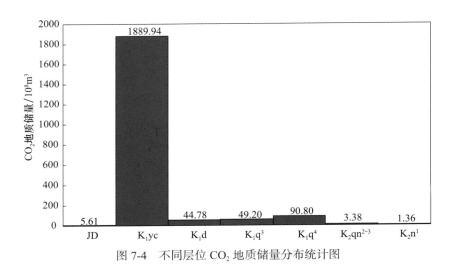

图 7-4　不同层位 CO_2 地质储量分布统计图

2. 平面分布特征

根据现有 CO_2 发现井资料，由于井位有限且较分散，分布局限，只能简单地勾绘出 CO_2 含量等值线。每口井 CO_2 含量取值依据和绘图原则是：①只有一个层段高含 CO_2 时，取多次试气 CO_2 含量的平均值；②如果有多个层段高含 CO_2 时，取 CO_2 含量最高的层段的平均值作为该井的 CO_2 含量值；③勾绘 CO_2 含量等值线时充分考虑构造和断层展布特征，将构造上相邻的井位放在一起考虑，部分点过于分散不宜勾绘等值线，使最终勾绘的 CO_2 等值线分布符合区域构造和断层走向特征；④在统计 CO_2 组分含量时，同时考虑到气层的试气情况，将 CO_2 含量高但未达到规模试气产量的干层或差气层的井排除。如古深 1 井 4540～4550m 流纹岩储层中，CO_2 组分含量为 94.34%，但试气结果为干层，此次研究不将其作为高含 CO_2 井考虑。同样，尚深 1 井和尚深 2 井有两个井段 CO_2 组分含量为 10%，而试气结果皆为干层，也不将其作为高含 CO_2 异常井。按照以上原则，简单粗略地做出松辽盆地 CO_2 含量平面分布等值线图（图 7-5），也能很好地说明松辽盆地 CO_2 的分布规律。

（1）松辽盆地 CO_2 分布零散，在面上呈点状或狭长条带状局限分布，具有一个或多个 CO_2 高值中心，由高值中心向外 CO_2 含量逐渐降低。深层高含 CO_2 天然气主要分布在徐家围子断陷、长岭断陷和德惠断陷区，常家围子、古龙、双城和莺山断陷都只有零星发现，层位上主要分布在营城组火山岩储层中。深层 CO_2 含量小于 30% 的主要分布在徐家围子断陷中部，CO_2 含量大于 80% 的主要分布在徐家围子芳深 9、徐深 19、徐深 28 井区，以及松辽盆地南部的长岭断陷和德惠断陷。中浅层 CO_2 主要分布在中央拗陷区，CO_2 高值区（大于80%）主要分布在松辽南部的孤店、乾安、万金塔及北部的葡 43—葡 49 井区；其次为英台、红岗地区，CO_2 含量在 40% 左右。

（2）CO_2 狭长带状分布的展布方向与区域构造和断裂走向一致，明显受基底大断裂的控制。以徐家围子断陷最为典型。徐家围子断陷 CO_2 含量呈两个条带状分布，走向为 NNW 向，

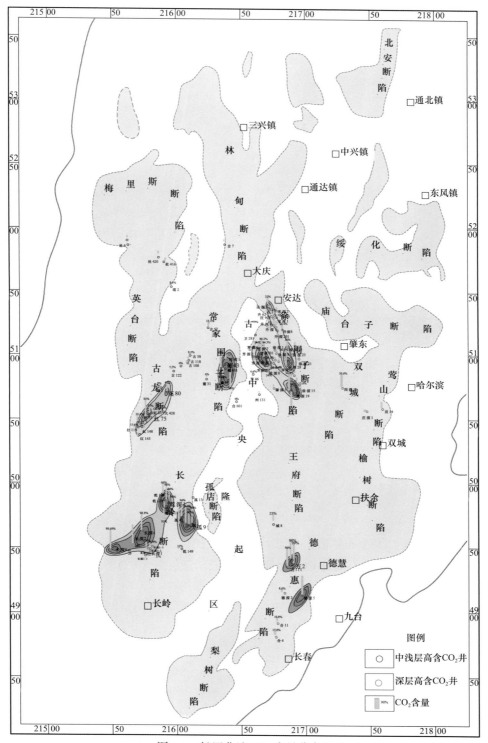

图 7-5　松辽盆地 CO_2 含量分布图

与断陷和基底断层走向基本一致。两个CO_2分布高值区条带分别与徐西、徐中基底断裂走向对应,说明该区CO_2分布受控于这两条断裂。其中,西部条带存在两个高值区,一个是昌德东芳深9井区,CO_2最高达90%以上;另一个在徐深10和徐深19井区,CO_2含量最高达93%;中间条带沿徐中断裂延伸较长,CO_2含量中等,以徐深28(平均为80.7%)CO_2含量最高,向外逐渐降低。

(3)对深层和中浅层已发现CO_2异常井位叠合分析可以看出,在部分中浅层发现CO_2异常井的地区,其深层也发现了高含CO_2气井或层段,如万111井营城组发现高含量CO_2气,预示着万金塔气田深部可能存在着更大规模的CO_2气藏;长深7井营城组CO_2气藏在平面上就处于孤店中浅层CO_2气藏的下部。这可能说明深层和中浅层CO_2气藏具有相同的CO_2气源供应体,由于断裂和储层组合输导方式不同而聚集在不同的层位中。

(4)从储量分布来看,松辽盆地南部的CO_2气藏储量相对北部来说要富集得多。松辽盆地南部已发现CO_2地质储量占整个松辽盆地的92%,松辽盆地北部仅占8%。尤其是长岭断陷和徐家围子断陷相比,虽然营城组火山岩储层都很发育,但长岭断陷多数井都钻遇高含CO_2气藏,而徐家围子断陷则以烃类气为主,其中的深层次原因在后面进一步分析。

(5)从已发现CO_2气藏的区带分布来看,CO_2气藏主要分布在断陷边部的陡坡带和中央断隆带部位,分别受断陷的边界控陷断裂和中央断裂控制。如徐家围子断陷高含CO_2天然气分布受徐西控陷断裂和徐中断裂的控制,长岭断陷高含CO_2气受东界控陷断裂-孤西断裂和中央断裂带的乾安断裂、前神子井断裂控制,德惠断陷高含CO_2天然气分布受东界控陷断层德东断裂的控制。从盆地范围看,高含CO_2气主要分布在古中央隆起带两侧的断陷内,围绕中央隆起带呈环状分布。从全盆看,CO_2含量总体上具有"北低南高,西高东低"的特征。

具体到各个勘探程度较高的断陷范围内,可以更加清楚地看出CO_2的分布规律及其主控因素。从徐家围子断陷CO_2分布与基底大断裂、火山岩体和烃源岩分布叠合图上可看出(图7-6),已发现高含CO_2井多分布在火山岩体上;火山岩体和CO_2分布主要受徐西、徐中三条基底大断裂控制,呈NNW向条带状分布;高含CO_2区主要分布在基底大断裂的交叉、走向转折部位或断层转换带等应力集中部位。如安达、升平地区含CO_2区分布在徐西和徐中断裂交叉部位,徐深18井区含CO_2气区位于徐西和徐中基底断裂的转换带,昌德东气藏、徐深10和徐深19井区CO_2位于徐西断裂的走向转折部位;高含CO_2区主要分布在远离沙河子烃源岩厚度高值的地区,这些地区烃类气源差,而CO_2气源足,从而形成高含CO_2气藏;而靠近洼陷生气中心且是油气运聚有利部位的火山岩体多以烃类气为主,CO_2含量较低。

从长岭断陷CO_2分布与基底断裂、火山岩体和烃源岩分布叠合图上可看出(图7-7):已发现高含CO_2井多分布在火山岩体上(如长深1、2、4、7井)或靠近火山岩体上方的常规砂岩储层中(如孤店、乾安和红岗气藏);长深2、4井CO_2气藏受前神字井断裂控制,长深1气藏分布在前神字井和哈尔金断裂的转换带部位,长深7和孤店气藏则分布在孤西断裂和伏龙泉断裂的交叉部位,红岗CO_2气藏受反转基底断裂红岗断层控制。长深1气藏位于

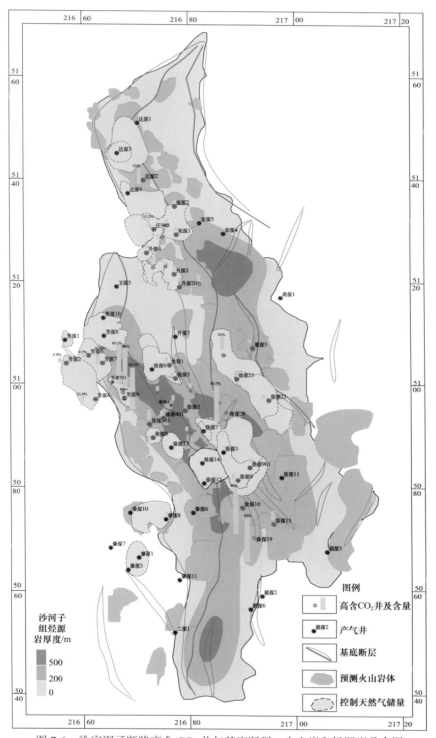

图 7-6　徐家围子断陷高含 CO_2 井与基底断裂、火山岩和烃源岩叠合图

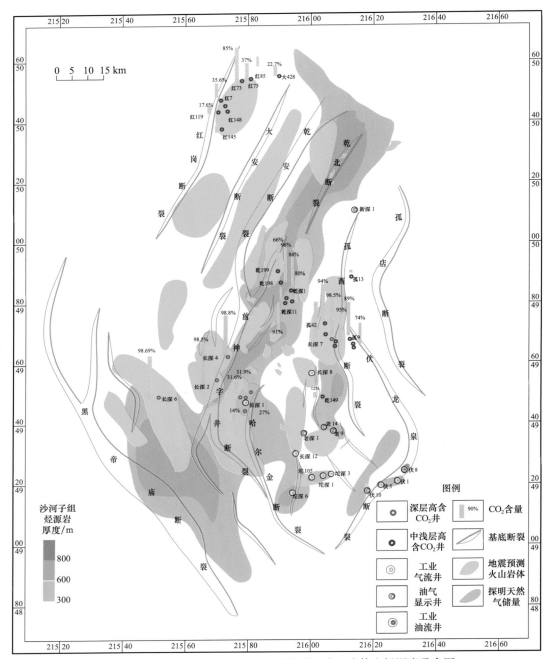

图 7-7 长岭断陷高含 CO_2 井与基底断裂、火山岩体和烃源岩叠合图

乾安次洼和黑帝庙次洼之间的哈尔金隆起构造带，是天然气运聚的有利部位，故而形成以烃类气为主的高含 CO_2 气藏（CO_2 含量为 20%～30%），而长深 2、4、6、7 井则相对远离烃源岩中心且不是油气运聚的有利部位，故而形成纯 CO_2 气藏。中浅层 CO_2 气藏，如孤店、红

岗和乾安气藏与深部火山岩 CO_2 气藏明显相关，可能共同受控于同一深部 CO_2 释放点。

从德惠断陷 CO_2 分布与基底断裂、火山岩体和烃源岩分布叠合图（图7-8）上可看出，已发现高含 CO_2 井多分布在火山岩体上（如德深5井）或靠近火山岩体上方的常规砂岩储层中（如万金塔气藏）。德深5井（CO_2 含量大于98%）分布在控陷断裂——德东断裂的走向转折部位，且位于洼陷边缘；而其相邻的德深7井位于洼陷中心部位，气源充足，且远离德东断裂，为常规天然气藏。

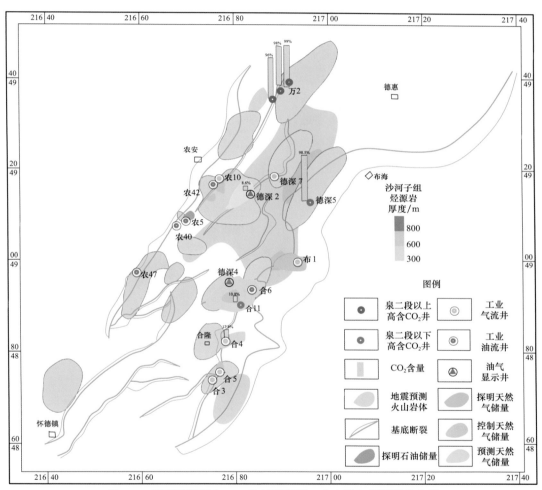

图7-8　德惠断陷高含 CO_2 井基底断裂、火山岩和烃源岩叠合图

综合以上分析，可以看出高含 CO_2 天然气的分布主要受火山岩和基底大断裂的控制，而其离烃源岩的远近和气源条件则决定了其中烃类气的含量高低，进而控制了烃类气和 CO_2 混合气藏中 CO_2 相对含量的大小。只有处于基底大断裂交叉、转折和转换带部位且远离烃源岩生气中心的火山岩体上，才可能有高含量 CO_2 气藏的存在。这为高含 CO_2 气藏的分布预测提供了基本依据和准则。

二、CO₂ 分布控制因素

通过以上对松辽盆地含 CO₂ 天然气分布规律的研究，在第四章对典型 CO₂ 气藏详细解剖及第五、六章对断裂和火山岩对 CO₂ 气藏控制作用分析的基础上，将松辽盆地含 CO₂ 天然气分布的控制因素归总为以下三个主要方面。

1. 深部构造背景控制 CO₂ 区域分布

幔源 CO₂ 的气源来源于地球深部，只有在深大断裂发育、幔源岩浆活动强烈的区域才可能有 CO₂ 气藏的聚集。从世界上和中国东部已发现 CO₂ 气藏的分布来看，CO₂ 的区域分布明显受控于深部构造背景。

在区域上，松辽盆地 CO₂ 的分布也主要受深部地质背景的控制。从已发现 CO₂ 和 He 异常井的分布来看，松辽盆地无机成因 CO₂ 和 He 气的区域分布具有以下规律。

（1）CO₂ 和 He 气主要分布于莫霍面埋藏小于 32km 的地幔上隆地区（图 7-9）。松辽盆地莫霍面埋藏较浅，在 29~34km 深度范围内，而高含 CO₂ 和 He 又主要分布在莫霍面埋深小于 32km 的地幔隆起区。上地幔隆起导致莫霍面埋藏较浅、超壳断裂形成，是幔源岩浆灌入岩石圈的必要条件，而幔源岩浆是 CO₂、无机烃类气和 He 的主要气源，为 CO₂ 的聚集提供气源条件。

（2）CO₂ 和 He 分布于高的地温场区域。松辽盆地是一个高地温盆地，盆地中热流的总平均值为 $68.65mW/m^2$。现今发现的 CO₂ 气藏或显示均分布在盆地内地温较高的中央凹陷区（图 7-10），主要分布在地温梯度大于 3.5℃/100m 的区域内。地温梯度越高，说明深部热活动越强烈，是幔源 CO₂ 释放的有利地区。

（3）CO₂ 和 He 气与深大断裂关系密切。高含 CO₂ 和 He 的井位多分布在深大断裂带的附近，尤其是几条深大断裂的交汇处。

以上充分说明，深部背景直接控制了 CO₂ 的分布及富集。地幔上隆的高热构造区是 CO₂ 形成和分布的有利地区，深大断裂及其交汇处是深部 CO₂ 上运的有利通道和聚集的有利部位。

2. 基底大断裂控制 CO₂ 区带分布

世界上已发现高含 CO₂ 气藏或气苗的分布与基底断裂的关系密切，基底断裂为 CO₂ 气藏的形成提供了运移通道和储集空间。研究表明，控制 CO₂ 气藏的基底断裂多为规模较大的、控陷的、控制火山上涌通道的基底大断裂。松辽盆地已发现高含 CO₂ 气藏或井的分布，也无一例外地受基底大断裂的控制，即基底大断裂控制了 CO₂ 的富集区带，这主要表现为三个方面。

1）基底大断裂与深大断裂相衔接构成幔源 CO₂ 脱气和上运通道

松辽盆地 CO₂ 气主要为幔源成因，无论以哪种脱气方式灌入盆地，基底大断裂皆为 CO₂ 的主要运移通道，因此基底大断裂控制 CO₂ 的运移、聚集和分布。但也并不是所有的基底

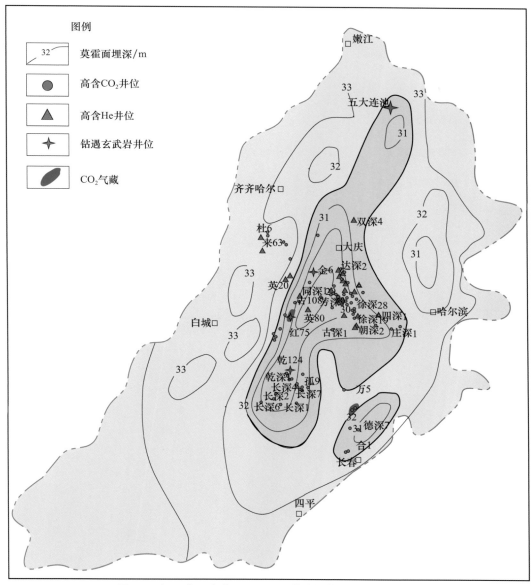

图例

⌒32⌒	莫霍面埋深/m
●	高含CO₂井位
▲	高含He井位
✦	钻遇玄武岩井位
⬭	CO₂气藏

图 7-9　松辽盆地高含 CO_2 和 He 井位与莫霍面埋深叠合图

断裂都能控制 CO_2 的气源、运移和聚集。研究表明，松辽盆地控制 CO_2 气藏的断裂多为规模较大、低角度的控陷断层，走向以近 SN 向和 NNE 向为主，断层倾角平缓，一般为 20°～50°，断距大，最大垂直断距为 5000m，一般为 500～2500m，延伸距离大，最大延伸长度为 156km，一般为 10～40km。

这些控制断陷的基底大断裂向下倾角逐渐变缓，并最终以近于水平的韧性剪切方式消失于拆离带内。在岩石圈上部巨大的压力作用下，呈现韧性状态的拆离带是良好的封盖层。由

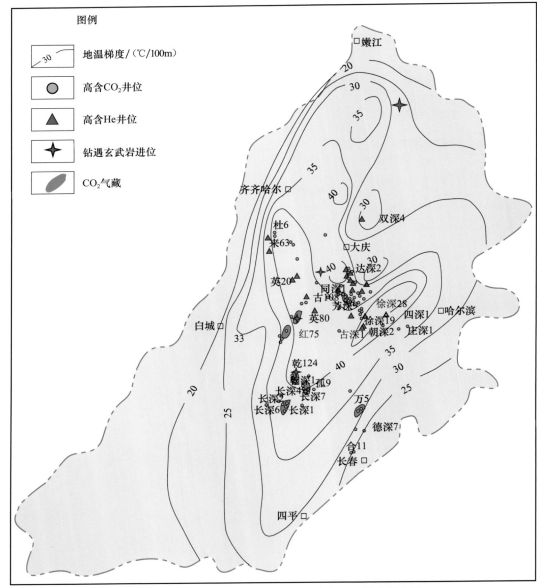

图 7-10　松辽盆地高含 CO₂ 和 He 井位与地温梯度叠合图

于拆离带的作用，使得沿岩石圈下部裂缝上升的岩浆和气体等在拆离带的下部聚集而形成岩浆房（或称低速体）或热流底辟体。这些低速体或热流底辟体就是幔源 CO₂ 的气源供应体。无论是裂陷盆地形成的简单剪切变形模式，还是分层拆离组合伸展模式，都认为这些伴生断层往下延伸最终只能收敛于主干伸展断层，即其延伸深度不会超过主干伸展断层。因此只有主干伸展断层即控陷基底大断裂才能沟通深部气源体成为 CO₂ 的气源断裂。通过松辽盆地北部和徐家围子断陷 15s 大剖面及其常规地震剖面解译，可以看到徐西和徐中断裂这种铲式基底断裂向下收敛于拆离带，并与深部的侵入体或热流底辟体相衔接，从而构成 CO_2 上运通道（图 7-11）。

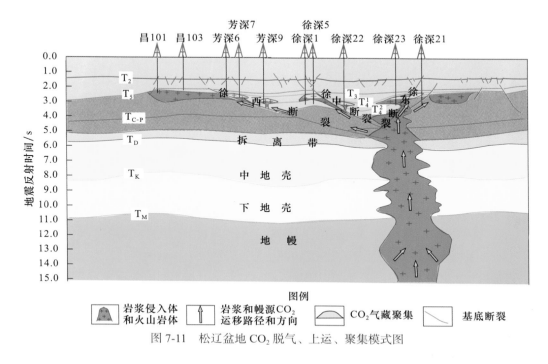

图 7-11 松辽盆地 CO_2 脱气、上运、聚集模式图

由于岩石圈下部韧性层的伸展量大于上部脆性层的伸展量（陆克政等，1997），韧性伸展是一个渐变的过程，上地壳断裂则是幕式活动的，当下部伸展量超过一定限度时，即会导致上地壳断裂的活动和伸展；由于拆离带分布于脆性地壳和塑性地壳的分界面附近，脆性地壳的突然伸展必然会导致拆离带的剧烈拉张并发生暂时性破裂，从而导致低速体内的岩浆和气体沿着基底大断裂上升，并最终运移到沉积盆地中聚集和成藏（图 7-11）。

2）基底大断裂形成的构造带控制 CO_2 的聚集和分布

基底大断裂由于其规模较大且长期活动，控制形成了一系列的构造带，在这些构造带内的一些与基底断裂有关的圈闭就为 CO_2 的聚集和分布提供了空间和场所。一方面，基底大断裂控制了深层断陷的构造格局，在断陷层系内形成一些有利的构造带；另一方面，部分基底大断裂在拗陷期或反转期持续活动断至浅层，部分发生反转，形成反转构造带，从而也控制了中浅层构造带的形成。

（1）基底大断裂形成的深层构造带控制 CO_2 在深层的聚集和分布。

晚侏罗世—早白垩世末的断陷期，是松辽盆地最重要的断裂活动期。这期活动中形成了大部分的基底断裂。近 EW 向的拉张应力场，决定了近 NS 走向的深层断陷特征，奠定了以 NNE 向和 NE 向断裂为主的深层构造格局。受控陷边界断裂和中央断裂的控制，断陷内部通常发育陡坡构造带、中央断隆带和缓坡构造带，由于控陷边界大断裂和中央基底大断裂规模较大，在拆离带能与深部气源体相衔接沟通 CO_2 气源，因此受其控制的陡坡构造带和中央断隆带是 CO_2 聚集和分布的有利部位。此特征在徐家围子断陷表现得较为明显，徐家围子断陷高含 CO_2 气主要分布在徐西断裂控制的陡坡带和徐中断裂控制的中央断隆带（图 7-6）。长岭断陷的长深 1 混合气藏、长深 2、4 等 CO_2 气藏就位于乾安、前神字井和哈尔金基底断裂控制的中央断隆带部位，而长深 7 的 CO_2 气藏就位于孤西断裂控制的陡坡带部位（图 7-7）。

（2）基底大断裂反转形成的反转构造带控制 CO_2 在中浅层的聚集和分布。

部分基底大断裂具有长期继承性活动的特点，这些断裂在拗陷期也持续活动或活动停止，而在嫩江组沉积末期的构造运动中，上盘地层沿断裂面逆冲回返，形成反转构造，断层性质发生转化，由正断层变为逆断层。这种由基底断裂控制的正反转构造带是中浅层 CO_2 聚集和分布的有利地区。典型实例如万金塔、孤店、乾安、红岗等中浅层 CO_2 气藏，都分布在这种受基底断裂反转形成的反转构造带上（图 7-12）。

3. 青山口期、新生代幔源火山活动控制 CO_2 气源

火山岩岩石学和岩石化学研究表明，火石岭组—营城组火山岩主要以中、酸性喷发岩为主，夹有少量基性火山岩，其成因机制是幔源诱导，壳源部分熔融的产物，发生了大量的地壳岩石重熔和岩浆分异作用，且主要以喷发岩的方式产出，加上断陷期断裂活动强烈，保存条件差，故而其不能成为松辽盆地幔源 CO_2 的主要气源。在早白垩世火山岩浆长期、间断活动的过程中，后期活动的岩浆中释出的部分 CO_2 可能会进入早期喷发形成的火山岩体中形成早期聚集，但其总量相对于松辽盆地已发现 CO_2 储量要小得多，且多因逸散、地层水溶解或化学反应而消耗掉。而青山口期—新生代火山岩主要以基性、碱性玄武岩为主，对伊通-大屯地区的新生代玄武岩研究表明，该区玄武岩浆形成深度为 54～108km，且由老至新，玄武岩的形成深度逐渐变深。因此新生代玄武岩浆来源深度大，来自于上地幔和软流圈，且受地壳物质的混染作用不大。前人大量研究表明，来自于上地幔的碱性和基性玄武岩浆是饱含 CO_2 等挥发分的热液流体，而且，CO_2 成因判识也证实 CO_2 来自于幔源岩浆脱气，因此青山口期—新生代幔源岩浆活动控制了 CO_2 气源。

虽然松辽盆地青山口期—新生代火山岩出露较少，但是这可能正说明了松辽盆地新生代岩浆活动在巨厚沉积盖层的覆盖下，岩浆能量不足以形成大规模喷发，但是却可以沿着某些薄弱带在中上地壳或盆地基底中形成热流底辟体、岩浆房低速体或深层侵入体，其中所饱含 CO_2 等挥发分的热液流体可以通过基底大断裂的沟通进入沉积盆地中形成大量 CO_2 气的聚集。

第三章从包裹体证据出发确定了松辽盆地 CO_2 成藏期主要为喜马拉雅期。关于松辽盆地 CO_2 成藏期晚的其他证据如下：①已发现的中浅层 CO_2 气藏，如万金塔、孤店、乾安、红岗、英台 CO_2 气藏等，皆与反转构造有关，而反转构造主要形成于明水末或新近纪末，因此 CO_2 充注成藏也应较晚；②片钠铝石是地质历史时期 CO_2 运移、聚集或逸散的示踪矿物（高玉巧等，2005b）。在英台、大安北、红岗、孤店和新立等 CO_2 气藏分布区的砂岩储层中都发现有片钠铝石，且片钠铝石形成于成岩作用晚期，说明幔源 CO_2 充注较晚，应为新

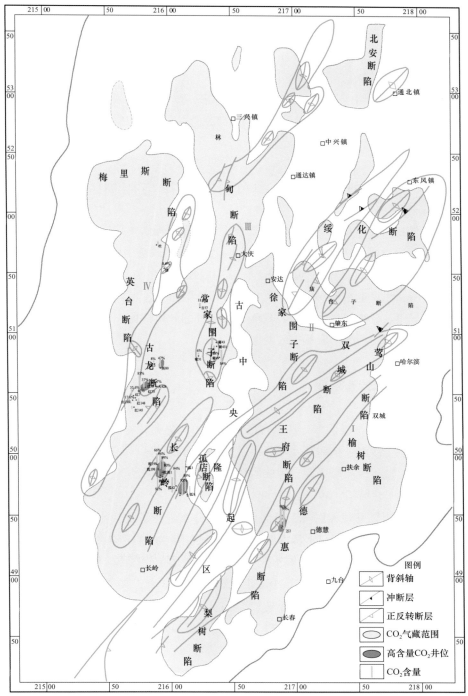

图 7-12 松辽盆地反转构造带与中浅层 CO_2 气藏分布关系图

Ⅰ.德树 - 长春岭反转构造带；Ⅱ.望奎 - 任民镇反转构造带；Ⅲ.大庆 - 孤店反转构造带；

Ⅳ.林甸 - 红岗反转构造带

生代（高玉巧等，2007；鲁雪松等，2011）；③与松辽盆地构造背景相似的海拉尔、渤海湾、苏北盆地中发现的大量 CO_2 气藏均形成于新生代。例如，海拉尔盆地乌尔逊凹陷 CO_2 气藏形成于 46Ma 或更晚（高玉巧等，2007）；渤海湾盆地 CO_2 气藏的形成与新近纪的碱性橄榄玄武岩浆火山活动有关（王兴谋等，2004）；苏北盆地黄桥 CO_2 气藏形成于 30Ma 之后（郭念发和尤孝忠，2000）。综合以上证据，可以确定青山口期—新生代幔源岩浆活动控制了松辽盆地的 CO_2 气源，CO_2 从青山口期到新生代具有多期充注，但以新生代以来的晚期成藏为主。

第二节　深层烃类气分布规律与控制因素

松辽盆地深层天然气资源丰富，已经发现了一批深层天然气藏。从已发现气藏（田）的规模来看，以深层营城组火山岩储层和营四段、登娄库组砂砾岩储层中气藏储量规模较大，占了松辽盆地整个天然气储量的 50% 以上，其中规模较大的有大庆探区的徐深气田、兴城气田、昌德气田、汪家屯东气田、升平气田、肇州西气田等，吉林探区的长深 1 气田、双坨子和小合隆等气田。分析松辽盆地已发现深层烃类气的分布特征，有助于深入认识深层烃类气的成藏和分布特征，为深层天然气的勘探提供依据。

一、深层烃类气分布规律

1. 层系分布特征

松辽盆地天然气分布层位多，从黑帝庙至萨尔图、葡萄花、高台子、扶余、杨大城子、登娄库组、营城组、沙河子组和基底均获得了工业气流或气显示。由于受青山口组区域盖层和断层发育情况的控制，深层烃源岩生成的烃类气（简称深层烃类气）主要储集于扶余、杨大城子、登娄库组、营城组、沙河子组和基底中。

对松辽盆地深层已发现天然气三级储量的层位分布进行了统计（图 7-13），松辽深层天然气三级储量共 $4252.88 \times 10^8 m^3$，其中营城组天然气储量为 $3337.37 \times 10^8 m^3$，占深层天然气总储量的 78%；其次为登娄库组，占深层天然气总储量的 12.2%；其他层位中分布较少。对深层已发现气藏的个数也进行了统计，深层共发现气藏 23 个，其中泉头组气藏有 9 个，营城组气藏有 8 个，登娄库组气藏有 3 个（图 7-14），对比储量分布可以发现，为数不多的营城组气藏的储量占了深层天然气总储量的 78%，说明营城组气藏一般规模较大，储层分布面积和厚度大，而气藏个数最多的泉头组气藏的储量却只占深层天然气总储量的 3.2%，这充分说明与营城组火山岩储层相比，泉头组碎屑岩储层的规模显得很微小，因此，松辽盆地深层天然气的勘探应立足于营城组火山岩储层。对已发现的工业气层的层位分布也进行了统计（图 7-15），可见主要的气层主要分布在营城组、登娄库组和泉头组。综上所述，松辽盆地深层烃类气的勘探重点应放在营城组和登娄库组。

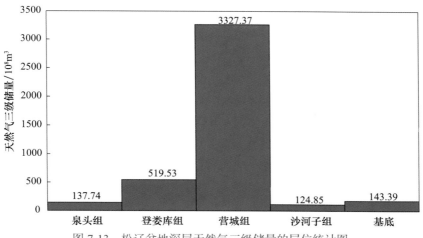

图 7-13 松辽盆地深层天然气三级储量的层位统计图

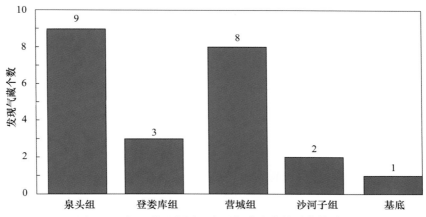

图 7-14 松辽盆地深层已发现气藏个数的层位统计图

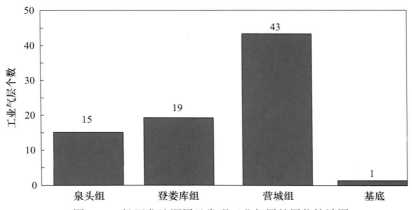

图 7-15 松辽盆地深层已发现工业气层的层位统计图

根据深层天然气的富集层位，结合深层气的烃源岩和盖层分布，总体上可将深层天然气分为两大套成藏组合，即下部成藏组合和上部成藏组合。下部成藏组合主要是指登二段及以下地层作为储集层的成藏组合，而上部成藏组合则指其上部地层作为储集层的成藏组合。这两个成藏组合的天然气分布特征不同，下部成藏组合是深层天然气的主要成藏组合类型。

下部成藏组合天然气的储层以火山岩和砂砾岩为主，是特殊的深层储集岩性。纵向上，火山岩、砾岩气藏分布的深度范围大。上部成藏组合天然气的最重要的特征是它源气藏，纵向上层位相隔较远，运移通道在这类气藏的形成中起至关重要的作用，运移通道主要是断裂。断裂发育的地区易形成该类气藏，如古隆起上部地层处于构造薄弱带，断层发育，再如后期强裂反转的地区断层也较发育。因此，该类气藏主要分布于古隆起上部、后期构造反转地层中，大部分为次生气藏。

2. 平面分布特征

目前，松辽盆地深层天然气的勘探程度仍较低，目前勘探程度较高的主要是徐家围子断陷、长岭断陷和德惠断陷。目前深层已发现的烃类气藏（图7-16）主要分布在徐家围子断陷区，主要有汪家屯、升平、兴城、徐深、昌德和肇深10气藏等，天然气三级储量达$3000 \times 10^8 m^3$，可见徐家围子断陷为富气断陷。此外在王府断陷发现了小城子气田，德惠断陷发现了农安气藏、布海气田和小合隆气田，梨树断陷发现了四五家子油气田，长岭断陷的东南部发现了伏龙泉油气田和双坨子气田，长岭断陷中部发现了长深1含CO_2以烃类气为主的混合气藏。当然在发现一批烃类油气藏的同时，也发现了一些高含CO_2气藏或井。虽然目前深层天然气探明程度较低，但从已发现烃类气藏和高含CO_2气藏或井的分布（图7-16）来看，也能较好地认识到松辽盆地深层天然气的分布特征：以中央隆起带为界，东部断陷带（以徐家围子断陷为代表）中烃类气具有满洼分布的特点，而CO_2气则多在陡坡带或中部地区呈局部点状分布，总体上以烃类气为主；西部断陷带（以长岭断陷为代表）中烃类气和CO_2具有分区分布的特点，其中断陷带西部为CO_2富集区，断陷带中部为CO_2和烃类气混合气区，断陷带东部主要为烃类气富集区，局部为CO_2富集区。对比而言，东部断陷带各断陷要比西部断陷带更富烃类气，北部比南部更富烃类气，而CO_2气则是西多东少、南多北少。

此外，从图7-16及图7-6～图7-8上可看出，烃类气的分布主要受烃源岩分布的控制，已发现烃类气藏均围绕烃源岩厚度高值区分布，受源岩控制作用明显。烃源岩厚度大、分布广的徐家围子断陷烃类气也最为富集。而CO_2气藏多分布在远离烃源岩厚度中心的边部地区。在断陷范围内，深层烃类气藏沿断裂呈带状分布。断陷盆地内大断裂控制断陷烃源岩、储层等所有天然气地质条件，是天然气优势运移通道，受大断裂控制的深层构造带为最有利天然气富集区。安达、徐东、丰乐地区大断裂活动强度大、期次多、火山岩发育，为有利含气区。在此大背景下，受火山岩发育与后期改造的因素的控制，火山岩气藏在徐家围子断陷内主要沿断裂呈带状分布，分为西、中、东三个火山岩带，如图7-6所示，烃类气藏主要分布在徐中和徐西断裂带。

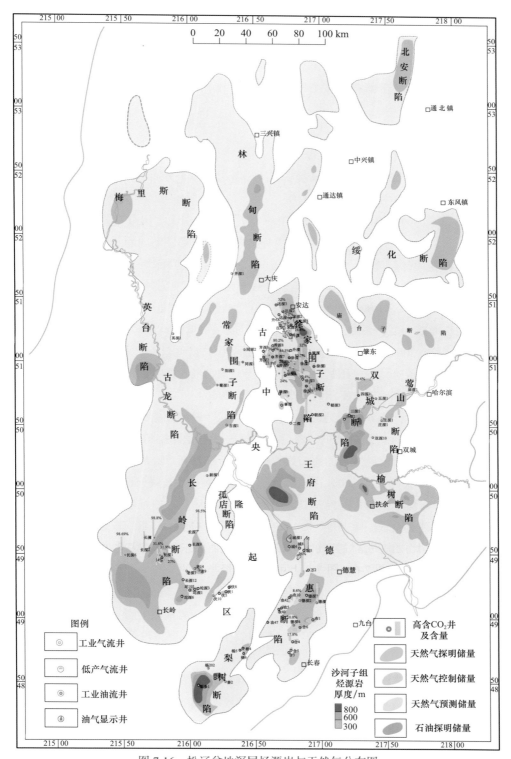

图 7-16 松辽盆地深层烃源岩与天然气分布图

深层气藏主要为火山岩气藏，气水关系复杂是多数火山岩气藏的特点。火山岩气水关系主要受火山岩体及火山岩自身物性的影响，在火山喷发的过程中，同一期喷发的火山岩在不同部位火山岩物性特征迥异，造成了火山岩本身对气藏的分隔，不同的火山岩体相互之间也不连通，导致在平面上和纵向上多个气水系统的存在。平面上，火山岩气水关系宏观上受构造背景的控制。

二、深层烃类气分布控制因素

从松辽盆地深层烃类气的分布来看，其主要受以下三个方面地质因素的控制。

1. 煤系烃源岩控制烃类气的分布

戴金星等（1997）对我国大中型气田研究表明，我国大气田分布在生气中心及其周缘（生气强度大于 $20 \times 10^8 m^3/km^2$），烃源岩的分布严格控制了烃类气的分布。据钻井揭示，松辽盆地深层存在 4 套烃源岩，从上到下分别是下白垩统登娄库组、营城组、沙河子组和上侏罗统火石岭组，其中沙河子组湖相泥岩和煤系地层是深层最主要的烃源岩，成气母质以 II_2- III 型干酪根为主。各套烃源岩都处于成熟或过成熟阶段，能提供大量的气源。此外，盆地基底的石炭系—二叠系的浅变质泥、板岩对成烃的贡献也不容忽视（高瑞祺和蔡希源，1997；李景坤等，2006）。对松辽盆地深层已发现天然气的成因判识表明，深层天然气主要为煤成气，主要来源于沙河子组烃源岩，另有少量油型气及两者的混合气，不同地区由于气源岩条件不同，其混合比例有所不同（李景坤等，2006）。

松辽盆地深层断陷面积小，地层相带窄，变化快，断陷湖盆中心深而窄，烃源岩分布局限于断陷内部，在这种地质背景下，深层天然气的聚集受源控的因素加大。由图 7-17 可以看出，徐家围子断陷目前已发现的火山岩气藏均分布在沙河子组源岩区内，多数气藏分布在烃源岩生气强度为 $20 \times 10^8 \sim 100 \times 10^8 m^3/km^2$，只有肇深 8 井气藏分布在沙河子组气源岩区边部。这表明，只有位于气源岩区内及其附近的火山岩圈闭，才能捕获到丰富的天然气，有利于聚集成藏；否则火山岩圈闭条件再好，也难以形成大规模的富集。双城地区上部发现的源为深层的浅层气藏，虽经过了后期的改造作用，但仍分布于断陷源岩的附近（图 7-18），证明了源控对断陷盆地天然气聚集所起的重要作用。

通过徐家围子断陷目前已发现的火山岩气藏与源岩区关系的统计发现（表 7-1），松辽盆地深层得以形成气藏的基本条件是离沙河子组烃源岩近，离基底大断裂近，离沙河子烃源岩分布区基本上不超过 10km，古隆起上天然气得以成藏的重要条件是古隆起距离基底大断裂不超过 1km。

从松辽盆地深层已发现高含 CO_2 井位及 CO_2 含量与沙河子组烃源岩厚度叠合图上可以看出（图 7-16），目前已发现高含 CO_2 井主要分布在沙河子组烃源岩厚度较薄的断陷边部或断陷中央断隆带地区，远离洼陷中心部位的井的 CO_2 含量较高，而靠近洼陷中部的井

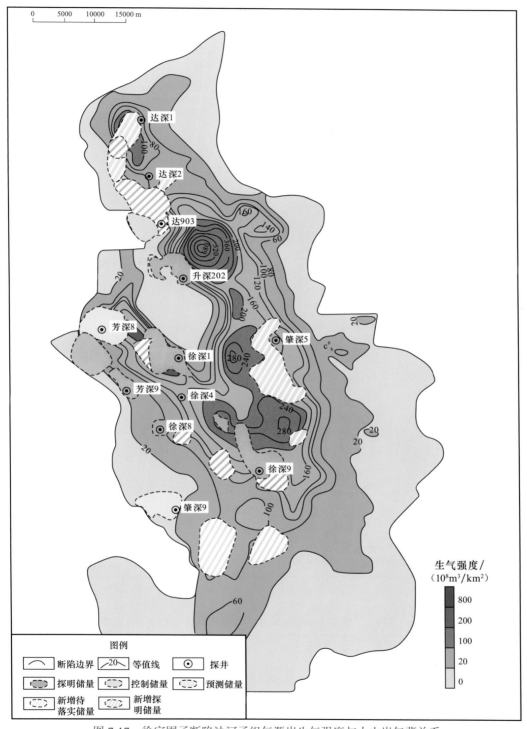

图 7-17　徐家围子断陷沙河子组气源岩生气强度与火山岩气藏关系

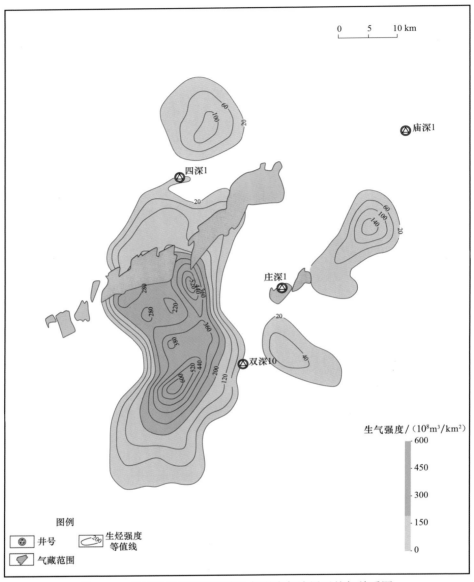

图 7-18　双城地区深层气源岩生气强度与浅层天然气关系图

表 7-1　徐家围子断陷火山岩重点气井离源岩距离

井号	层位	井段 /m	试气方式	气 /m³	水 /m³	试油结果	岩性	横向距离 /m	距深大断裂距离 /m	纵向距离 /m
昌 103	K_1d^2	3194～3256	MFE Ⅱ	1	0	干层	砂砾岩	9966		885.8
芳深 6	K_1yc	3302～3325	压后自喷	138401	0	工业气层	流纹岩	7367	0	788.6
升深 2	K_1d^2	2880～2904	MFE1	326972	0	工业气层	流纹岩	7787	0	441.5
徐深 1	K_1yc^1	3592～3624	压后自喷	530057	0	工业气层	流纹岩	0	0	591

井号	层位	井段 /m	试气方式	气 /m³	水 /m³	试油结果	岩性	横向距离 /m	距深大断裂距离 /m	纵向距离 /m
徐深 8	K_1yc^1	3723～3735	MFE-Ⅱ自喷	226234		工业气层	流纹岩	0	0	647.5
徐深 21	K_1yc^1	3674～3703	压裂	414206		工业气层	凝灰岩	0	0	1271.8
长深 1	K_1yc^1	3594	压裂	460000		工业气层	凝灰岩	0	0	
达深 1	K_1yc^2	3245～3300	压后自喷	8382		低产气层	安山岩	0	0	1348.5
芳深 701	K_1yc^{4-1}	3575.8～3602	MFE-Ⅱ	884	0.48	低产气层	流纹岩	4500	0	420.2
升深 101	K_1hs^2	2842～2954.4	压后自喷	29361	47	工业气层	安山玄武岩	8000	4250	448.1
升深 4	K_1yc^3	3054.4～3073.4	压后自喷	13865	94.91	低产气层	流纹质凝灰岩	5250	0	448.1
升深 7	K_1hs^2	3697.8～3705	压后自喷	8299		低产气层	流纹质凝灰岩	3750	0	
宋深 1	K_1yc^{3-2}	3152.6～3599	自喷	9963	0	低产气层	流纹岩	0	0	
宋深 101	K_1yc^3	3030～3035	MFE-Ⅱ	0	0.37	水层	流纹岩	0	0	779.5
宋深 2	K_1yc^{4-3}	2954～2974	压后自喷	3779		低产气层	安山岩	0	8750	715.8
汪 903	K_1yc^1	2962.4～3037	压后自喷	50518		工业气层	流纹岩	3375	0	394.7
汪 904	基底	2913.4～2923.4	MFE-Ⅱ	0		干层	流纹岩	0	0	314.7
汪深 1	K_1yc^1	2989～2998	压后自喷	202190		工业气层	流纹质角砾集块岩	2500	0	266
肇深 10	k_1yc^1	2948～2968	压后自喷	138907	96	工业气层	流纹岩	15000	6250	1077.2

位中 CO₂ 含量较低，如长岭断陷的长深 2、4、6、7 井位于烃源岩厚度薄值区，CO₂ 含量高达 95% 以上，而位于烃源岩厚度较大区域的长深 1 气藏中 CO₂ 含量则仅有 20%～30%。徐家围子断陷的芳深 9 气藏、徐深 10 井区、徐深 19 井区位于烃源岩厚度相对薄值区，CO₂ 含量高达 80% 以上，而位于洼陷中心古隆起部位的徐深 1、徐深 5 井区 CO₂ 含量小于 10%。这充分说明烃源岩控制烃类气的分布，进而控制烃类气与 CO₂ 混合气藏中 CO₂ 的相对含量。

2. 古构造高部位控制烃类气的富集

由于继承性发育的特点，近源古隆起或斜坡一直是断陷盆地油气运移的长期指向。断陷中或两断陷之间的古隆起以其优越的地理位置具有双向供烃的有利条件，同时形成早，构造圈闭发育，各种成藏条件最为有利，是有利的油气富集场所，如丰乐低凸起、中央古隆起等。古斜坡区为天然气长期运移指向区，而且沿上倾尖灭方向易形成地层 - 岩性圈闭，也是天然气成藏的有利场所。同时火山口常形成古地貌高点，之后埋藏也基本上没经历大规模构造变动，高点将被保存下来，因此火山口的位置通常也是古构造高部位，加上火山口附近火山岩储层物性好、裂缝发育，以上两个因素决定了火山口附近为烃类气运聚的有利部位。松辽盆地深层已发现的气田或气藏的分布都存在这样的规律，即它们几乎都位于近源的古构造或基底大断裂控制的古隆起上（图 7-19、图 7-20），如徐深 1、徐深 9 井气藏和升平气田主要位于基底大断裂控制古构造中；徐深 2、徐深 201、徐深 3 井则位于洼陷中心部位的古斜坡或低隆起上；汪家屯气田位于近源的古隆起中；长岭断陷长深 1 气藏也是位于近源的早期古隆起——哈尔金古隆起上，处于深层烃类气运聚的有利部位。

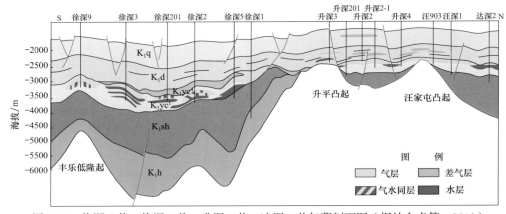

图 7-19　徐深 9 井—徐深 1 井—升深 2 井—达深 2 井气藏剖面图（据杜金虎等，2010）

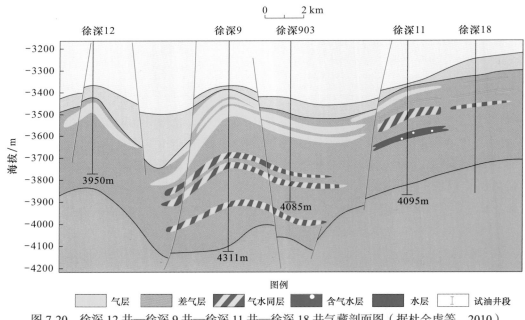

图 7-20　徐深 12 井—徐深 9 井—徐深 11 井—徐深 18 井气藏剖面图（据杜金虎等，2010）

　　天然气成藏研究表明，松辽盆地深层天然气主要在嫩江沉积期大量充注成藏，因此，在嫩江期末、反转构造期之前的古构造才是深层气运聚的有利部位，后期的构造调整对已形成火山岩气藏的赋存场所影响不是很大，只有将营城组顶面构造恢复到嫩江期末、反转期以前的状态，才能真正反映烃类气的有利运聚区带。基于这种思路，在地震剖面上可以对 T_1 反射层（对应嫩江组底界）进行层拉平处理，从而将现今构造恢复到深层烃类气主要成藏期的古构造状态。如对长岭断陷过长深 2 井—长深 1 井—长深 8 井—长深 12 井地震剖面进行 T_1 反射层层拉平处理之后（图 7-21），可以清楚地发现长深 1 井处于受哈尔金断裂控制的哈尔金古隆起的构造高部位，是烃类气长期运聚的有利部位，故而形成长深 1 气藏。长深 8 井、长深 16 井处于洼陷中心的古斜坡或低隆部位，位于油气运聚的方向，也见到烃类气。老深 1 井和长深 12 井位于洼陷边部的古隆起部位，同样是烃类气运聚的有利部位，目前也已见到烃类气。而长深 2 井受前神字井基底大断裂的控制，主要聚集 CO_2。可见在剖面上对 T_1 反射层进行层拉平处理，能较好地识别古隆起（斜坡），对于勘探现状的解释和对天然气运聚有利部位的预测具有较好的指导作用。

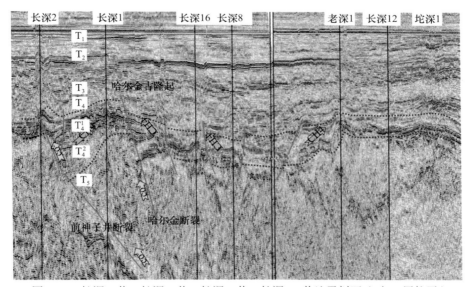

图 7-21　长深 2 井—长深 1 井—长深 8 井—长深 12 井地震剖面（对 T_1 层拉平）

平面上，如果能将营城组顶面构造恢复到嫩江组反转前的构造形态，结合气源岩和火山岩或砂砾岩储层的分布，则能很好地预测深层烃类气的有利运聚区带，对于深层烃类气的勘探具有一定的指导意义。但古构造形态的恢复实现起来难度较大，工作量巨大。但考虑到松辽盆地全区范围内拗陷期沉积地层厚度总体差异不大，特别是对于单个局部断陷范围内，断陷层上部的拗陷期沉积地层厚度平面变化差异很小，可近似认为相等。而登娄库组为断拗转换期沉积，具有填平补齐的沉积特点，因此登娄库组地层厚度可近似反映营城组顶界的古构造形态，即厚度低值区对应营城组古构造，厚度高值区对应营城组顶界相对低洼区。按照这一思路，可以用登娄库组地层厚度图来近似反映营城组顶界在嫩江期末反转之前的古相对高程状态，进而可以预测深层烃类气有利聚集的古隆起（斜坡）区带，有效地解释深层天然气勘探现状和预测有利勘探目标。

按此思路，制作出徐家围子断陷营城组顶界在嫩江期末反转前的古相对高程图，根据古相对高程，预测烃类气可能运聚方向，结合沙河子组烃源岩厚度分布图，可以预测深层烃类气有利的聚集区带（图 7-22）。从图上可以看出，兴城气田（徐深 1、徐深 6 气藏）位于紧

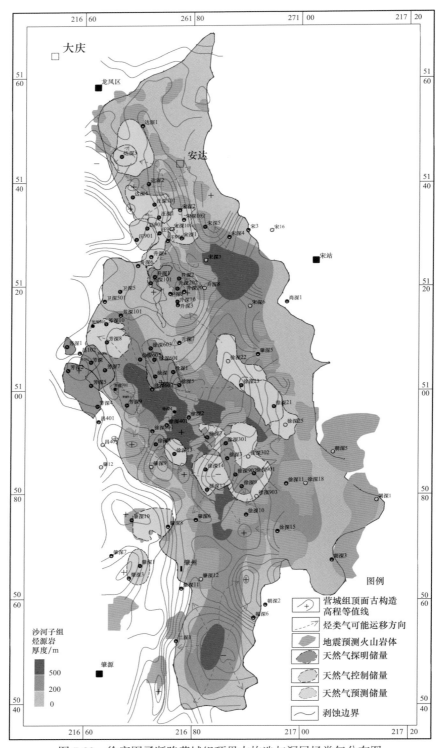

图 7-22　徐家围子断陷营城组顶界古构造与深层烃类气分布图

邻烃源岩高值区的古隆起构造，为烃类气长期有利运聚区；徐深气田位于烃源岩高值中心的相对低洼区，烃类气从低洼中心（徐深 14 和徐深 902 井之间）向四周发散运移，从而造成形成徐深气田大面积含气的场面。昌德和汪家屯气田则为靠近烃源岩厚值区的古斜坡部位，为油气运聚的优势方向，升平气田为靠近洼陷中心的古隆起，为油气长期运聚的部位。徐深 22、徐深 23 井区位于一个古斜坡背景，为油气运聚的有利部位。其他位于烃类气可能运移方向的火山岩体都是烃类气聚集的有利部位，部分已发现烃类气藏，其余部分可作为下部勘探有利目标。

从长岭断陷营城组顶界古相对高程与深层烃类气藏和井分布图上可以看出（图 7-23），长深 1 气藏位于早期古隆起——哈尔金古隆起，且紧邻乾安次洼和前神字井 - 黑底庙次洼，为烃类气长期运聚的有利部位，故而形成储量较大的、以烃类气为主的长深 1 气藏，同样老深 1、长深 12、长深 8 井、双坨子油气田、伏龙泉油气田也都位于油气运移的主方向上，见到了较好的油气显示或发现规模储量。而长深 2 井、长深 4 井虽然也处于古构造高部位，但烃源岩条件较差，且不在烃类气优势运移方向上，但临近孙吴 - 双辽深大断裂，故而形成 CO₂ 气藏。

3. 断裂沟通情况控制烃类气的纵向分布

基底断裂一方面是深层油气运移的通道，使断陷期烃源岩形成的油气沿断层、不整合面等运移至营城组、登娄库组等较浅层位形成气藏，同时断裂又能起遮挡作用形成圈闭，如汪家屯登娄库组气藏。基底断裂作为油气运移通道，可使纵向上相距较远的源岩与圈闭连接起来，是穿层系将源岩与圈闭连接的桥梁，是天然气在纵向上穿层系长距离运移的重要途径。断层可直接连接或通过与砂体或不整合面配合连接源岩和圈闭，使天然气成藏，如汪家屯构造泉头组一段背斜气藏、昌德构造登娄库组背斜气藏、汪家屯构造登娄库组的断块气藏、三站构造泉头组二段断鼻气藏、薄荷台构造登娄库组断鼻气藏、四站构造登娄库组一段岩性 - 构造气藏、昌五构造登娄库组岩性 - 断层气藏，均为由断层与砂体或不整合面配合连接源岩与圈闭形成的天然气藏。

鉴于此，气源断层的空间延伸层位应控制着天然气在垂向上运移的最大距离，在一定程度上决定了天然气在空间上运聚成藏的范围。昌德地区由于仅仅发育断穿 T₄ 层断层，沙河子组—营城组生成的天然气沿断层只能向上运移至登娄库组内，在其内运聚成藏，形成了昌德及昌德东登娄库组气藏。而升平 - 汪家屯和朝长地区由于发育由 T₅ 或 T₄ 断至 T₃ 层的断层，沙河子组—营城组生成的天然气沿断层向上，除了可以运移至登娄库组外，还可以向上运移至泉一、二段储集层中，故在该区除在登娄库组形成了升平、汪家屯、薄荷台、四站气藏外，还在泉一、二段中形成了汪家屯和三站气藏。这充分说明了断层在空间上的延伸层位控制着天然气在垂向上运聚层位。

深层天然气受断裂控制的垂向运移可从天然气甲烷碳同位素的分布特征看出来。从松辽盆地深层天然气中甲烷碳同位素垂向分布图中可以看出（图 7-24），随着埋深增加，甲烷碳同位素值明显增大，说明天然气成熟度增加。其中，营城组天然气甲烷碳同位素分布范

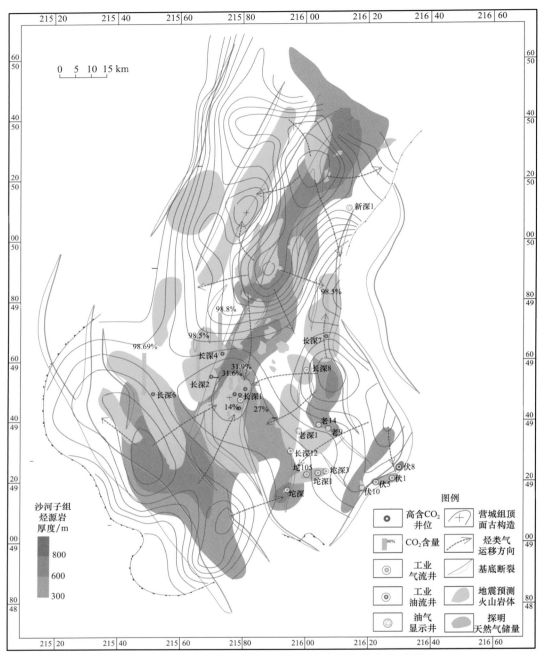

图 7-23　长岭断陷营城组顶界古构造与烃类气分布关系图

围为 −36.66‰～−13.84‰，主要分布在 −28‰～−22‰；登娄库组天然气甲烷同位素分布范围为 −28.6‰～−18.9‰，也主要分布在 −28‰～−22‰。从基底、沙河子组、营城组和登娄库组天然气甲烷同位素分布范围来看，四者具有很好的一致性，说明具有一定的同源性，而最主

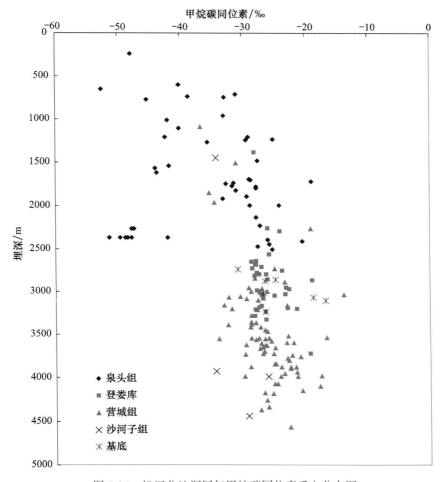

图 7-24　松辽盆地深层气甲烷碳同位素垂向分布图

要的气源岩就是沙河子组烃源岩。由此可推知，基底古潜山中聚集的天然气主要是沙河子组烃源岩生成天然气通过断层或不整合面运聚形成，营城组天然气主要是沙河子组烃源岩生成天然气，通过基底断裂或 T_4 断裂运聚形成，登娄库组天然气主要是沙河子烃源岩生成天然气，通过基底大断裂运聚形成或营城组气藏被拗陷期断层破坏形成的次生气藏。从图 7-24 上还可看出，泉头组天然气可分为两种类型，一种为油型气，甲烷同位素小于 $-38‰$，主要是由青山口组烃源岩生成的油层伴生气；另一种是高成熟裂解气，甲烷同位素重于 $-38‰$，主要来源于沙河子组烃源岩，也是由于基底大断裂或拗陷期断层的沟通，使深层的天然气运移进入泉头组形成聚集，如泉一、二段中的汪家屯和三站、四站气藏。

正是由于基底断裂的沟通，烃类气在垂向上具有多层位含气，形成多个气水系统、平面上互相叠置的情况，使得烃类气在受气源断裂控制的构造带或火山岩带上最为富集（图 7-25）。

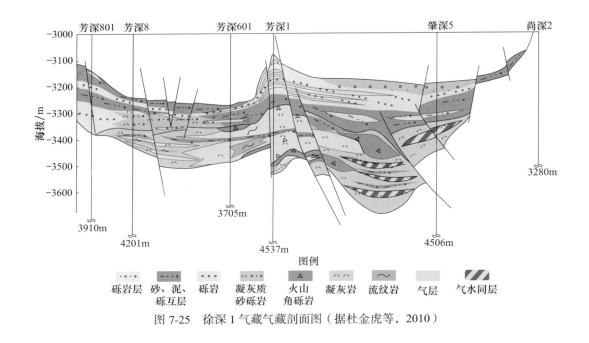

图 7-25 徐深 1 气藏气藏剖面图（据杜金虎等，2010）

第三节 烃类气和CO₂耦合分布及其控制因素

松辽盆地深层天然气成因类型复杂，以烃类气藏为主，常规烃类气与幔源成因 CO_2 大量共存，并因同受基底大断裂控制并共享某些圈闭和储层等成藏要素而在空间上耦合分布在一起。前已述及，常规烃类气主要受气源岩控制呈近源、环带状分布，而幔源 CO_2 则受深部构造背景呈狭长带状或点状分布，控制 CO_2 气源的基底大断裂在控制 CO_2 聚集和分布的同时，也控制烃类气的聚集和分布。因此，气源基底大断裂是联系烃类气和 CO_2 的桥梁和纽带，两者共享某些圈闭和储层等成藏要素而耦合复杂分布在一起。两者既相似又有区别，相同的是营城组火山岩构成两种类型天然气的优质储层，区域盖层共同限制了两种类型天然气的聚集层位；不同的是两者在成藏机理、运聚过程和运聚特征上的差异，这也决定了两种天然气在空间上的分布差异。

一、营城组火山岩构成烃类气和 CO₂ 的优质储层

松辽盆地中生代火山岩主要发育于火石岭组和营城组，以营城组厚度最大，岩性复杂多样，从基性到酸性均有产出，但以中、酸性为主。由于营城组火山岩主要来源于壳源岩浆，且是喷发岩，故不能作为 CO_2 的主要气源。营城组火山岩厚度大，分布广泛，储集物性好，是松辽盆地深层天然气的优质储层。火山岩冷凝产生原生气孔和收缩裂隙，后期通过淋滤、再埋藏溶蚀和裂缝改造等作用形成优质储层。由于火山岩脆性强，应力易集中，构造强烈时容易遭

受破坏，形成渗透性好的裂缝，使储渗性明显提高。因此火山岩储层物性不像碎屑岩储层那样容易受到深度的影响和控制。从松辽盆地北部火山岩孔隙度随埋深变化图可以看出（图 7-26），相比常规碎屑岩储层而言，火山岩的孔隙演化基本不受埋深的控制，火山岩的次生孔缝、构造裂缝较容易发育，在深度为 4000 多米时，储层物性仍很好，从而能成为深部天然气优质储集层。从目前已发现深层烃类气储量和 CO₂ 储量的层位分布来看，绝大部分储量（80% 以上）都分布在营城组火山岩储层中，充分说明了营城组火山岩储层在深层天然气成藏和分布中的控制作用和主导地位。

火山岩相控制了火山岩储层的发育和气藏的富集。不同类型火山岩相的火山岩储集物性特征差异很大。门广田（2007）对徐家围子断陷营城组不同火山岩相中火山岩储层的物性

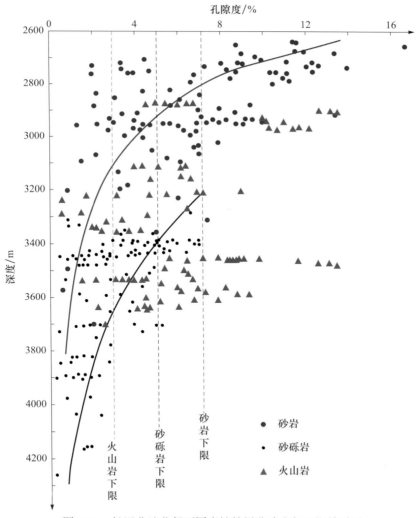

图 7-26　松辽盆地北部不同岩性储层孔隙度与埋深关系图

进行了统计（表 7-2），对比可以看出，在常见的火山岩相中，喷溢相上部亚相和爆发相热碎屑流亚相及经风化改造的爆发相储层的孔隙度与渗透率相对较高，裂缝发育，物性较好；喷溢相中、下部亚相，爆发相热基浪亚相储层的孔隙度与渗透率相对较低，物性较差；火山通道相储层的孔渗性相对较好。

表 7-2　火山岩岩相面孔率统计表

相	亚相	孔隙组合类型	面孔率 /%	孔隙度 /%	裂缝 /%
爆发相	空落亚相	火山碎屑岩的粒间孔、火山角砾岩的基质收缩缝、角砾内原有的孔隙类型及后期的构造裂缝	2.63	0.51	2.12
	热基浪亚相	粒间孔、斑晶溶蚀孔、基质内溶蚀孔及后期的构造裂缝	4.53	1.32	3.21
	热碎屑流亚相	基质收缩缝、斑晶溶蚀孔	7.01	6.42	0.59
喷溢相	上部亚相	原生气孔、杏仁体内孔、石泡空腔孔、斑晶溶蚀孔、基质内溶孔及后生的构造裂缝	12.91	9.79	3.12
	中部亚相	流纹理层间孔隙和构造裂缝	4.26	1.72	2.54
	下部亚相	次生构造裂缝，另有少量的斑晶溶孔	4.73	0.48	4.25
侵出相	内带亚相	原生节理缝（珍珠结构、枕状结构的环带状或柱状节理缝）和珍珠岩球或珍珠岩枕之间的松散堆积物间的孔隙	15.26	10.92	4.34
	中带亚相	构造裂缝	3.93	1.38	2.55
	外带亚相	基质收缩缝、变形流纹理层间孔隙、捕房的角砾或岩块原有的内部孔隙及后期的构造裂缝	0.95	0.42	0.53
火山通道相	火山颈亚相	火山碎屑岩的粒间孔、基质收缩缝及后期的构造裂缝	9.14	0.42	0.53
	次火山岩亚相	斑晶溶蚀孔及构造裂缝	0.85	0.41	0.44
	隐爆角砾熔岩亚相	裂缝	14.12	0.97	13.15

平面上，优质火山岩储层沿基底大断裂呈带状分布。松辽盆地中生代火山岩以裂隙式喷发为主，火山口沿基底大断裂分布。基底断裂带附近火山岩发育，且断裂带附近火山岩裂缝发育，断裂改善了火山岩的储集性能。据研究，火山通道相附近及爆发相和多个火山口交汇处的溢流相是有利的火山岩相，近火山口火山岩储层物性好，气孔、裂缝、微裂缝发育，这些优质火山岩储层主要沿基底大断裂分布，如徐家围子断陷受徐西、徐中和徐东三大基底断裂的控制形成三个火山岩带。兴城地区营一段火山口沿徐中断裂带分布，位于其上的徐深 1 井在该层段储层物性好、裂缝发育、产量高。长岭断陷火山岩的分布也明显受基底断裂的控制，自南向北可分为南部黑帝庙火山岩发育带、西部火山岩发育带、中部火山岩发育带、东部火山岩发育带。由此可见，火山岩优质储层的分布与基底大断裂的关系密切，基底断裂为火山岩储层发育创造了有利条件，与基底断裂相沟通的火山岩储层也为沿基底大断裂运移上来的烃类气和幔源 CO_2 的聚集提供了储存空间。

从徐家围子深层天然气井位与火山岩相分布图上可以看出（图 7-27），在近火山口爆发喷溢相中，储集物性好，已有多口井获得烃类气工业气流，如徐深气田、兴城气田和升平气

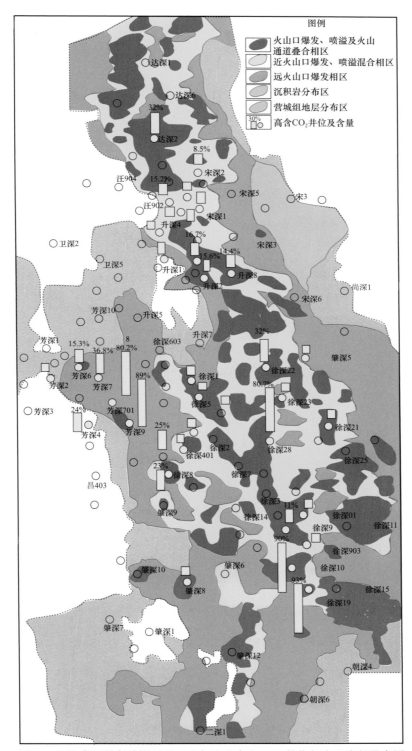

图 7-27 徐家围子断陷深层见工业气流和高含 CO_2 井位与火山岩相叠合图

田均位于近火山口爆发相分布区。由于近火山口爆发相储层常沿基底大断裂呈带分布，位于基底大断裂沟通的幔源气体释气点处的近火山口爆发相储层中也会捕获幔源成因 CO_2 气。目前已发现的高含 CO_2 井位也基本上都位于火山口爆发、喷溢及其临近地区（图 7-27），如芳深 9 井、徐深 19 井、徐深 28 井等，充分说明了火山岩相对深层烃类气和 CO_2 的富集具有相同的控制作用。

二、区域盖层控制烃类气和 CO_2 的聚集层位

通过对松辽盆地 CO_2 的分布层位统计表明，CO_2 主要分布在营城组和泉三、四段储层中，明显受区域盖层的控制。在深层登二段和泉一、二段泥岩区域盖层的封盖下，高含 CO_2 气主要富集在营城组，登娄库组也有一定分布；在中浅层青山口组区域盖层的封盖下，高含 CO_2 天然气在泉四段砂岩地层中较为富集。同样，松辽盆地深层烃类气在层位上也主要分布在营城组和泉一、二段，其次为登娄库组，也明显受区域盖层的控制。

松辽盆地纵向上发育三套区域盖层：泉一、二段，青山口一段和嫩江组湖相泥岩，登二段作为深层断陷层系的局部盖层。由于 CO_2 主要为深部来源，区域盖层的控制作用显得更为重要。区域盖层有效地限定了断层的发育，有效控制了 CO_2 气的聚集，以泉一、二段区域盖层为界，可划分为两个 CO_2 含气组合：上部组合和下部组合（图 7-28）。下部组合在登娄库组直接盖层的封盖下，高含 CO_2 气主要赋存在营城组火山岩优质储层中，在登娄库组一、二段碎屑岩储层中也有少量分布，部分 CO_2 穿过登二段盖层进入登三、四段；上部含气组合中在青一段区域盖层的封盖下，使得高含 CO_2 主要赋存在泉头组三、四段砂泥岩地层中；部分 CO_2 穿过青一段区域盖层后，在嫩江组区域盖层的封盖下，在青山口二、三段和姚家组储层中 CO_2 也有局部富集；更浅层的 CO_2 则由于断层逸散或因量少而以溶解态存在，不能形成

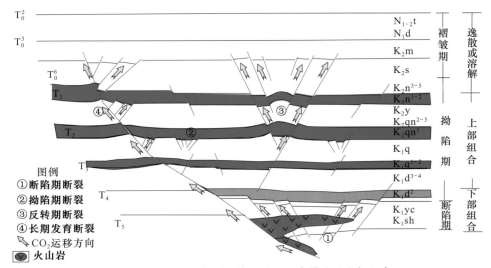

图 7-28　松辽盆地断裂系统和盖层组合模式及含气组合

有效聚集。长期发育的基底大断裂和反转期大断层是沟通深部地幔来源 CO_2 的通道，为深部地层和中浅层含 CO_2 天然气的形成提供了气源。

目前，松辽盆地已发现中浅层的 CO_2 气基本都分布在青一段区域性盖层之下，分析原因如下：①青山口组泥岩盖层泥质含量大、品质好、塑性强，普遍发育异常高的孔隙流体压力，具有较强的毛细管力、压力和烃浓度封闭能力，有效阻滞天然气渗滤和扩散散失；②作为天然气运移通道的长期继承性活动的断裂，在青山口组内表现为塑性断层的特征，断裂活动具有蠕滑的性质，断层没有把全部地层错开，断层面明显比其他脆性地层缓，因此在断裂活动时期不会形成明显的裂隙带，也就阻滞天然气的上运。同时断裂静止期断裂带内部填充大量的断层泥，高断面压力易于使断层封闭。因此青一段盖层对无机成因 CO_2 的保存具有重要的作用。这也可以从松辽盆地地层水型和矿化度分布得到证实。松辽盆地地层水存在两种异常：一是矿化度随深度的变化有反变异常，二是在 $NaHCO_3$ 型水环境中出现 $CaCl_2$ 和

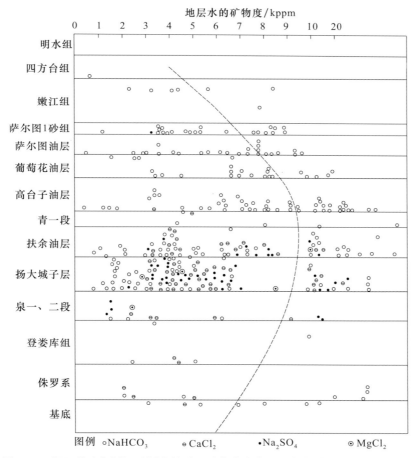

图 7-29　松辽盆地各层组地层水性质和矿化度变化图（郭占谦和王先彬，1994）

1ppm 等于百万分之一

Na$_2$SO$_4$ 型水异常（图 7-29）。幔源热液中阴离子种类主要有 HCO$_3^-$、F$^-$、Cl$^-$ 和 SO$_4^{2-}$ 等，据此可以认为，松辽盆地地层水的两种异常现象是由幔源热液初生水的供给引起的（郭占谦和王先彬，1994）。从水型和深度分布关系来看，异常水型主要分布在青山口组区域盖层之下。

三、成藏机制决定了烃类气和 CO$_2$ 的分布差异

尽管松辽盆地深层烃类气和 CO$_2$ 的分布具有一定的共性，但由于两者在成藏机制上的差异，使得两者在分布上又有所差异。现将烃类气和 CO$_2$ 在成藏机制上的差异对比总结如表 7-3 所示。

从表中可以看出，深层烃类气和 CO$_2$ 成因迥异，成藏过程和成藏模式差异较大，分布主控因素不同，从而也决定了两者在分布规律上的明显差异。在气源岩分布区，只要储层发育，有断裂沟通且构造部位有利，就会形成烃类气藏。当一个圈闭同时满足烃类气和 CO$_2$ 成藏条件时，就会形成混合气藏，两者充注气量的大小决定了气藏中烃类气和 CO$_2$ 相对含量的大小。烃源岩条件较差，但满足 CO$_2$ 成藏条件的圈闭则会形成纯 CO$_2$ 气藏。

表 7-3　深层烃类气和 CO$_2$ 成藏机制差异对比

对比内容	深层烃类气	无机 CO$_2$
成因来源	有机成因，以沙河子组烃源岩为主要气源岩	幔源无机成因，来源于地幔深部
成藏过程	泉头组—嫩江组沉积时期长期持续充注，早期成藏	青山口期弱充注，喜马拉雅期以来多期强充注，晚期成藏为主
运聚通道类型	①断裂及断裂组合；②断裂、不整合或砂层组合	①深部断裂蠕滑-浅部古火山通道；②深部断裂蠕滑-浅部断裂与火山通道叠合；③反转基底大断裂
分布特点	近源分布，满注含气，气源岩发育程度控制烃类气富集规模	点型或狭长带状分布，基底大断裂与深大断裂相衔接处为 CO$_2$ 脱气和富集部位
分布主控因素	①煤系烃源岩控制烃类气的分布；②古构造高部位控制烃类气的富集；③断裂沟通控制烃类气纵向分布（断裂包括基底大断裂和高角度断陷期断裂）	①深部构造背景控制 CO$_2$ 区域分布；②基底大断裂控制 CO$_2$ 区带分布；③青山口期、喜马拉雅期幔源火山活动控制 CO$_2$ 气源

在对烃类气和 CO$_2$ 成藏机制差异及主控因素深入认识的基础上，建立了松辽盆地深层烃类气和 CO$_2$ 综合运聚成藏模式（图 7-30）。营城组沉积时期，壳源岩浆活动形成盆内广布的火山岩体；在泉头组至嫩江组沉积时期，烃类气大量生烃并在有利部位聚集成藏；喜马拉雅期，幔源 CO$_2$ 沿着基底大断裂或古火山通道运移进入火山岩体中。在有断裂沟通的火山岩体中形成烃类气藏或以烃类气为主的混合气藏，在无断裂沟通的火山岩体中则形成 CO$_2$ 气藏。总的来看，CO$_2$ 气相对烃类气藏来说具有低位富集的特点，纯 CO$_2$ 气藏多出现在基底大断裂的下降盘一侧，而烃类气藏多富集在构造高部位。由于营城期火山岩多以裂隙式喷发为主，有断裂沟通气源岩，故形成以烃类气藏为主；仅有部分火山岩体为中心式喷发，无断裂沟通，CO$_2$ 沿古火山通道运聚形成 CO$_2$ 气藏。需要注意的是，烃类气在烃源岩分布区范围内都具有成藏的条件，在烃源岩发育的断陷内具有满注含气的特点，如徐家围子断陷。而 CO$_2$

仅在深大断裂与基底大断裂相衔接部位才具有成藏的可能，这也决定了CO_2气藏局部富集、点型分布的特点。通过该模式，如果能较好地解释出火山岩体喷发模式及其与基底断裂的组合关系，即能有效地预测烃类气和CO_2的分布。

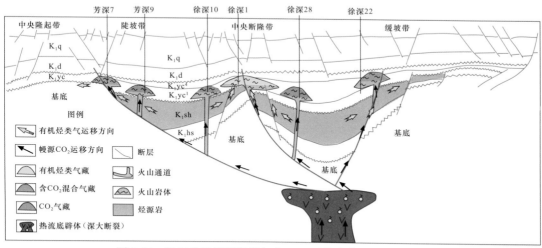

图 7-30　松辽盆地深层烃类气和CO_2运聚成藏和分布模式图

第四节　含CO_2天然气分布预测

松辽盆地深层天然气资源丰富，但具有烃类气和CO_2大量共存并耦合分布在一起的特征，使得深层天然气的勘探变得复杂，勘探风险增大。为了有效指导深层天然气的进一步勘探，本节在深层烃类气和CO_2分布规律和主控因素的认识基础上，对松辽盆地深层和中浅层含CO_2天然气的富集区带进行预测，并对典型区块进行解剖和评价，为下一步天然气勘探提供指导性意见。

一、预测思路和方法

由于烃类气和CO_2分属两个不同的系统，本次对含CO_2天然气分布预测采用先分后合的总体预测思路，在对烃类气和CO_2富集区带分别预测后，再综合考虑预测出三类气藏，即CO_2气藏、CO_2和烃类气混合气藏及烃类气藏的富集区带（图 7-31）。由于烃类气和CO_2的分布规律和控制因素差别较大，分布预测时应采取不同的思路和方法。

烃类气的预测可按照常规油气预测的思路，且研究程度相对较高，对源岩和储层的认识较清楚，因此预测起来相对容易。根据对深层烃类气分布主控因素的总结，烃类气预测采用烃源岩等厚图、生烃强度等值线图、基底断裂分布图、火山岩体分布图和成藏期古构造图多因素叠合分析的思路，考虑到成藏期古构造图恢复的难度比较大，根据盆地发育演化和充填的特征，利用登娄库组地层等厚图来近似代替营城组成藏期时的古相对高程图，以此来分析烃类气有利聚集的古隆起或斜坡。预测烃类气富集区带的过程中，充分考虑已发现烃类气藏或见工业油气流显示的井位。

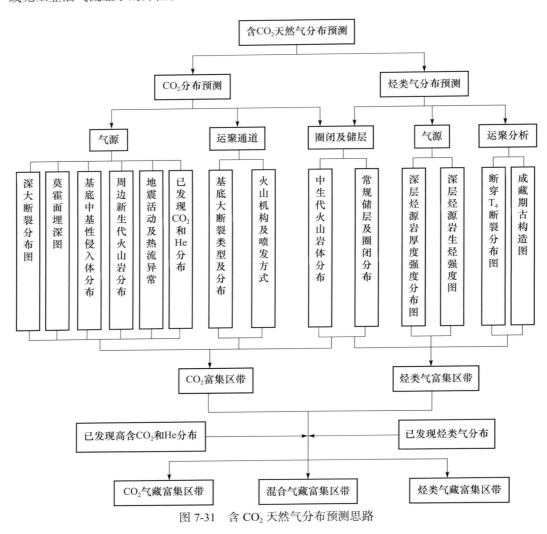

图 7-31 含 CO_2 天然气分布预测思路

相对于烃类气的分布预测，CO_2 的分布预测难度要大得多。前人对 CO_2 气藏的研究多注重于 CO_2 的成因和成藏过程方面，但是在 CO_2 区域分布的控制因素、局部聚集和成藏的控制条件、有利分布区带预测上的研究较少，这主要是因为 CO_2 主要来源于深部地幔，其成藏涉及贯穿地幔、地壳、沉积基底和盖层等范围内各种因素的匹配，且其分布具有极大的不均匀性和非线性特征，此外，目前的技术手段对于深层构造研究的精度和可靠性普遍较差，使得人们对盆地深部构造的认识不足，以上这些因素导致对 CO_2 分布预测研究的难度很大。戴金星等（2001）总结无机成因 CO_2 有利发育带的特征为：①莫霍面隆起或地幔柱上隆地区；

②热流值大于 1.3HFU，地温梯度大于 3.5℃ /100m 的高热 - 热构造区带；③ $R/R_a > 1$ 正异常带，特别是 $R/R_a > 2$ 的地带；④近期或较新时代玄武岩或岩浆活动带；⑤ NE-NNE 向伸展断裂带，特别是其与 NW-NWW 向断裂交汇部位。这些指标虽然能对 CO_2 有利分布区的预测提供一定的指导意义，但实际运用起来难度仍较大。

虽然对松辽盆地 CO_2 成藏规律及主控因素有了较深入的认识，但对于 CO_2 有利分布区的预测的难度仍然很大。这主要表现在以下几个方面：①通过研究认为青山口期、新生代构造岩浆活动提供了 CO_2 气源，但在松辽盆地内部少见新生代火山活动的痕迹，沉积地层中也未发现新生代岩浆喷发和侵入的证据，如何预测盆地内部新生代幔源岩浆活动区即 CO_2 气源区显得难度较大；②幔源岩浆和热液流体常沿着深大断裂及其交汇带向上溢出，但由于深大断裂研究难度大，深大断裂的展布及规模不好确定，直接影响了 CO_2 气的分布预测；③盆地中测试有稀有气体 He 同位素的井位有限，且分布在已发现 CO_2 气藏区，故 R/R_a 不能作为 CO_2 预测的指标。

对松辽盆地 CO_2 的分布预测采用"气源 - 运聚通道 - 圈闭和储层"多因素叠合分析的预测思路（图 7-31），其中对 CO_2 气源区的预测是 CO_2 分布预测的关键所在，也是难点所在。本书综合深大断裂分布图、莫霍面埋深图、重磁解译基底中基性侵入体分布、盆地内部地震活动及热流异常、周边新生代火山岩分布情况，结合已发现 CO_2 和 He 分布，确定松辽盆地新生代幔源玄武岩浆活动区，从而限定 CO_2 的气源区及 CO_2 可能的区域分布。再结合基底大断裂的类型及分布、火山机构及火山岩分布、常规储层及圈闭分布，预测 CO_2 的富集区带。

二、烃类气和 CO_2 富集区带预测与评价

按照上述预测思路和方法，对松辽盆地深层和中浅层含 CO_2 天然气的富集区带进行初步预测。松辽盆地深层含 CO_2 天然气富集区带预测结果见图 7-32。松辽盆地北部，徐家围子断陷 CO_2 呈点型分布，围绕芳深 9、徐深 28、徐深 19 井区存在三个局部 CO_2 富集区；在西北部的斜坡带存在以烃类气为主的混合气富集区，在徐深 28 井—徐深 19 井一线也存在以烃类气为主的混合气富集区；其他地区均为烃类气的富集区带。根据徐家围子断陷勘探现状，可考虑将勘探重点向安达次洼和肇州次洼扩展。常家围子 - 古龙断陷带由于靠近孙吴 - 双辽深大断裂，且位于地幔上隆区，因而 CO_2 较为富集。烃类气主要富集在洼陷带的中东部地区，但在常家围子断陷的东北部可能存在一个 CO_2 富集区，在同深 1 井深层和葡 49 井区中浅层都见到高含量的 CO_2 气藏显示。在中部带的英 80—古 57 井一线的中浅层见到中低含量的 CO_2 气，可能为以烃类气为主的含 CO_2 混合气富集区。在西部带由于烃源岩不发育，且靠近孙吴 - 双辽断裂，预测可能为 CO_2 富集区。林甸断陷的中南部靠近孙吴 - 双辽断裂与滨州断裂的交叉部位，且基底解释有中基性侵入体，在金 6 井青山口组见到玄武岩，预测该区为混合气富集区。而林甸断陷中北部地区，由于烃源岩较发育，且远离深大断裂交汇部位，预测可能为烃类气富集区。在莺山和双城断陷，烃源岩较发育，远离深大断裂交汇部位，且多口井见油气显示，且在断陷上部

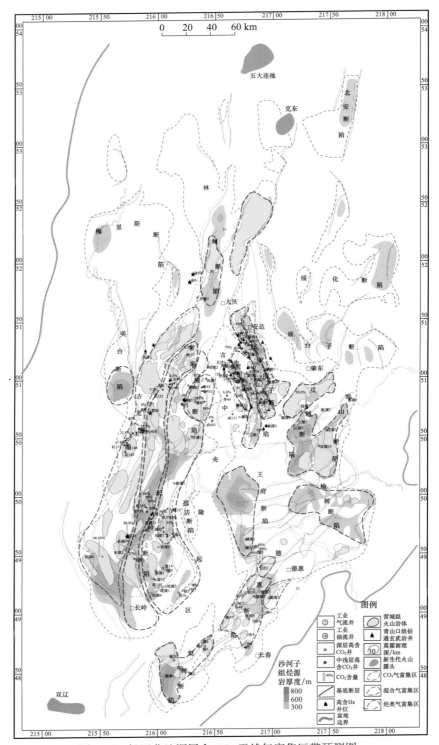

图 7-32　松辽盆地深层含 CO₂ 天然气富集区带预测图

发现三站、四站中浅层次生气藏，预测深层为烃类气富集区。而在双城断陷的北部，位于深大断裂交汇部位，且四深 1 井深层见高含 CO_2 气，预测该区可能为混合气富集区。

对于松辽盆地南部，德惠断陷与徐家围子断陷类似，CO_2 具有点型分布的特征，万金塔 CO_2 气藏深层和德深 5 井区预测为 CO_2 富集区，该区靠近深大断裂交汇带，基底解释有中基性侵入体。除了这两个局部 CO_2 富集区外，德惠断陷皆为烃类气富集区，已有多口井见到工业油气流，已发现小合隆气田和农安气田。长岭断陷由于靠近孙吴 - 双辽深大断裂及其交汇部位，因而 CO_2 较为富集。长岭断陷深层天然气呈带状分布，西部带深部为孙吴 - 双辽深大断裂，已发现长深 2、4、6 井 CO_2 气藏和红岗 CO_2 气藏，基底解释有多处中基性侵入体，且位于地幔上隆区，沙河子组烃源岩不发育，预测为 CO_2 富集区。中部带距离孙吴 - 双辽断裂较近，位于地幔上隆区，但烃源岩较发育，已发现长深 1 气藏（长深 1 营城组气藏为以烃类气为主的混合气藏，长深 1 登娄库组气藏为纯烃类气藏）和乾安高含 CO_2 混合气藏，预测为混合气富集区。东部带紧邻烃源岩高值区，远离深大断裂，已发现伏龙泉、海坨子和老爷庙油气田，新钻长深 8、长深 12 和坨深 7 井均见烃类气，预测为烃类气富集区。但在东部带中部的长深 7 井区靠近第二松花江深大断裂，基底解释有中基性侵入体，长深 7 井营城组为 CO_2 气藏，其上为孤店 CO_2 气藏，预测长深 7 井区为 CO_2 富集区。梨树断陷远离深大断裂，莫霍面埋深大，且烃源岩发育，已发现四五家子油气田，预测为烃类气富集区。王府断陷东部位于深大断裂交汇区，基底解释有中基性侵入体，但烃源岩较发育，已发现小城子气田，城 8 井 CO_2 含量为 25%，预测为以烃类气为主的混合气富集区。王府断陷北部烃源岩发育，基底未见中基性侵入体，预测为烃类气富集区。榆树断陷远离深大断裂，烃源岩较发育，预测为烃类油气富集区。

从松辽盆地深层天然气预测图上可以发现（图 7-32），东部断陷带与西部断陷带的天然气分布特点迥异：东部断陷带如徐家围子断陷烃源岩发育，具有满洼含气的场景，而 CO_2 气藏则呈点型分布；西部断陷带发育程度较差，其下孙吴 - 双辽深大断裂活动强度大，使得西部断陷带天然气的分布具有明显的分带性，西部为 CO_2 富集区，中部为 CO_2 和烃类气富集区，东部为烃类气富集区，局部 CO_2 气藏呈点状分布。根据预测结果，东部断陷带的烃类气明显优于西部断陷带，徐家围子断陷除了局部点状富集 CO_2 外，具有满洼含气场景，勘探程度较低的安达次洼和肇州次洼及东部火山岩带均是烃类气勘探有利区带。东部断陷带除了勘探程度较高的徐家围子断陷外，勘探程度较低的德惠断陷、梨树断陷、莺山 - 双城断陷、王府断陷和榆树断陷均为烃类气勘探的有利目标。西部断陷带的烃类气勘探重点应放在断陷带的中东部地区，其次英台断陷和林甸断陷的东北部也是较为有利的勘探区。英台断陷莫霍面埋深较大，远离孙吴 - 双辽断裂，且烃源岩较发育，预测为烃类气富集区。新钻探的龙深 1 井在营城组见到工业气流，预示着该区深层具有较大的勘探潜力。

松辽盆地中浅层高含 CO_2 天然气富集区带预测结果见图 7-33。中浅层高含 CO_2 天然气的分布主要受控于反转基底大断裂控制形成的反转构造带及深部对应有 CO_2 富集区的反

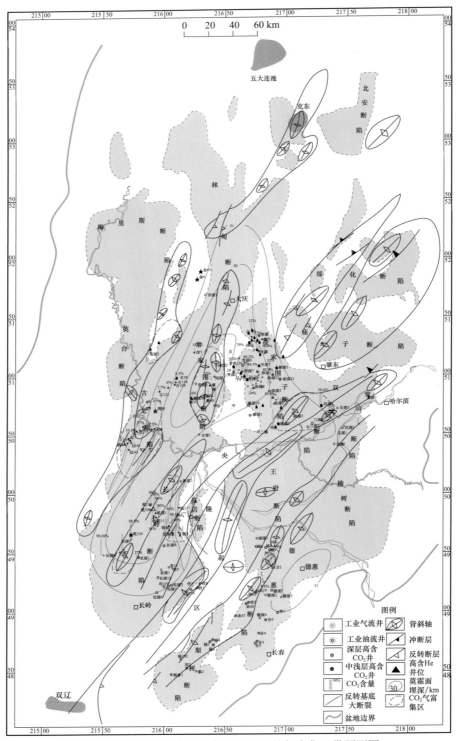

图 7-33 松辽盆地中浅层高含 CO_2 天然气富集区带预测图

转构造带，主要分布于断陷的边部，CO_2 赋存层位主要在青山口区域盖层之下的泉头组三、四段储层中。根据这一原则，共预测了 7 个中浅层高含 CO_2 天然气富集区带。东南隆起区的万金塔带，位于德树 - 长春岭反转构造带上，深部紧邻德惠断陷东部 CO_2 气源区，目前已发现万金塔 CO_2 气藏，预测该带为 CO_2 富集带。长岭凹陷东部的孤店带，位于孤店断裂和孤西断裂控制的反转构造带上，深部存在 CO_2 气源区，目前在中浅层已发现孤店高含 CO_2 气藏，在深层已发现长深 7 井 CO_2 气藏，预测该带为 CO_2 富集带。长岭凹陷中部的乾安 - 前神字井带位于反转构造带上，其深部为长岭断陷 CO_2 气源区，在中浅层已发现乾安 CO_2 气藏，深层已发现长深 2、4 井 CO_2 气藏，预测该带为 CO_2 富集带。红岗 - 大安带，位于林甸 - 红岗反转构造带上，发育红岗和大安反转基底断裂，深部为林甸 - 常家围子 - 长岭 CO_2 气源区，在中浅层已发现红岗、大安和英台 CO_2 气藏，预测为 CO_2 富集带。常家围子东部带，位于大庆长垣反转构造带上，深部存在 CO_2 气源区，在中浅层已发现葡 43 等高含 CO_2 气井，深部同深 1 井也见高含量 CO_2 气藏显示，预测该带为 CO_2 富集带。此外，在古龙断陷的西北边缘和徐家围子断陷的东南边缘带，其深部都存在 CO_2 气源区，中浅层发育反转构造带，深层和中浅层已有部分井发现高含 CO_2 和 He，推测可能也为 CO_2 富集区带，但证据不如前面四个富集带充分。

三、勘探方向和勘探建议

松辽盆地深层天然气资源丰富，烃类气和幔源 CO_2 大量共存，烃类气和 CO_2 气常耦合复杂分布在一起，给深层天然气的勘探部署带来了难度。通过研究，初步预测松辽盆地深层烃类气和 CO_2 气富集区带。在目前还没有形成对 CO_2 气有效开采和利用的情况下，天然气勘探应尽量避开 CO_2 富集区，而应选择在烃类气富集区或以烃类气为主的混合气区中进行天然气勘探。根据预测结果，东部断陷带的烃类气富集条件优于西部断陷带，勘探重点应放在东部断陷带。徐家围子断陷具有满洼含气的场景，安达次洼和肇州次洼地区应为下部勘探重点。莺山 - 双城断陷、德惠断陷和梨树断陷皆为烃类气勘探有利区块。西部断陷带烃类气勘探重点应放在东部带和中部带，且需避开局部的 CO_2 富集区。长岭断陷中东部带、常家围子断陷中东部带，英台断陷和林甸断陷中北部均为烃类气勘探有利区带。对于中浅层天然气勘探来说，应重点避开万金塔、孤店、乾安 - 前神字井、红岗 - 大安和古龙断陷东部带等 CO_2 富集带进行勘探。

参 考 文 献

曹荣龙 . 1996. 地幔流体的前缘研究 . 地学前缘 , 3(3-4): 161-170

陈发景 , 王德发 . 2000. 松辽盆地徐家围子断陷石油地质综合评价及勘探目标选择 . 大庆油田责任有限
　　公司勘探开发研究院 (内部报告)

陈发景 , 赵海玲 , 陈昭年 , 等 . 1996. 中国东部中 - 新生代伸展盆地构造特征及地球动力学背景 . 地球科
　　学 , 21(4): 357-365

陈娟 , 张庆龙 , 王良书 , 等 . 2008. 松辽盆地长岭断陷盆地断陷期构造转换及油气地质意义 . 地质学报 ,
　　82(8): 1027-1035

陈荣书 . 1989. 天然气地质学 . 中国地质大学出版社

陈文涛 , 张晓东 , 陈发景 . 2001. 松辽盆地晚侏罗世火山岩分布与油气 . 中国石油勘探 , 6(2): 23-26

陈骁 , 李忠权 , 陈均亮 , 等 . 2010. 松辽盆地反转期的界定 . 地质通报 , 29(2-3): 305-311

陈昕 , 王黎明 , 白明轩 , 等 . 1997. 松辽盆地深源二氧化碳气分布及其控制因素 . 大庆石油学院学报 ,
　　21(3): 7-10

陈永见 , 刘德良 , 杨晓勇 . 1999. 郯庐断裂系统与中国东部幔源岩浆成因 CO_2 关系的初探 . 地质地球化
　　学 , 27(1): 38-48

陈昭年 , 陈布科 . 1996. 松辽盆地反转构造与油气聚集 . 成都理工学院学报 , 23(4): 52-59

程有义 . 2000. 含油气盆地二氧化碳成因研究 . 地球科学进展 , 15(6): 684-687

程裕淇 . 1994. 中国区域地质概论 . 北京 : 地质出版社

迟元林 , 云金表 , 蒙启安 . 2002. 松辽盆地深部结构及成盆动力学与油气聚集 . 北京 : 石油工业出版社

崔永强 , 李莉 , 陈卫军 . 2001. 松辽盆地无机成因烃类气藏的幔源贡献 . 大庆石油地质与开发 , 20(3): 6-8

大庆油田石油地质志编写组 . 1987. 中国石油地质志 (卷二): 大庆、吉林油田上册 . 北京 : 石油工业出版
　　社 : 115-173

戴春森 , 宋岩 , 孙岩 . 1995. 中国东部二氧化碳气藏成因特点及分布规律 . 中国科学 B 辑 , 25(7): 764-771

戴春森 , 宋岩 , 戴金星 . 1996. 中国两类无机成因 CO_2 组合、脱气模型及构造专属性 . 石油勘探与开发 ,
　　23(2): 1-4

戴金星 , 戚厚发 , 郝石生 . 1989. 天然气地质学概论 . 北京 : 石油工业出版社

戴金星 , 裴锡古 , 戚厚发 . 1992. 中国天然气地质学 (卷一). 北京 : 石油工业出版社

戴金星 , 宋岩 , 戴春森 , 等 . 1995. 中国东部无机成因气及其气藏形成条件 . 北京 : 科学出版社

戴金星 , 王庭斌 , 宋岩 , 等 . 1997. 中国大中型天然气田形成条件与分布规律 . 北京 : 地质出版社

戴金星 , 石昕 , 卫延召 , 等 . 2001. 无机成因油气论和无机成因的气田 (藏) 概略 . 石油学报 , 22(6): 5-10

邓晋福 , 赵海玲 , 罗照华 , 等 . 1996. 玄武岩反演软流层地球化学与地幔流体 // 杜乐天 . 地幔流体与软流
　　层 (体) 地球化学 . 北京 : 地质出版社

邓晋福，苏尚国，刘翠，等 . 2006. 关于华北克拉通燕山期岩石圈减薄的机制与过程的讨论：是拆沉，还是热侵蚀和化学交代 . 地学前缘，13(2): 105-119

董景海 . 2013. 松辽盆地北部昌德地区含 CO_2 气藏特征及成藏模式 . 内蒙古石油化工，(3): 1-5

杜建国 . 1991. 中国天然气中高浓度二氧化碳的成因 . 天然气地球科学，(5): 203-208

杜金虎，冯志强，赵志魁，等 . 2010. 松辽盆地中生代火山岩天然气勘探 . 北京：石油工业出版社

杜乐天 . 1996. 地幔流体与软流层 (体) 地球化学 . 北京：地质出版社

杜乐天 . 1998. 地幔流体与玄武岩及碱性岩岩浆成因 . 地学前缘，5(3): 145-156

杜灵通 . 2005. 无机成因二氧化碳气藏研究进展 . 大庆石油地质与开发，24(2): 1-4

杜灵通，吕新彪，陈红汉 . 2006. 济阳拗陷二氧化碳气藏的成因判别 . 新疆石油地质，27(5): 629-632

方立敏，李玉喜，殷进垠，等 . 2003. 松辽盆地断陷末期反转构造特征与形成机制 . 石油地球物理勘探，(2): 190-193

冯子辉，刘伟 . 2006. 徐家围子断陷深层天然气的成因类型研究 . 天然气工业，26(6): 18-20

冯子辉，任延广，王成，等 . 2003. 松辽盆地深层火山岩储层包裹体及天然气成藏期研究 . 天然气地球科学，14(6): 436-441

付晓飞，宋岩 . 2005. 松辽盆地无机成因气及气源模式 . 石油学报，26(4): 23-28

付晓飞，云金表，卢双舫，等 . 2005. 松辽盆地无机成因气富集规律研究 . 天然气工业，25(10): 14-17

付晓飞，王朋岩，吕延防，等 . 2007. 松辽盆地西部斜坡构造特征及对油气成藏的控制 . 地质科学，42(2): 209-222.

付晓飞，平贵东，范瑞东，等 . 2009. 三肇凹陷扶杨油层油气 / 倒灌运聚成藏规律研究 . 沉积学报，27(3): 558-566

付晓飞，许鹏，魏长柱，等 . 2012. 张性断裂带内部结构特征及油气运移和保存研究 . 地学前缘，19(6): 200-212

高君，李占林，李勤学 . 2000. 松辽盆地北部深部地质构造特征及盆地成因机制 . 大庆石油地质与开发，21(1): 21-23

高名修 . 1983. 中国东部盆地系与美国西部盆地山脉构造对比及其成因机制探讨 . 见：朱夏主编 . 中国中新生代盆地构造和演化 . 北京：科学出版社

高瑞祺，萧德铭 . 1995. 松辽及其外围盆地油气勘探新进展 . 北京：石油工业出版社

高瑞祺，蔡希源 . 1997. 松辽盆地油气田形成条件与分布规律 . 北京：石油工业出版社

高瑞祺，程学儒，文享范，等 . 1989. 松辽盆地北部不同成因类型天然气地化特征和早期资源评价 . 大庆石油管理局 (内部报告)

高玉巧，刘立，曲希玉 . 2005a. 片钠铝石的成因及其对 CO_2 天然气运聚的指示意义 . 地球科学进展，20(10): 1083-1087

高玉巧，刘立，曲希玉 . 2005b. 海拉尔盆地乌尔逊凹陷片钠铝石及研究意义，地质科技情报，24(2): 45-50

高玉巧，刘立，杨会东，等 . 2007. 松辽盆地孤店二氧化碳气田片钠铝石的特征及成因，石油学报，28(4):

62-67

关效如 . 1990. 我国东部高纯二氧化碳成因 . 石油实验地质，12(3): 248-258

郭栋，邱隆伟，姜在兴 . 2004. 济阳拗陷火山岩发育特征及其与二氧化碳成藏的关系，油气地质与采收率，11(2): 21-24

郭栋，夏斌，王兴谋，等 . 2006. 济阳拗陷断裂活动与CO₂气成藏的关系 . 天然气工业，26(2): 40-42

郭念发，尤孝忠 . 2000. 黄桥CO₂气田特征及其勘探远景，天然气工业，20(4): 14-18

郭占谦 . 1998. 火山活动与沉积盆地的形成和演化，中国地质大学学报（地球科学），23(1): 59-64

郭占谦，王先彬 . 1994. 松辽盆地非生物成因气的探讨 . 中国科学（B辑），24(3): 303-309

郭占谦，萧德铭，唐金生 . 1996. 深大断裂在油气藏形成中的作用 . 岩石学报，17(3): 27-32

郭占谦，杨步增，李星军，等 . 2000. 松辽盆地无机成因气藏模式 . 天然气工业，20(6): 30-33

郭占谦，王连生，刘立，等 . 2006. 大庆长垣伴生气中二氧化碳的成因研究 . 天然气地球科学，17(1): 48-54

国家地震局地质研究所 . 1987. 郯庐断裂 . 北京：地震出版社

韩守华，余和中 . 1996. 松辽盆地北部反转构造带与油气聚集的关系 . 大庆石油地质与开发，15(3): 1-5

何家雄，夏斌，刘宝明，等 . 2005a. 中国东部及近海陆架盆地CO₂成因及运聚规律与控制因素研究 . 石油勘探与开发，32(4): 42-47

何家雄，夏斌，王志欣，等 . 2005b. 中国东部及近海陆架盆地不同成因CO₂运聚规律与有利富集区预测 . 天然气地球科学，16(5): 622-631

赫英，王定一，冯有良，等 . 1996a. 胜利油田火山岩中的流体包裹体成分及其意义 . 地球化学，25(5): 468-474

赫英，王定一，祝总祺，等 . 1996b. 非线性二氧化碳气藏成因——胜利油田火山岩及其中包裹体证据 . 矿物岩石地球化学通报，15(2): 97-99

侯贵廷，钱祥麟，宋新民，等 . 1996. 济阳拗陷二氧化碳气田的成因机制研究 . 北京大学学报（自然科学版），32(6): 712-718

侯贵廷，冯大晨，王文明，等 . 2004. 松辽盆地的反转构造作用及其对油气成藏的影响 . 石油与天然气地质，25(1): 49-53

侯启军，杨玉峰 . 2002. 松辽盆地无机成因天然气及勘探方向探讨 . 天然气工业，22(3): 5-10

胡望水 . 1996. 松辽盆地北部正反转构造与油气聚集 . 天然气工业，16(5): 20-24

胡望水，吕炳全，张文军，等 . 2005. 松辽盆地构造演化及成盆动力学探讨 . 地质科学，40(1): 16-31

黄海平，杨玉峰，陈发景，等 . 2000. 徐家围子断陷深层天然气的形成 . 地学前缘，7(4): 515-521

霍秋立 . 2007. 松辽盆地徐家围子断陷深层天然气来源与成藏研究 . 大庆：大庆石油学院博士学位论文

霍秋立，杨步增，付丽 . 1998. 松辽盆地北部昌德东气藏天然气成因 . 石油勘探与开发，25(4): 17-19

姜德录，白云，卢造勋 . 2000. 中朝地台东北缘及其邻区软流圈分布特征与构造运动的关系 . 中国地震，6(1): 14-21

李成立，陈树民，姜传金 . 2015. 重磁勘探基础理论与资料处理解释方法 . 北京：科学出版社：196-235

李景坤, 刘伟, 宋兰斌, 等. 2006. 徐家围子断陷深层烃源岩生烃条件研究. 天然气工业, 26(6): 21-24

李君, 黄志龙, 刘宝柱, 等. 2008. 伸展构造与反转构造对油气分布的控制作用——以松辽盆地东南隆起区为例. 新疆石油地质, 29(1): 19-21

李先奇, 戴金星. 1997. 中国东部 CO_2 气田 (藏) 的地化特征及成因分析. 石油实验地质, 19(3): 215-221

廖永胜, 李钜源, 李祥臣, 等. 2001. 应用碳、氦、氩同位素探讨济阳拗陷二氧化碳气成因. 矿物岩石地球化学通报, 20(4): 351-353

刘德良, 杨强, 杨晓勇, 等. 2003. 松辽盆地北部无机成因 CO_2 富集区带预测. 天然气工业, 23(4): 13-16

刘德良, 李振生, 刘波. 2005. 火山岩吸附 CO_2 气的成藏潜力及实例分析. 地质通报, 24(10-11): 962-967

刘和甫. 1993. 沉积盆地地球动力学分类及构造样式分析. 地球科学, 18(6): 704

刘和甫. 1996. 中国沉积盆地演化与旋回动力学环境. 地球科学, 21(4): 345-356

刘和甫. 2000. 中国东部中新生代裂陷盆地与伸展山岭耦合机制, 地学前缘, 3(4): 477-486

刘和甫, 梁慧社, 李晓清, 等. 2000. 中国东部中新生代裂陷盆地与伸展山岭耦合机制. 地学前缘, 7(4): 477-486

刘嘉麒. 1987. 中国东北地区新生代火山岩的年代学研究. 岩石学报, 20(4): 21-31

刘立, 高玉巧, 曲希玉, 等. 2006. 海拉尔盆地乌尔逊凹陷无机 CO_2 气储层的岩石学与碳氧同位素特征. 岩石学报, 22(8): 2229-2236

刘若新, 李继泰. 1992. 长白山天池火山——一座具潜在喷发危险的近代火山. 地球物理学报, 35(5): 661-665

刘文汇, 徐永昌. 1996. 天然气成因类型及判别标志. 沉积学报, 14(1): 110-116

鲁雪松, 宋岩, 柳少波, 等. 2008. 幔源 CO_2 释出机理、脱气模式及成藏机制研究进展. 地学前缘, 15(6): 293-302

鲁雪松, 宋岩, 柳少波, 等. 2009. 松辽盆地幔源 CO_2 分布规律与运聚成藏机制 [J]. 石油学报, 30(5): 661-666

鲁雪松, 魏立春, 宋岩, 等. 2011. 松辽盆地南部长岭断陷高含 CO_2 气藏成藏机制分析, 22(4): 657-663

陆克政, 漆家福, 戴俊生, 等. 1997. 渤海湾新生代含油气盆地构造样式. 北京: 地质出版社: 1-231

罗笃清, 云金表, 李玉喜. 1994. 松辽盆地的正构造反转及其形成机制探讨. 大庆石油学院学报, 18(2): 17-21

罗群, 孙宏智. 2000. 松辽盆地深大断裂对天然气的控制作用. 天然气工业, 20(3): 16-21

罗霞. 2004. 松辽盆地深层天然气成藏规律以及预探方向与目标评价研究. 中国石油勘探开发研究院廊坊分院 (内部报告)

门广田. 2007. 徐家围子断陷火山岩天然气成藏与分布主控因素研究. 大庆: 大庆石油学院博士学位论文

米敬奎, 张水昌, 陶士振, 等. 2008. 松辽盆地南部长岭断陷 CO_2 成因与成藏期研究. 天然气地球科学, 19(4): 452-456

米敬奎, 张水昌, 王晓梅, 等. 2009. 松辽盆地高含 CO_2 气藏储层包裹体气体的地球化学特征. 石油与天

然气地质, 30(1): 68-73

苗鸿伟, 邢伟国, 于春旭, 等. 2002. 松辽盆地南部深层油气富集规律及成藏模式剖析. 中国石油勘探, 7(4): 41-45

庞庆山, 王蕾, 赵荣, 等. 2002. 松辽盆地北部昌德CO₂气藏成因与形成机制. 大庆石油学院学报, 26(3): 89-91

裴福萍, 许文良, 杨德彬, 等. 2008. 松辽盆地南部中生代火山岩: 锆石U-Pb年代学及其对基底性质的制约. 中国地质大学学报, 33(5): 603-617

邱隆伟, 王兴谋. 2006. 济阳拗陷断裂活动和CO₂气藏的关系研究. 地质科学, 41(3): 430-440

任延广, 朱德丰, 万传彪, 等. 2004. 松辽盆地徐家围子断陷天然气聚集规律与下步勘探方向. 大庆石油地质与开发, 23(5): 26-29

单玄龙, 刘青帝, 任利军, 等. 2008. 松辽盆地三台地区下白垩统营城组珍珠岩地质特征与成因. 吉林大学学报(地球科学版), 37(6): 1146-1151

上官志冠, 张培仁. 1990. 滇西北地区活动断层. 北京: 地震出版社

邵明礼, 门吉华, 魏志平. 2000. 松辽盆地南部二氧化碳成因类型及富集条件初探. 大庆石油地质与开发, 19(4): 1-3

沈平, 徐永昌, 王先彬, 等. 1991. 气源岩和天然气地球化学特征及成气机理研究. 兰州: 甘肃科学技术出版社

史军. 2011. 松辽盆地南部CO₂气藏成因及主控因素分析. 西部探矿工程, (4): 93-95

舒萍, 丁日新, 纪学雁, 等. 2007. 松辽盆地庆深气田储层火山岩锆石地质年代学研究. 岩石矿物学杂志, 26(3): 239-246

宋岩. 1991. 松辽盆地万金塔气藏天然气成因. 天然气工业, 11(1): 17-20

宋岩, 戴金星. 1991. 中国东部温泉气的组合类型及其成因初探. 天然气地球科学, 2(5): 199-202

孙明良, 陈践发, 廖永胜. 1996. 济阳拗陷天然气氦同位素特征及二氧化碳成因与第三纪岩浆活动的关系. 地球化学, 25(5): 475-480

孙樯, 谢鸿森, 郭捷, 等. 2000. 地球深部流体与油气生成及运移浅析. 地球科学进展, 15(13): 283-287

孙永河, 陈艺博, 孙继刚, 等. 2013. 松辽盆地北部断裂演化序列与反转构造带形成机制. 石油勘探与开发, 40(3): 275-283

谈迎, 张长木, 刘德良. 2005. 松辽盆地北部昌德东气藏CO₂成因的地球化学判据. 海洋石油, 25(3): 18-22

汤达祯, 刘鸿祥, 李小孟, 等. 2002. 济阳拗陷非生物成因气聚储的深层构造因素探讨. 地球科学, 27(1): 30-34

唐忠驭. 1983. 天然二氧化碳气藏的地质特征及其利用. 天然气工业, 8(3): 22-26

陶明信, 徐永昌, 沈平, 等. 1996. 中国东部幔源气藏聚集带的大地构造与地球化学特征及成藏条件. 中国科学D辑, 26(6): 522-536

陶士振, 刘德良, 杨晓勇, 等. 1999. 无机成因二氧化碳气的类型分布和成藏控制条件. 中国区域地质,

18(2): 218-222

陶士振，刘德良，杨晓勇，等.2000.无机成因天然气藏形成条件分析.天然气地球科学，11(2): 10-18

王佰长，谈迎，刘德良.2005.松辽盆地北部深层二氧化碳的成藏疏导通道.石油学报，26(2): 42-46

王德滋，周新民.1982.火山岩岩石学.北京：科学出版社

王对兴，李胜荣，赵凯华，等.2013.松辽盆地北部晚中生代中酸性火山岩地球化学特征及成因探讨.矿物岩石，33(3): 70-77

王鸿祯.1982.中国地壳构造发展的主要阶段.中国地质大学学报（地球科学），(3): 155-178

王江.2015.海拉尔盆地乌尔逊地区幔源—岩浆含氦CO_2气藏赋存的地质表征，西部探矿工程，(8)27-30

王江，张宏，林东成.2002.海拉尔盆地乌尔逊含氦CO_2气藏勘探前景.天然气工业，4(4): 109-111

王骏，王东坡.1997.东北亚沉积盆地的形成演化及其含油气远景.北京：地质出版社

王璞珺，杜小弟，王俊，等.1995.松辽盆地白垩系年代地层研究及地层时代划分.地质学报，69(4): 372-380

王清海，许文良.2003.松辽盆地形成与演化的深部作用过程——中生代火山岩探针.吉林大学学报（地球科学版），33(1): 37-42

王盛鹏，罗霞，孙粉锦，等.2011.松辽盆地CO_2气藏的形成与分布特征.西安石油大学学报（自然科学版），26(1): 22-27

王先彬.1989.稀有气体同位素地球化学和宇宙化学.北京：科学出版社

王兴谋，邱隆伟，姜在兴，等.2004.济阳拗陷火山活动和CO_2气藏的关系研究.天然气地球科学，15(4): 421-427

王学军.2003.沉积岩中无机CO_2热模拟实验研究、地球科学进展，18(4): 515-520

王粤川，王昕，李慧勇，等.2013.渤海中部高含CO_2气藏天然气成因及成藏主控因素——以秦南凹陷气藏为例.海洋石油，33(2): 28-32

王振中.1994.吉林省伊通火山群.吉林地质，13(2): 29-35

魏立春，鲁雪松，宋岩，等.2009.松辽盆地昌德东CO_2气藏形成机制及成藏模式.石油勘探与开发，36(2): 174-180

魏立春，鲁雪松，宋岩，等.2012.松辽盆地火山岩高含CO_2气藏包裹体特征及成藏期次.地质学报，86(8): 1241-1247

谢昭涵，付晓飞.2013.松辽盆地"T_2"断裂密集带成因机制及控藏机理——以三肇凹陷为例.地质科学，48(3): 891-907

徐威，苏小四，杜尚海，等.2011.松辽盆地中央拗陷区深部咸水层二氧化碳储存潜力评价及其不确定性分析.第四纪研究，(3): 483-490

徐义刚.1999.岩石圈的热.机械侵蚀和化学侵蚀与岩石圈减薄.矿物岩石地球化学通报，18(1): 1-5

徐义刚.2006.用玄武岩组成反演中—新生代华北岩石圈的演化.地学前缘，13(2): 93-104

徐永昌，沈平，陶明信，等.1990.幔源氦的工业储集与郯庐大断裂.科学通报，(12): 932-935

徐永昌, 沈平, 刘文汇, 等. 1994. 天然气成因理论及应用. 北京: 科学出版社

许多, 周瑶琪, 朱岳年, 等. 1999. 中国东部幔源CO$_2$气藏的CO$_2$/^{3}He比率及形成机制. 石油与天然气地质, 20(4): 290-294

闫全人, 高山林, 王宗起, 等. 2002. 松辽盆地火山岩的同位素年代、地球化学特征及意义. 地球化学, 3l(2): 169-179

杨宝俊, 刘财. 1999. 用近垂直地震反射方法研究莫霍面的特征与成因. 地球物理学报, 42(5): 617-618

杨承志. 2014. 松辽盆地—大三江盆地晚白垩世构造反转作用对比及其成因联系. 武汉: 中国地质大学博士学位论文

杨帝, 王璞珺, 梁江平, 等. 2011. 松辽盆地白垩系营城组火山岩喷发旋回划分. 地层学杂志, 35(2): 122-128

杨光, 赵占银, 邵明礼. 2011. 长岭断陷CO$_2$气藏与烃类气藏成藏特征. 石油勘探与开发, 38(1): 52-57

杨晓勇, 刘德良, 陶士振. 1999. 中国东部典型地幔岩中包裹体成分研究及意义. 石油学报, 20(1): 19-23

杨玉峰, 张秋, 黄海平, 等. 2000. 松辽盆地徐家围子断陷无机成因天然气及其成藏模式. 地学前缘, 7(4): 523-533

殷进垠, 刘和甫, 迟海江. 2002. 松辽盆地徐家围子断陷构造演化. 石油学报, 23(2): 26-29

于志超, 刘立, 曲希玉. 2011. 双旋火山活动与松辽盆地南部无机CO$_2$气藏的成因联系——来自火山岩中流体 - 熔融包裹体的证据. 矿物岩石, 31(2): 96-105

余扬. 1987. 吉林双旋七星山新生代玄武岩的特点及其成因探讨. 岩石学报, 8(3): 55-63

余中元, 闵伟, 韦庆海, 等. 2015. 松辽盆地北部反转构造的几何特征、变形机制及其地震地质意义——以大安 - 德都断裂为例. 地震地质, 37(1): 13-32

云金表, 庞庆山, 徐佰承, 等. 2000. 松辽盆地南部CO$_2$气藏的形成条件. 大庆石油学院学报, 24(2): 82-84

云金表, 金之钧, 殷进垠. 2002. 松辽盆地继承性断裂带特征及其在油气聚集中的作用. 大地构造与成矿, 26(4): 379-385

云金表, 殷进垠, 金之钧. 2003. 松辽盆地深部地质特征及其盆地动力学演化. 地震地质, 25(4): 595-608

云金表, 金之钧, 殷进垠, 等. 2008. 松辽盆地徐家围子地区深反射结构及其盆地动力学意义. 地学前缘, 15(4): 307-314

张功成, 徐宏, 刘和甫, 等. 1996. 松辽盆地反转构造与油气田分布. 石油学报, 17(2): 9-14

张辉煌. 2007. 东北伊通 - 大屯和双辽地区晚中生代 - 新生代玄武岩地球化学特征: 岩石圈烟花和太平洋再循环洋壳与玄武岩的成因联系. 广州: 中国科学院广州地球化学研究所 (内部报告)

张辉煌, 徐义刚, 葛文春, 等. 2006. 吉林伊通 - 大屯地区晚中生代—新生代玄武岩的地球化学特征及其意义. 岩石学报, 22(6): 1579-1596

张景廉, 曹正林, 张宁, 等. 1999. 关于无机生油理论的思考. 石油实验地质, 21(1): 8-22

张连昌, 陈志广, 周新华, 等. 2007. 大兴安岭根河地区早白垩世火山岩深部源区与构造 - 岩浆演化: Sr-Nd-Pb-Hf同位素地球化学制约. 岩石学报, 23(11): 2823-2835

张庆春，胡素云，王立武，等．2010．松辽盆地含 CO_2 火山岩气藏的形成和分布．岩石学报，26(1)：109-120

张铜磊．陈践发．朱德丰，等．2012．海拉尔 - 塔木查格盆地中部断陷带 CO_2 气藏中 CO_2 成因分析．中国石油大学学报 (自然科学版)，36(2)：68-75

张文军，胡望水，官大勇，等．2004．松辽裂陷盆地反转期构造分析．中国海上油气，16(4)：15-19

张文佑，边千韬．1984．地质构造控矿的地球化学机制 (摘要)．矿物岩石地球化学通报，3(1)：9-10

张晓东，杨玉峰，殷进垠，等．2000．松辽盆地昌德气田天然气成因及成藏模式．现代地质，14(2)：203-208

张晓东．2003．中国东北地区 CO_2 气藏成因及聚集规律分析．石油学报，24(6)：13-23

张义纲．1991．天然气的生成聚集和保存．南京：河海大学出版社

章凤奇，庞彦明，杨树锋，等．2007．松辽盆地北部断陷区营城组火山岩锆石 SHRIMP 年代学、地球化学及其意义．地质学报，81(9)：1248-1258

章凤奇，陈汉林，董传万，等．2008．松辽盆地北部火山岩锆石 SHRIMP 测年与营城组时代探讨．地层学杂志，32(1)：15-20

赵国连．1999．松辽盆地徐家围子深层煤成气的形成条件和远景初探．沉积学报，17(4)：615-619

朱德丰，吴相梅，张庆晨．2000．松辽盆地构造演化对油气运聚及成藏的控制作用．大庆勘探开发研究院 (内部报告)：10-40

朱岳年．1993．天然气中非烃组分的稳定同位素地球化学特征．天然气地球科学，4(1)：28-35

朱岳年．1994．天然气中非烃组分地球化学研究进展．天然气地球科学，5(1)：1-29

朱岳年．1997．二氧化碳地质研究的意义及全球高含二氧化碳天然气的分布特点．地球科学进展，12(1)：26-31

朱岳年，吴新年．1994．二氧化碳地质研究．兰州：兰州大学出版社

Hunt J M. 1979. 石油地球化学与地质学．胡伯良译．北京：石油工业出版社

Ballentine C J, Schoell M, Coleman D et al. 2000. Magmatic CO_2 in natural gases in the Permain Basin, West Texas: identifying the regional source and filling history. Journal of Geochemical Exploration, 69(70): 59-63

Barker C, Takach N E. 1992. Prediction of natural gas composition in ultradeep sandstone reservoirs (1). AAPG Bulletin, 76(12): 1859-1873

Bottinga Y, Javoy M. 1990. MORB degassing: bubble growth and ascent. Chemical Geology, 81(4): 255-270

Chen C H. 1988. Estimation of the degree of partial melting by(Na_2O+K_2O)and Al_2O_3/SiO_2 of basic magmas. Chemical Geology, 71: 355-364

Cornides I. 1993. Magmatic carbon dioxide at the crust's surface in the Carpathian Basin. Geochemical Journal, 27(4/5): 241-249

Craig H, Clarke W B, Beg M A. 1975. Excess 3 He in deep water on the East Pacific Rise. Earth and Planetary Science Letters, 26(2): 125-132 de Paolo D J, Daley E E. 2000. Neodymium isotopes in basalts of the southwest basin and range and lithospheric thinning during continental extension. Chemical Geology, 169: 157-185

Farmer R E. 1965. Genesis of subsurface carbon dioxide, in Fluids in Subsurface Environments. AAPG Memoir 4

Fram M S, Lesher C F. 1993. Geochemical constraints on mantle melting during creation of the North Atlantic Basin. Nature, 363: 712-715

Gerlach T M. 1991. Present-day CO_2 emissions from volcanoes. EOS, 72(23): 249, 254-255

Giggenbach W F, Sano Y, Wakita H. 1993. Isotopic composition of helium, and CO_2 and CH4 contents in gases produced along the New Zealand part of a convergent plate boundary. Geochimica et Cosmochimica Acta, 57(14): 3427-3455

Gould K W, Hart G H, Smith J W. 1981. Carbon dioxide in the southern coalfields-a factor in the evaluation of natural gas potential//Proceedings of the Australasian Institute of Mining and Metallurgy, 279: 41-42

Harper C L, Jacobsen S B. 1996. Noble gases and Earth's accretion. Science-AAAS-Weekly Paper Edition, 273(5283): 1814-1818.

Hofmann A W. 1988. Chemical differentiation ofthe earth: The relationship between mantle continental crust and oceanic crust. Earth and Planetary Science Letters, 79: 270-280

Hofmann A W. 2003. Sampling mantle heterogeneity through oceanic basalts: Isotopes and trace elements. Treatise on Geochemistry, 2: 1-44

Hutcheon I, Abercrombie H J, Krouse H R. 1990. Inorganic origin of carbon dioxide during low temperature thermal recovery of bitumen: Chemical and isotopic evidence. Geochimica et Cosmochimica Acta, 54(1): 165-171

Irvine T N, Baragar W R A. 1971. A guide to the chemical classification of common volcanic rocks. Canadian Journal of Earth Sciences, 8: 523-548.

Irwin W P, Barnes I. 1980. Tectonic relation or carbon dioxide discharges and earthquakes. Geophysics Research, 85(1): 3115-3121

Jaques A L, Green D H. 1980. Anhydrous melting of peridotite at 0-15 kb pressure and the genesis of tholeiitic basalts. Contrib Mineral Petrol, 73: 287-310

Javoy M, Pineau F, Delorme H. 1986. Carbon and nitrogen isotopes in the mantle. Chemical Geology, 57(1): 41-62

Liu C Q, Masuda A, Xie G H. 1994. Major-and trace-element compositions of Cenozoic basalts in eastern China: Petrogenesis and mantle source. Chemical Geology, 114(1-2): 19-42

Lollar B S, Ballentine C J, Onions R K. 1997. The fate of mantle-derived carbon in a continental sedimentary basin: integration of C/He relationships and stable isotope signatures. Geochimica et Cosmochimica Acta, 61(11): 2295-2307

Maitre L R W. 1989. A Classification of Igneous Rocks and Glossary of Terms: Recommendations of the International Union of Geological Sciences Subcommission on the Systematics of Igneous Rocks. Oxford : Blackwell.

Marty B, Jambon A. 1987. $CO_2/^3He$ in volatile fluxes from the solid Earth: Implications for carbon geodynamics. Earth and Planetary Science Letters, 83(1): 16-26

Marty B, Jambon A, Sano Y. 1989. Helium isotopes and CO_2 in volcanic gases of Japan. Chemical Geology, 76(1): 25-40

Matveev S, Ballhaus C, Fricke K, et al. 1997. Volatiles in the Earth's mantle: I. Synthesis of CHO fluids at 1237K and 2. 4GPa. Geochimica et Cosmochimica Acta, 61(15): 3081-3088

McDonough W F, Sun S S. 1995. The composition of the Earth. Chemical Geology, 120(3-4): 223-253

McKirdy D M, Chivas A R. 1992. Nonbiodegraded aromatic condensate associated with volcanic supercritical carbon dioxide, Otway Basin: Implications for primary migration from terrestrial organic matter. Organic Geochemistry, 18(5): 611-627

Meng Q R. 2003. What drove late Masozoic extension of the northern China-Mongolia tract. Tectonophysics, 369(3-4): 155-174

Moore J G, Batchelder J N, Cunningham C G. 1977. CO_2-filled vesicles in mid-ocean basalt. Journal of Volcanological and Geothermal Research, (2): 309

Mysen B O, Arcyllus R J, Eggler D H. 1975. Solubility of carbon dioxide in natural nephelinite, tholeiite and andesite melts to 30 kbar pressure. Contributions to Mineralogy and Petrology, 53: 227-239

Pankina R G. 1978. Origin of CO_2 in petroleum gases (from the isotopic composition of carbon). International Geology Reviews, 21: 535-539

Pineau F, Javoy M. 1983. Carbon isotopes and concentrations in mid-oceanic ridge basalts. Earth and Planetary Science Letters, 62(2): 239-257

Porcelli D R, O'Nions R K, Galer S J G, et al. 1992. Isotopic relationships of volatile and lithophile trace elements in continental ultramafic xenoliths. Contributions to Mineralogy and Petrology, 110(4): 528-538

Poreda R J, Jenden P D, Kaplan I R, et al. 1986. Mantle helium in Sacramento basin natural gas wells. Geochimica et Cosmochimica Acta, 50(12): 2847-2853

Ren J, Tamaki K, Li S, et al. 2002. Late Mesozoic and Cenozoic rifling and its dynamic setting in eastern China and adjacent areas. Tectonophysics, 344: 175-205

Rudnick R L, Fountain D M. 1995. Nature and composition of the continental crust: A lower crustal perspective. Reviews of Geophysics, 33: 267-309

Schneider M E, Eggler D H. 1986. Fluids in equilibrium with peridotite minerals: Implications for mantle metasomatism. Geochimica et Cosmochimica Acta, 50: 711-724

Taylor S R, Mc Lennan S M. 1995. The geochemical evolution of the continental crust. Reviews of

Geophysics, 33(2): 241-265

Trull T, Nadeau S, Pineau F, et al. 1993. C-He systematics in hotspot xenoliths: Implications for mantle carbon contents and carbon recycling. Earth and Planetary Science Letters, 118(1): 43-64

Wang P J, Liu W J, Wang S X, et al. 2002. $^{40}Ar/^{39}Ar$ and K/Ar dating on the volcanic rocks in the songliao basin, NE China: Constrains on stratigraphy and basin dynamics. International Journal of Earth Sciences 91: 331-340

Weaver B L. 1991. The origin of ocean island basalt end-member compositions: trace element and isotopic constraints. Earth and Planetary Science Letters, 104(2): 381-397

Wycherley H, Fleet A, Shaw H. 1999. Some observations on the origins of large volumes of carbon dioxide accumulations in sedimentary basins. Marine and Petroleum Geology, 16(6): 489-494

Zhang M, Zhou X H, Zhang J B. 1998. Nature ofthe Lithospheric mantle beneath NE China: Evidence from potassic volcanic rocks and mantle xenoliths//Mantle Dynamics and Plate Interactions in East Asia, American Geophysics Union Geodynamics Series, 27: 197-219

Zhang Y. 1997. Mantle degassing and origin of the atmosphere//30th Geological Congress (1996), Beijing: 61-78

Zhang Y, Zindler A. 1989. Noble gas constraints on the evolution of the Earth's atmosphere. Journal of Geophysical Research: Solid Earth, 94(B10): 13719-13737

Zou H, Reid M R, Liu Y, et al. 2003. Constraints on the origin of historic potassic basalts from northeast China by U-Th disequilibrium data. Chemical Geology, 200: 189-201